春秋社

自然農園の風景と著者近影

自然農園を見る著者

自然農園の春

緑の草木は、フォックス・テール（狐の尻尾）にだまされて褐変

第一章

アメリカ大陸土の歴史

大地はすでに死んでいる

①

②

①西部もすでに準砂漠
②東部の緑も見せかけの緑
③2000年前からあるカリフォルニアの森林
（高さ130m）

③

夢はここで稲を作り、山にアカシヤや杉の木、果物を植えて、理想郷にすること

クローバーやルーサンの雑草駆逐力に驚くロデール社編集長(左)と同社試験農場長(右)

第二章

負けた!!虫が創った新品種

第二章

ヨーロッパは牧場とブドウ畑ばかり

道ばたの草が美しすぎる

オランダ　トーマスの自然農園

クローバー草生の麦作に成功

リンゴと梨を自然形にする実地指導

各種野菜を混植。白菜、キャベツ、大根、南瓜など成功。後方はリンゴ。

第四章 自然農法の米麦作り

新農法　苜蓿草生米麦連続不耕起直播

5月20日　麦刈り

麦の足もとには苜蓿が茂る

6月　稲苗が育っている

8月　分蘖期

10月

稲成熟期

足もとに苜蓿が再発

自然農園の果樹と野菜

菜の花、大根の花の花ざかり

ヘソ曲がりのバカデカ大根

スリランカのお坊さんが見学に

野草の中で大きく育ったカブを抜く

ミカンの収穫風景

はじめに

この書は、神と自然と人の真の姿を描こうとしたものです。

ですが、愚鈍な百姓に、そんな大それたことができるわけがありません。

それを知りながら、あえて、この稚い書を書いたのは、それなりの理由があります。

私は若い時、ある日、突然、

〝神の全貌を観た〟のです。

この言葉は、今日、ここに初めてあかすことなのです。

なぜ五十年近く、心の奥底に秘めていたこの不遜な言葉をここに吐きだしたかです。

私は平常、神という言葉を、口にすることに躊躇したというより、極度に避けてきたのです。それは、神は、人が語りうることでないことを知っていたからです。また理解されたり、信ぜられるものでもなかったからです。

だが、今、私はあえてこの禁を破り、激しい懺悔の気持で、神を口にし、神の裁きを受けようとしているのです。

もともと私は、若かったあの日、神を知ったとき、当然その日以降は、神の御旨に沿い、その導きのまま、人間としての正しい道を歩むべきだったのです。

ところが、当時の私は、あまりにも世俗に毒された腑甲斐ない、愚劣な若者にすぎなかったのです。あまりにもすばらしい神の姿に驚嘆し、畏怖のあまり、我が責任を回避したのです。卑怯というか不遜というか、神が人間に何の指示も与えないことをよいことに、神に背を向け、我がままな自我への道を歩み始めたのです。

その当時、思いあがっていた私は、こう思っていたのです。

私は、もう何も知る必要はない。何もいらない。努力して獲得せねばならぬものは、何一つない。時間も空間も、もう私には無縁のものだと、広言してはばからなかったのです。

すべての人が、時空の獲得のため、知恵をしぼり、物の生産に励んでいる姿を見ても、前方に進みたい人は往くがよい、が私には、もう探しに行かねばならぬ所はどこにもない、あとはゆっくり帰る、帰り道の人生しかない、いや帰るという道も、もうない、ただ、今日生き、今日の日を楽しんでおればよい、と考えていたのです。

根が愚人と知っていた私は、愚人には愚人なりの生き方があってよかろう、私なりの愚を守ればよい。孤高の天国で清遊するより、汚濁の世俗の中で泥にまみれて働く方が、自分にはふさわしい、と勝手な理屈をつけて、自ら逃避の生活に入ったのです。

私は、神にも我にも背を向けたのです。

だが、その結果は、当然の報いですが、神から再び見放され、世間からは、孤立した単なるはぐれ鳥とならざるを得ませんでした。それも初めから、予想してかかったことではありましたが……。
一口に言えば、私は理想の桃源郷を目の前に観て驚き、反転して我が「逃現郷」に逃げこんだのです。

私はこの世が、エデンの花園であったことに気付きながら、それに背を向けて、失楽園を耕す、ただの堕農の道をいつの間にか選んでいたのです。

振り返ってみると、私はあの時、生の実相を知ると同時に、死の実体も知りました。ということは、生きるという努力も必要でないが、死を恐れる何ものもないことを知ったのでした。当然、私の心の中のすべての悩みは氷解し、〝ただ生きておればよい〟という道を、独り平穏に生きるつもりでした。当時は確かに、嬉々として、子供のように日々を楽しむ最高の幸せを獲得していました。しかし日が経ち、年月を経過するにしたがって、根が鈍根の私はいつの間にか、元のもくあみ、転落して哀れな愚人に戻っていたのです。

初心を忘れた我が身に気付き、再び神への参入を願ったこともありましたが、それは最早許されることではありませんでした。

他人の目には、悠々と自然に生き、自然農法の道に徹し、我が独りの道を開拓する人と映ったかもしれません。また、ひそかに私もそれを希っていたのですが、しかし、内情は全く反対で、日々己れの暗愚に焦燥を感じ、忘れようとして忘れられない神を慕い、日々人と争い、世間にてらい、人を愛して愛しきれず、世を憂いても為すすべを知らず、無為徒食して、己れを責め、他人を責め、悶々として暮らす日々でしかなかったのです。

表裏二面の矛盾に翻弄される私は、家族の者からみても疎《うとま》しい存在でしかなかったのです。考えてみれば、この数十年、私には安穏な日は、一日もなかったのです。神に背き、自己を裏切った者が、当然受けねばならぬ報いとはいえ、今更断腸の思いに苛まれるこの頃です。

私がここに、過去の私の一切をありのまま告白するのは、過去を清算するとともに、残り少ない私の人生を完全燃焼させたいと希うからです。それと、曲がりなりにもここまで来た自然農法の灯を絶やさないための方策をさぐりたいからです。このままでは、自然農法は、一過性の一農業技術として、消滅する危惧を感ずるようになったからです。

私が言っておきたいのは、私のささやかな体験などではなく、自然農法の道は、個人が創設するものとか、人間が完成するものではないということです。

私は、神の意志を察知したが力及ばなかったにすぎません。

自然農法は、自然というものが、常に完璧な完全者であり、絶対真理を忠実に実践する神の姿であり、人間もそのふところから離れては生存し得ないものであることを知ったとき、忽然として私の前に姿を現わした真の人間の生き方であったに過ぎません。もちろん、その瞬間に具体的な方法も大綱も明示されていました。

自然農法は、どこまでも神の指示に基づいて出発し、発展させていかねばならぬものです。しかも、人間が謙虚に神の声を聴き、わずかに手助けするだけで可能になる道だったのです。残念ながら私は、茫然として我を忘れ、的確な答えを聴きもらしたともいえます。忠実な下僕《しもべ》にはなりえなかったのです。自然農法は、いつも未完成に見えるかもしれませんが、神のもとでは常に完成されているのです。

非力な私などが、真似できるものではないことを痛感するが故に、かえって私は、人をさそうでもなく、一人の弟子を作る努力もせず、自然農法を確立するための奉仕も怠ってきたのかもしれません。しかし、それが必ずできるものだという確信がゆらぐということは一度もありませんでした。神はいつの世にも、不連続の連続として出現しています。自然農法もまた、遠い昔から、生まれては消え、消えては興るものかもしれません。

しかし自然農法は一つの法灯です。常夜灯でなければならないものです。しかも、一度消えたら、二度と灯ることがないかもしれないとさえ思えるような昨今です。

しかし、自然農法は、単なる農法でなく、人類が地上に生きつづけるためには、残された唯一無二の道であることには間違いがないのです。途絶えさせてはならない道なのです。

この老農などは、どうでもよい。

子や孫が、この美しい地上で、生きつづけるための道筋を、たとえ険しい道であっても、私等がつけておいてやらねばならぬと思うのです。

神は人間を見放しています。人間が人間を救わねば、もう誰も助けてはくれないでしょう。

一九八四年六月一日

伊予市大平にて　福岡正信

目次

自然に還る

序章　人は何によって生きるか

一　人はパンのみで生きるのではない

――福岡さんは、「耕さない、肥料をやらない、農薬をかけない、草を取らない。しかも科学農法と同じあるいはそれ以上の収穫ができる」という、私たちの常識ではまったく信じられない「自然農法」を実践してこられ、日本でも欧米でも、有機農業、自然食、自然保護などに関心のある方の中では、いまさら御紹介するまでもないほど著名であられます。私も、正直なところ、自然農場を見学させていただくまでは半信半疑だったわけですが、案内していただいたミカン山の道が、クローバーに被われ、菜の花、大根の花が咲き乱れ、道端に太いゴボウ、大根が生え、木の下に野草化した野菜がみずみずしく生えている、楽園のような様子を、自分の目で見せていただいて、すっかりビックリしてしまいました。そして、お話を伺いながら、「自然農法」が、近代の科学技術・文明の子としての科学農法はもちろん、いわゆる有機農法とも異なった、宗教というか哲学というか深いお考えから出発した農法であることを知り、この農法とその根底にある「無の哲学」の中にこそ、現代の人類の行きづまりを解決するカギがあるのではないか、と考えさせられました。

そこで、すでに「自然農法入門」としては、『わら一本の革命』（春秋社刊）があり、また、思想と実践の全体像を語られたものとしては、三部作の大著『無』Ⅰ～Ⅲ（春秋社刊）もあるのですが、ここでは、ぜひ、福岡さんの目からごらんになった現代文明の問題点を聞かせていただきながら、さらに、福岡さんの言われる「自然・神・無」の深い意味をも学ばせていただきたいと思うわけです。

地球上に生物が発生したのが、三十五億年前、人類は二千万年前頃発生し、人間らしい生活が二百万年前から始まり、文化生活が始まったのが、二、三千年前、今日の文明生活はわずか二、三百年前から始まったにすぎないと言われています。科学の発達が急展開してきたのは、この二、三十年前から、そしてこの二、三年前から科学の暴走が始まったと言えそうです。人類は長い歴史を経て、ここまで来ましたが、人間の知恵の歴史は、まだきわめて短いわけです。

科学の急速な発達によって、未来はバラ色だと、この二、三十年前まで言っていたのに、ここにきて、核の恐怖・食糧危機の到来など、人類は終末に近づいているのではないかと心配する声が多くなっているわけですが、そのあたり、福岡さんは、どうお考えでしょうか。

その答えは、〝人は何によって生きるか〟を鮮明にすることで出てくるとも言えるでしょう。キリストは〝人はパンのみによって生きるのではない〟と言われましたが、その言葉に、人類の未来が生か死かを占うカギが秘められているように思います。

——エネルギー資源を確保し、パンさえ確保できれば、人類は生きのびられると思うのは、楽観的すぎるということでしょうか。

人は何によって生きているかということを知っているわけではないし、何を食べ、どうして何をたよりに生きているかがわかっているのでもありません。

――それは、どうして人間は生きているのかが医学的・科学的にわかっただけでは、不十分だという意味ですか。

科学的にもわかっているんでしょうか。科学は、パンとは何か、本当の食物とは何か、人間は、なぜ、どうして、どのようにして、食を摂るのか、摂らねばならぬのか、生きているという根拠、原因、生命の根源、意味、目標の実相、何一つわからないんだとも言えますよ。

あなたは、自分の生き方、生きがい、なぜ生きねばならぬか、ということについて、何も間違っていないという自信がありますか。

――もちろん、すべての〝生〟の実相が解明されているとは思えませんが、少なくとも、人間ほど多くのことを知り、他の生物より確実な生き方をしている動物はいない、という考え方もあるのではないでしょうか。

ええ、そういう考え方からすれば、他の狐や狸、小鳥は、何を食べてよいかわからず、作るすべも知らず、人間の目から見れば、頼りない生き方だと思うんでしょうが、どっこい、反対でしょう。彼らの方が、確かな智慧を持ち、確実な生き方をしているんです。

――どういう意味で、そう言われるんでしょうか。

一点の迷いもなく、一日一日の生命を完全に享受しているからですよ。

――なるほど。しかし、人間は、虫けらじゃない。迷い、苦しみながらの人生でもよい、人間的な生き方に生きがいを感じ、それが、万物の霊長としての誇りにもなっている。そして、彼らにはできない〝生命の延長〟を策し、人類の永遠の繁栄を願って、喜んで苦闘している、という見方はどうですか。

そういう見方は、たとえば、何の悩みもないカゲロウの三日の生命は空しい、人間の一生は、喜びや悲しみに一喜一憂する人生であっても、その方が意義があると思い込んでいるんですね。

しかし、それは、平穏無事な極楽より、波瀾万丈の地獄の方が面白そうだというのと同じでしょう。第一、生命の重みは、時間の長短では計れない。

――しかし、その寿命の長短こそ重大問題で、不老不死の願望が、人類発生当初から人間の悲願で、悲願が大脳を刺激し、人間発達の原動力となってきた、とは考えられないでしょうか。

あなたは、今、くしくも「悲願」と言いましたが、不老不死が長い間の悲しい願いだったということは、悲劇の願望ということなんですね。なぜなら、死を恐れ生を願う前に、なぜ、人間は死を恐れねばならなくなったかが追究されねばならなかったはずです。

小鳥は死を恐れません。人間は、日々生きつづけながら、その日々はいつも死に直面した生になってしまいます。

なぜ、いつから、人間の生は死を恐れる生に陥ると思いますか。

人間の生は、もともと死から出発したり、拘束されるものではない。本来、無関係というべきですよ。

稲は、毎年枯れるが、米粒は毎年生きつづけている。生から生へ受け継がれ、日々新たに生まれかわっているだけです。今日の生は今日終わる。今日の私は今日死に、明日の私は今日の私ではない。今日の生は、今日片づけたらよかろう。生きるということは、今日に徹する以外に道はないんです。

――不連続の連続というようなことですか。

そう言ってもいいでしょう、金魚のフンにならねば……。生は、連続していて不連続であり、不連続で連続している。日々、我を棄て、日々元旦、明日があっても、私に明日はない。

――それでは、空しいということになりませんか。

「空しい」のではなく、「空っ《から》」としているんですよ。毎日、昨日の我が死を悔やんで、未練たらたらと生き、明日の来ることを祈って悩む日々こそ、むなしい（虚無）とは思いませんか。

――この世は明暗二相の世だ、空っと表層に生きる生き方もあり、深層に沈潜して生きる生き方もあっていい、ということは成り立たないんでしょうか。

それは、虚偽の二相に幻惑され、その選抜に迷い、中途半端な生き方をするという以外のなにものでもありません。

——なるほど、福岡さんは、手厳しいですね。

〝人はパンのみで生きるのではない〟という言葉から、人はパンなんかで生きているのではないという、キリストの厳しい叱咤が聴こえませんか。〝今日一日、パンなんかなくても、生きられる〟ということに徹せられないようでは、パンがあっても生きられない。なければ今にも死ぬように喚《わめ》くことになるんです。

——人間の今日の一日は、捨て身の覚悟で生きねばならない悲壮な一日だ、ということになりますか。

そういう悲壮な覚悟というのが、すでに我執のかたまりです。むしろ、昼寝でもしている方がいいんです。

——と言っても、昼寝をしていれば精神的に進歩することはできず、堕落するだけではないかという気がして、お話を伺うほどわからなくなるわけですが……。

考えるほどわからなくなるということがわかれば、それでいいんじゃないですか。

——と言いますと……。

考えなきゃわかる、ということになるでしょう。

――なるほど、そう言われるとわかるような気もしますが……。

気がするというのと、わかったのでは、雲泥の相違があるということを知ってほしいんですがね。

――例えば、一片のパンを食べることがどんなに難しいことかがわかるのは、アフリカの食糧欠乏の国の子供たちだけかもしれませんね。もののあふれた時代におかれているわれわれ現代人は、食の原点を忘れているのではないかと思いますが、原始時代を振り返ってみて、人間の食は何から始まったのかを調べてみるのも、解決の一方法になるでしょうか。

それは、科学的な正しい解決法のスタートになるように見えますが、根本的には、〝人は何で生きるか〟を知るカギにはなりません。自然は常に流転し、過去は過去で去り、未知の未来には通用しないんですよ。

――となると、何を指針にすればよいとお考えですか。

二　ただ生きておればよい

はじめに書いたとおり、私は、若いある時、一つの契機がありまして、それは、〝生きている〟ということを自覚したと言ってもいいでしょう。結論は、〝ただ生きておればよい〟ということです。ただ生きているということが、どんなにすばらしいことかを知ったと言ってもいいんです。

——生きているということがどういうことか、わかったということですね。

そうです。

——それは、科学者が言うような生物的な生を知ったということではなく、非常に形而上学的な体験ではないかと思われますが、そこを、人間は何を食べ、どう生きればいいかといった、具体的な面から、話をかみくだいて説明していただけないでしょうか。

それがわかれば、人間の未来に進むべき道がわかるような気がするんですが……。

その前に、はっきりしておかなければならないものがあるんではありませんか。

例えば、創世期から何十億年が経って、地上にバクテリヤが発生し、草木が繁茂し、動物、人間が誕生した。すべてが自然に発生し、自然に生育した。森羅万象は共に流転していて、そこには、一つの例外もありません。人間は、神に似せて創られた最高の傑作だと信じ、自らの手で未来を設計しようとしていますが、一億年前、当時最高に発達・進化していたはずの猿は、万物の霊長だとか、神に似ているなどと言わず、自然に生きて、何の心配もしなかった。今、人間だけが、何を食べ、どう生きればいいかと迷い、未来を心配します。なぜ、自然に生き、いわば、未来を神の手にゆだねる気になれないのかが、先決の問題だと思いませんか。

――猿より人間の方が利口だから迷う……それは、当然だとは言えないのでしょうか。

利口な人間が生を知らず、死に迷い、「何を食べるべきか」などと尋ねる。

だいたい私は、人間の〝生〟を表現する言葉を知らないんです。〝死〟を知らないように……何によって生きるかを述べようとして、一歩さがり、何を食べて生きるかを具体的に述べようとすれば、かならず、ミクロ的な立場に立たされて、虚偽の説明にならざるを得ないことを恐れます。

だから、「ただ生きていればよい」と言うだけで、しいて言えば、どのように生きるのが本当の人間の姿かというふうなことを、抽象的に漠然と述べるしかない……「小鳥は、そこに生えている草木の実をついばんで生きる。人もただ生きておればよかった」と言ったりするくらいのものです。

——自然に生えたものを無作為に食べておればよい、ということですか。それにしても、その時の食物は何でしょうか。いわば、「原始食物」でいいのですか。

人間は、何を食べるべきかと考えた瞬間に、第一歩からつまずくんです。何にまず手を出すか、何が大切かなど、食物の形・質・価値に詮索の目を向けだします。そして、次第に、多くの食物の中から、特定のものを人間のために必要なものとして選び出し、他のものを棄てていきます。さらに、この考えがこうじて、好きなものを作り、摂って、何の不都合もないという確信に発展していくわけです。

——人知によって判断し、自然に反したものを摂り、作りだし、加工したり、料理もして、誰はばからない、それでは困る、ということですか。

自然があり、食物がまずあって、人間が棲むのが、本来の姿であったのに、人間がまずあって、人が選んだ作物を作るという考えに飛躍したときから、人間は自然を支配する傲慢な主人公に変身してしまいます。

——人間は、自然を生かし、利用してきたつもりなわけでしょうが……。

人間の知恵が自然（神）の智慧に優ると思っているんでしょう。しかし、人間は自然から学ぶことはできても、自然を支配し、指導する力はありません。自然は、神の智慧を持っているとも言えるんです。

科学がどんなに発達しても

五十億年かかって、自然は動植物や人間を創造してきたが、科学者は、未来に、人間の次にどんな生物を作ればよいか、知っていますか。

自然をさしおいて、人知で人間の食物を作りうると思い始めたときから、人間は作物を作る苦労を背負う。食物を加工し、料理して食事せねば生きていけない動物になって、しかも、それらすべての努力が、天にツバする結果になり、自然を亡ぼし、人間自身をも亡ぼすことになったのです。もちろん、単に加工するな、料理するなと言うつもりはありません。ただ、人間の虚偽の知恵によって、尊い食物が邪悪な食品に変質し、堕落させられていく過程を心配してきただけです。人知は、もう、自然発生の智の領域を超えている。私は、神の智から逸脱した人知を否定するんです。生きられる自然に生きず、傲慢な人知で自らの未来を絶つことを恐れます。

——人知にたよらず、ただ生きていけと言われるわけですね。しかし、それにしても、自然の力の上に人知が加えられて、地上により豊かに稔りがもたらされ、人類も繁栄する方がいいのだ、とは考えられないでしょうか。

人は生かされている

自然の森羅万象は、自然を奏でる一大オーケストラで、人間もその一隅を照らす一座員で満足できればよかったんですが……。

——自然から突出した我がままな人知が、自然が奏でるハーモニーを乱してしまった、ということでしょうか。

人間は、もう、自然のドラマを見ているだけではつまらないと思って、自分が主役の独り舞台の方を面白がっています。しかし、人間の独り相撲がどういう結果になるか、そのことは、人間が自然を無視し、推進した食物の進歩が、人間の興亡にどのように影響してきたかの跡をたどってみても、よくわかります。

原始的な野生小麦は、中近東のメソポタミヤ高原に発達し、野生稲の発祥地は、中国の南部やビルマやアッサムの奥地だと言われます。シルクロード地帯と思ってもいいでしょう。アフリカのサハラ砂漠地帯にも、古代から稲があったと言われています。

とにかく、この米麦の三大発祥地に棲みついた古代の人間は、それらの野生稲を栽培して豊富に食物を得るようになり、そこに高度なメソポタミヤ文明、中国文明、エジプト文明を築きあげたわけです。

ところが、現在、これらの地帯は、いずこも砂漠と変わり果てて、今はただむなしい巨大な遺跡を残すのみでしょう。これは、どういうことだと思いますか。

気候が変わり、砂漠化したために、食糧が欠乏し、人が離散し、文明が亡んだ、ということではないでしょう。文明の犠牲になって、木が切り倒され、農法が進んで略奪農法となり、地力が衰え、草木が消え、砂漠化がスタートしたと見るべきでしょう。

――人間が自然を犠牲にして文明を築き、自然が亡びるとともに文明も衰亡してしまったということですね。しかし、古代では、無知が自然をダメにしたとは言えないでしょうか。現代人は、失敗した歴史を二度繰り返す愚はしない、自然を生かしながら豊富な食物を生産する技術を、もう持っている、という考えもあると思うんです。

たしかに、エネルギー資源の枯渇などから食糧危機の不安はあるにしても、科学の進歩が、これを克服してくれると期待している向きも多いのではないでしょうか。

私も、二十年前までは、楽観していました。十年前は、エネルギーがなくなっても、自然農法をやる気になればなんとかなるだろうと思っていたんです。しかし、最近は、そんな期待はまったく甘すぎたということを痛感しています。

――自然の力も、科学の力も頼りになりそうにないですか。

人知があまりにも発達しすぎて、横道にそれてしまって、人間は、自然や神を見失い、亡ぼしても平気でおれる動物に変身してしまったということです。

人知を過信するあまり、人間は、本当の自然、真実の食、生命、神、そして本当の人間の姿すら見失った、というより、殺してしまった、と見るべきでしょうね。

――特にどういった面で、人間が人間を見失い、堕落している、と言われるのでしょうか。

どういった面というより、すべての面で変質しているんです。自然は破壊され、本当の自然はもうどこにもない。生命の糧といわれるような本当の食物はもう手に入らない。本能のままに生きる自然児など、どこにもいないからです。私は、自然人も、自然農法も、自然食も、加速度的に消え失せ、遠ざかってしまうように見えるんですよ。

――科学の発達や、世界の情勢から見れば、それほど切迫した状態ではないと思っている人も少なくないわけですが、〝ただ動物的に生きて動けばよい〟ということさえ難しい状況になっているんでしょうね。

『わら一本の革命』にも書きましたが、私は、四年前、世界の食糧基地といわれるアメリカを、一昨年は、ヨーロッパを巡ってきました。井戸の中の蛙が欧米を見て回って驚いた話をぼつぼつしましょう。ともかく、もう、どこでも、自然も農も亡び、食も命も文化もなくなっていたんですよ。人類の未来を心配するより、現在がなかったんです。

――どうも大変な話になりそうですね。

第一章　大地の崩壊

一　イミテーションのアメリカ大陸と近代農業の落とし穴

砂漠化するアメリカ大陸

私は、数年前初めて飛行機に乗り、アメリカに飛んで、ビックリしました。帰ってきて、東京で次のように報告しました。私のアメリカ探訪記です。

私は、アメリカ奥地は緑の大地で、世界最大の穀倉基地といわれる肥沃な土壌に、緑の草木が繁茂している大陸だと予想していましたが、行ってみて、アメリカ大陸はもう死滅に瀕しているのに驚いてしまいました。

ロッキー山脈の西側、太平洋岸のカリフォルニア州は、山も草原も準砂漠地帯といってもいいでしょう。メキシコにしかいないはずのガラガラ蛇が、どんどん北上しているということは、砂漠化がまだ進行しているということでしょう。夏には緑の草はほとんどなくて、フォックステール（日本流にいえば、〝狐の尻尾〟で、種子に棘があり牛馬の皮膚につきささって運ばれ、米国全土に広がり他の雑草を駆逐してしまっていて、私は、「アメリカ人は狐の尻尾に化かされている」と言ったのですが）のよ

カリフォルニアの3000ヘクタールの農場主が自然農法に転換

うな雑草に占領されたために、褐色の草原となり、わずかに点在するドングリの木の下に、放牧された牛が集まって、あえぎあえぎ生きているというのが、カリフォルニア州の代表的風景でした。

ロッキー山脈の東と西側のアメリカ大陸の三分の一は、飛行機の上からでもわかるんですが、私の目から見れば、完全に赤褐色の死の砂漠地帯です。まるで、火炎地獄の絵を見せられているようでした。

一万メートルの上空から見てもよくわかるのが、直径一キロのスプリンクラー（センターピボット）農場です。これは、砂漠の中の緑のオアシス的存在といえるでしょう。これが、なんと八万個もあるんです。

中央部ミシシッピー川の沿岸は、さすがに緑の穀倉地帯といえるでしょうが、トウモロコシ地帯、小麦地帯、大豆地帯と、はっきりわかる単純作が、果てしなく延々と続く、緑の穀倉地帯の広大さには目を見はらされます。ところが、その大地は、正方形に区画された近代農場で、大型機械と化学肥料・農薬に痛めつけられた死の圃場だったんです。

土壌は大型トラクターで破砕され、有機物は消耗枯渇し、したがって、微生物は少ないし、雨が降れば、表土は流亡しっぱなしで、その量は毎年一ヘクタール当たりでは十数トンから数十トンにもなるでしょう。アメリカの農地は、ほとんどが丘陵地帯で、日本のようなテラス状の水田や溜め池がないから、土は流れっぱなしです。乾燥すれば、風塵になって飛び散る上に、大じかけのスプリンクラーによる灌水のため、地中の塩分が地上に吹き出し、集積して、塩に被われた砂漠になってしまうのです。

当然、毎年連続して作物を作るような地力がないから、三分の一から半分の土地を休耕地として遊ばせているんです。飛行機の上から見ると、縞模様の緑と褐色の交錯した大地に見えるのは、そのためです。

労働生産性が強調され、合理化が進んだ近代農法は、必然的に、大農場経営の、毎年小麦やトウモロコシばかりを作る単純作になります。それがまた地力を消耗させ、悪循環になって、経済的にも破綻する根本的原因になっているんです。近代科学農法は、自然を無視した略奪農法とならざるをえません。そのため、地力は衰え、十年毎に収益率（投与するエネルギーに対する収穫エネルギーの比）は半減して、今では投入したエネルギーの半分のエネルギーしか得られない。一のカロリーを収穫するのに、二倍のカロリーを投入しているんです。アメリカ農業の実態は、生産事業ではなく、減産事業に転落しているんです。

アメリカ大陸の中で、最も恵まれた穀倉地帯のはずのミシシッピー川沿岸地帯で、数百ヘクタール耕作する農民が、一〜二ヘクタールの日本農民ほどの収入、生活が確保できず、貧しくて離農してゆくということは、すべて農法の誤りから出発したアメリカ大陸の崩壊に根本原因があるといってもさしつかえないでしょう。自然、すなわち神を恐れず利用した者への、当然の報いかもしれません。

とにかく、私は、予想に反したアメリカの風景に驚いて、「アメリカ大陸は、虚構の緑の大陸だ、貧乏国だ、質的には原始農業だ」などと勝手な熱を吹いて回ったのです。

日本の田舎者がアメリカ大陸を見て驚いた話をして回ると、逆にアメリカ人が驚いて、月刊雑誌（口絵参照）にデカデカと載せてみたり、「大変だ、大変だ」と騒いだ声で、国連に呼ばれるはめにもなりました。

『イーストウェストジャーナル』
'79年11月号

ところが、私が帰ってきたあと、この一〜二年、ＮＨＫが、何回か、アメリカ農業の実態の取材報告を放映しました。これを見ると、私の当てずっぽうのアメリカのぞ記も、まんざら的をはずれていなかったことを知りました。

――お話を聞いていますと、アメリカの食糧に依存している我が国など、これでいいのかと暗い気持ちになりますね。アメリカ大統領がさしかけた核の傘の中に入れてもらって、相合傘で仲よくしておれば、同じ釜の飯がいつまでも食べられると思っているのは、甘すぎるのではないでしょうか。

アメリカの農業は蘇れるか

もちろん、そういう危険もありますが、それより私が今一番心配しているのは、今後アメリカは、次のどちらの道を選んで進むか、このまま、次の産業革命の先端を行く生物工学を駆使した近代農法を推し進めるか、百八十度方向転換して、自然に還る農法を採択するようになるか、ということです。

自然に還る農法を採択する、万に一つの可能性もないとは思いますが、二年前、レーガン大統領は、三十人の農学者に世界の有機農業と自然農法の現状調査を命じています。その報告書をもらいましたが、その最後に一言、「現在ではこれらの実施は微々たるものだが、注目しているよう」と書かれています。レーガンさんの標的はどこにあったんでしょうね。

とにかく、アメリカ大陸の崩壊を防ぐ手段は農法の転換しかないと考えられます。

アメリカの新しい芽

――アメリカは、近代農法の先頭をきりながら、一方では、東洋に生まれた農法が新しい芽になりうるかと探っているんでしょうか。石油エネルギーがなくなった時のことを考えているんでしょうか。そこ

有機農法の本部ロデール社の農場で自然農法の実験開始

らあたり、どうお考えですか。

アメリカの新しい農業の芽は、どういう経過で入ったかといいますと、近代農法への反省から、大地を大切に守ってきた東洋の農法に興味がもたれたことから出発しています。日本の堆厩肥を重視した農法がフランスへ渡った。さらに、アメリカの今のロデール社の社長によって、アメリカで大いに試験され、「有機農法」の名のもとに定着して、今、その総本山的役割をロデール社が果たしているわけですが、まだまだ歴史は浅いので、模索中というのが実際でしょう。

私の『わら一本の革命』が英訳されて、ロデール社から出版されたのが、昭和五十三年です。今、同社の試験場で、大がかりな自然農法の試作が行なわれていますが、その結果が、今後の自然農法展開のカギを握っているようにも見えました。

とにかく、自然農法は、アメリカでもヨーロッパでも、まだ緒についたばかりで、一般には、有機農法の延長線上にある新しい農法、というくらいの漠然とした見方しかされておりません。

——その点は日本も同じでしょう。

しかし、根本的に見て、両者の思想や立場の相違に気付いて、将来は両者を厳密に区別しなければならないと考える人も多く出てきました。

——世界の有機農法や自然農法が、日本から出発しているということは不思議ですね。それにしても、アメリカで西欧の近代農法への反省から出発した有機農法を始めた頃から、皮肉にも、日本では反対に堆厩肥農業や有畜農業を捨てて、西欧の近代科学的な農法に傾斜していったということは、どういうことでしょうか。

日本から西欧に広まっている新農法の現状はどうですか。

一口で言えば、アメリカでもヨーロッパでも、有機農業は、日本の一昔前の堆肥農業をまねたものので、都市近郊での無消毒野菜を目指したものが多く、模索中の所が多いのですが、ただ、堆厩肥の造り方や無消毒のための天敵利用や共生作物に新しい工夫をこらしています。有機農業は、軌道に乗っているとはいえず、むしろ大農場では限界を感じているところで、次の農法を模索しているところでした。

渡米して驚かされるのは、どこへ行っても自然食が非常な勢いで普及していて、健康食品の要望が多く、都市近郊では、一〜二エーカー程度の自然農園が発足していて、期待が持てるようになっていたということです。

主に、トマト、ナス、カボチャ、露地メロン、豆ぐらいで、比較的作りやすい品種が作られていました。作り方は、日本の百姓から見れば、粗雑で、消毒してないので、形や色は様々ですが、消費者が高級車で来て、入口の小屋に並べられた取りたての野菜を、うれしそうに買って帰っていました。畑の中に入って取る場合は特別価格のようでした。

アメリカの自然農法は、まだ緒についたばかりで、このような自然食から入ったものが主で、その他、自然への復帰を目指すグループの農場とか禅センターあたりで試作されだしたというところでしょうか。「禅センター」といっても、米国には二百五十以上もあるそうで、それが、たいてい農場を経営しています。東洋思想の前進基地というより、もうすっかりアメリカの風土にとけこんでいる禅農場といえるでしょう。週末など、宗教宗派を超え、都市の市民が自由な気持ちで参加し、百姓仕事と禅の修行を、心の安らぎの手段として楽しんでいました。

禅と農耕が一体となって、明るく楽しい理想郷を創ろうとしている所ですから、自然農法がスッと入り実行されるのです。

ニューヨークの南方で韓国の禅寺が自然農法を始めているからと、日蓮宗のお坊さんに案内されて行ったら、日本の中学生ぐらいの姉妹に出会いました。一生懸命、自然農法のトマトなどを作っていたんです。話を聞くと、この姉妹の母親（神戸在住）が、「日本の高校は堕落するから」と言うので、ここに来たというのです。驚いたり感心したりでした。日本人が忘れた素朴な生き方が、アメリカの田舎にあるのです。

とにかく、アメリカは面白い国で、日本で自然農法がやれず、アメリカに渡って実行している日本の青年男女に方々で出会いました。思想と農法の転換も思わぬ所から起きるかもしれません。

もちろん、とんでもない広さの畑主体の農場で、自然農法がやれるかどうかは、これからの問題です。科学農法の行き詰まりから有機農業を目指した連中が、今、堆厩肥の処置に困惑している状況を、あちこちで見ました。刈り草や飼料作物を牛に食わし、その糞尿を堆積するまでは機械化で何とかなるのですが、その堆厩肥を広大な畑に運び、ふりまくことで失敗しているのです。畑のあちこちに山積みされた野ざらしの堆厩肥を見て、ロデール社の農場でも、「堆厩肥を作る努力をするより、緑肥草生の方が重要だ」と話したら、大変感心されました（ヨーロッパの大農場も同じ問題で苦しんでいました）。

堆肥を作る必要がないという、私の理論と実際が浸透していけば、大農場の畑でも、有機農法から自然農法に転換できるのではないかと思ったのでした。

それに対して、カリフォルニアなどの水田稲作では、自然農法への転換は、それほど難しいことではなかったことは意外でした。チコー平野の三千ヘクタールの農民と半日話し合いましたら、「これは大変だ、革命だ」と跳びあがり、一挙に自然農法に切り替えたのには、こちらの方がビックリしました。カリフォルニアの気候は、自然農法の稲作向きで、トラクターを廃止し、稲麦の品種を変えて、すぐ実行できて、しかも収量が高くなるのですから、やる気になれば、アメリカの大農業地帯で、自然農法が広がる可能性は十分あるわけです。

むしろアメリカ人気質で、日本より早くやりとげるかもしれませんね。

また、英国文明に見切りをつけて、私の所からオーストラリアに渡って行って、自然農法を始めるのだという人たちの姿を見ていると、世の中は、動かないようで、静かに大きく動いているようにも見えます。

しかし、自然農法が本当に緒についているとは、私は見ていません。自然農法の心、西洋哲学を否定する東洋哲学が理解されるまでは、ただ形を真似しているだけです。自然農法は、単に健康食を作るためのものであったり、大地を肥沃にするだけのものではないからです。

近代農法の落とし穴に気付いても、自然農法への転換は、文字どおりコペルニクス的転換であり、一朝一夕でできることではないんです。

二　砂漠化は防げるか

砂漠化防止法について

――砂漠化は、アメリカに限らず、地球的規模で進んでいると言われますが、では、どうすればいいと、福岡さんはお考えですか。やはり、みんなで緑の保護運動をするというふうなことをお考えですか。

この頃、テレビで中国や韓国の写真を見ても、日本のような緑がある山がないでしょう。以前、韓国の閣僚会議に来た人たちが、帰りに私のところに来て、アカシヤの話をしたら、フサアカシヤの種を持ち帰って、「韓国の禿山にこれを植える」と言っていましたけれど、この頃聞くと、韓国の山は、緑が復活してきたと言われています。しかし、中国の万里の長城付近の写真を見ても、シルクロードの写真を見ても、これはだめだと思うほど、木がないでしょう。アフリカあたりでも、木を切るのに、遠方まで子供や孫が行って、どれだけ苦労しているか。しかも、どんどん切ってしまったから、昔は密林だったのが、今は禿山になってしまっています。ブラジルの話を聞いても、日本の商事会社が、あのアマゾンのジャングルを切り開いて、米作りを始めだしてから、ジャング

砂漠の中で日本の野菜が立派に出来ましたとの便り

ルが砂漠になると言って、日本人の移住者などが心配して、私の農法がやれないかなどと相談にくるほどです。近年まで木材の宝庫といわれていたタイなどの東南アジアの密林が消え失せ、荒廃してきた実況は、朝日新聞などでもこの頃よく報道されています。これは、もう地球的規模で緑が減ってしまっているので、木を植える運動ぐらいでは間に合わないのは、眼に見えています。

それに対してどういう手段をとるか。私は、砂漠化防止の手段は根本的に考えなければいけないと思います。今の砂漠化防止対策というのは、水を引っ張ってくればいい、ダムを造ればいい、という土木工事から出発しています。それだけではダメだと言いたいんです。

私は、どのようにすれば緑が守れるのか、その手段が問題だと思います。街の人が木を植えるとか、砂漠の国にダムや灌漑施設を造るための資金を貸すということは、結果に対する対策でしょう。それも必要でしょうが、今、焦眉の急は、砂漠化を防ぐ根本的な方法は何かということでしょう。

なぜ砂漠化がスタートしたのか、その真因を究明し、禍根を絶つことから出発せねばならないと思います。

——アメリカで砂漠化防止対策のテストをなさったそうですね。

思いつきにすぎませんが、私は、サンフランシスコのグリーンガルツの禅センターなどに、自然農法のやり方で砂漠化防止の糸口がつかめないか試してもらいました。最近、禅センターから来た手紙では、私が、アメリカの氷河の森などで見られる巨木になるレッドウッドも、根が浅いので、日本の屋久杉やヤナセ杉の方がよかろうと考えて、そこの酋長に贈った杉の種子が、うまく生え、何百本かの一〜二メートルの杉が周囲の山で育っているという嬉しい便りでした。

酋長は、国立公園レッドウッドの森の守護人で、私の贈った種子を「福岡さんの魂と思って大切にして植えるように」と遺言して先年亡くなったのですが、禅センターの周辺の砂漠の山に、麓には杉、中腹には檜、山頂には日本松を植え、その中に緑肥木や各種の果樹も植えてみたらと話した、私の夢想した緑化が、彼の弟子たちの手で確実に実施されているようです。

アパー高原の青年（数カ国の二十名の共同体）ら、悪条件の砂漠の中で、自然農法で生きぬこうとしている連中からも、大根や瓜、カボチャ、トマトなどが出来たと、喜んで言ってきましたが、まだまだ、軌道に乗ったとはいえないでしょう。自分たちの食物を得るのが精一杯で、周囲の砂漠化を防ぐ目安はついていないからです。

私は、こういう所で、どうすれば砂漠化の進行が食い止められるのか、また回復ができるのか、ハッキリつかめてからでないと、いくら緑の喪失を憂えて、緑の運動を起こしてみても始まらないと思うのです。

――一刻も早くその手がかりをつかまえなければならないと思いますが、国でそういう研究をしているところはないのでしょうか。

もちろん、砂漠の国ではやっていると思いますよ。しかし、なぜ、この前、国連の砂漠化防止局の長官が、日本の百姓などを呼んで話を聞こうとしたのかと考えているんですが、その長官の話からも窺えたのは、土木工学的なダムや灌水施設を造る方法では、あまり期待できなくなってきたということではないでしょうか。

――長官は、自然農法の考え方を参考にしようとしたのでしょうか。

そうだと思いますね。自然を生かすより、どうして自然が亡んだのかをハッキリさせることの方が先行しなければならないでしょう。〝生かすより殺すな〟です。自然を破壊しながら、その根本を絶たずに自然を守ろうとしても、〝焼け石に水〟になるでしょう。

――エジプトのアスワン・ダム建設が失敗だったという話なども、〝焼け石に水〟の口でしょうね。

カリフォルニアで、「科学的に言えば雨は天から降るが、哲学的に言えば下から降る、地から湧くものだ」と言ってきたんですが、その意味は、大地の緑を復活するのに、水を注げば草が生えるのでなくて、草を生やせば水が湧いて雲となるということです。

――草が生えないから水をやるのではないんですか。水を注げば草が生えるのは事実でしょう。

そうではなかったと言えるのですよ。草が生えなくなった第一の原因は、水にあるのではないということです。人間にあるんです。人間が大地に加えた人知が禍根になっていることが多いのではないかと思うんです。

――もう少し具体的に言っていただけますか。

例えば、鍬で耕す、火で草を焼く、すると地表の雑草が埋没したり焼かれて死んでしまう。種子がなかったらどうなるか、わかるでしょう。一種類の植物がなくなっても、生物全体の生態系は狂い出し、その影響は果てしなく広がっていくはずです。ちょっとしたきっかけで、生物界に異変が起き、混乱するということです。

――原始時代から焚火をしたり、焼畑農業をしたり、二千年前頃から土を焼いて家や寺院用のレンガを作ったことが、予想以上に地球の生物界に打撃を与えているのでしょうか。

その通りです。昔も今も、特に牛馬などの大家畜や羊などの放牧が、植生を一変させて大地を死滅させることは歴然とした事実です。

私は、昨年から隠棲して独りで何もしないで、果樹の推移を見ています。果樹の下に生えている野生化大根を抜くのを惜しんだら、家族から総攻撃を受けました。ケチに見られたのです。人間が、大地から、一木一草を外に持ち出すか出さないか、わら一本を持ち出すか出さないかが、分かれ道で、土を痩せさせる科学農法になったり、土を活かす自然農法にもなるのです。

私は、永年、自然農園を見てきての結論は、一〜二ヘクタールの面積の園では、ニワトリ以上の山羊や羊などはもちろん、牛、馬などの大動物を園で放し飼いすれば、土地が痩せていくことを体験しました。ニワトリも多数放すと、土が悪化します。人間が山小屋で自給自足の生活をすることは、厳密に言えば、いくら人糞尿や囲炉裏の灰を還元しても、土地を守る意味から言えばマイナスになるのです。

一番いいのは、果樹園の下に緑肥草木や野菜を蒔いておけば、誰もいない方が、早く土地が肥沃化するということです。各種の果樹の中に肥料木を混植し、緑肥や野菜の種を一度蒔いておけばよかったのです。人間と牛馬が大地の大敵です。

昨夏、カリフォルニア大学の先生が、四十日の予定で、ミカンの天敵捜しに、農水省や農事試験場、大学の先生など四人連れで、自然農園に来られました。私が、「この木を見てごらんなさい」と言ったら、十分もしないうちに、二本目の木で、アメリカで大害虫のヒラタカタカイガラ虫の天敵の小蜂を発見し、みんなで採取し、大喜びで帰りました。「これでカリフォルニアのミカンが無消毒でやれるかもしれない」と言っていました。永年無消毒の自然農法が、思いがけないところでお役に立ったというわけです。

——ミカンの害虫の天敵が見つかったことは、うれしいニュースでしょうが、砂漠化防止の方法とどういう関係があるのですか。

大ありなんです。この天敵がいたということは、この自然農園が、いよいよ自然に還ってきて、自立し始めたということになるでしょう。何十年も無消毒で放任していて、一時は、園が荒廃するように見えたが、土が肥え、草木が茂りだし、自然が軌道に乗りだし、果樹、野菜も無肥料で成長しだし、完全無消毒でも各種の天敵がいるようになって、きれいな実が成りだした（事実、今年は、隣家の消毒園より自然農園の方がよい実が出来た）。

この自然復活の経過の中に、砂漠化防止の秘策が隠されているとは思えませんか。

——そう言われても、まだはっきりつかめませんが……。

牛馬がいて人が働いて、土が衰え動植物の種類が減り、無為自然で、動植物がバランスよく活発に動きだす。あたりまえのことであり、面白いことだと思いませんか。人がいて草を刈って雑草の種がなくなり、人が食べたり運び出すため果物や野菜の種が落下しない。種子が多くなるか少なくなるかが、出発点になるようです。私が、カリフォルニアの砂漠化防止に、まずいろいろの草木の種子を蒔くことからテストしたのは間違いではなかったと、改めて考えさせられたのです。

——カリフォルニアで、いろいろな野菜の種や穀物、緑肥の種まで混ぜて蒔かれたと聞きましたが、無茶苦茶流はムダや失敗が多く、結果も出にくいのではないですか。

科学者は、ムダで失敗すると考えるでしょうが、ところが、私は逆なんです。自然というものは、実験してみると、十中八、九予想がはずれるものです。しかし、大失敗した時というのは、大きな予想がはずれたということで、その時は思いがけない大きな新事実が教えられるのです。だから、私は、周囲の人が笑うような大失敗した時に、かえって独りニヤニヤ笑って楽しんでおれたのです。私は、ほとんど努力らしい研究努力はしていません。なるべく何もしないようにして、じっとどう失敗するかを見てきただけというのが本当です。私は、種を蒔くことをしてきただけなんです。

すべては種蒔きから

自然農法は、何の種をいつ蒔くかから始まります。米麦なども何日に蒔くかから始まるのです。そのチャンスはのんびりしているようで、きびしいものです。

麦の作の方でいうと、蒔き時は、九月から十一月までの百日の蒔き時があるというけれど、最良の日は短期間で三日間しかない。刈る適期というのも、三日しかない。一週間早過ぎたら、一割減収になる。刈り取りが早過ぎても減収になるが、一週間遅れて、熟れ過ぎ、穂首が傾きかけたら二割の減収になる。それだけの差があるんです。春のモミ蒔きや麦刈りの農繁期に、百姓が必死になってやかましいのは、その適期を逃さないようにするためです。

ところが、自然にまかせてのんびりと、稲が成熟し、種モミが自然に落下してゆく状況を見ていると、冬から春の長期にわたっていて、そのため、自然農法の蒔き時は、いつがいいのかわからなくなります。蒔き時は、百日あるともいえるのです。事実、年末に蒔いてもいいし、一月に蒔いてもいいし、三月、四月、五月に蒔いてもいい。半年間の蒔き時があって、いつでもいいように見えるが、ところが、本当の世界一の米でも作ろうと思うと、やっぱり、冬蒔きが一番多収になる。だが、冬蒔き栽培には、いろいろな苦労がつきまとって一番作りにくい、きびしい方法ともなるんです。三日間ですべてが変わってくる。五日遅れが限界、十日遅れたら手遅れと私は考えています。

大根などの野菜の種はいつ蒔いても生えるが、科学農法以上の大根を作ろうすると、科学農法以上にきびしい自然の適期に、適所に蒔かねばなりません。ところが、自然農法で適期適所に蒔くと言ってみても、それは私などが書きうることではありません。時、場所、年で異なってくるからです。ところが、自然は時間的な適期を多量の種を蒔くことで解決しています。私は、野菜に花を咲かせ、多量の種子を自然に落下させて、毎年連続栽培しています。

例えば、モリシマアカシヤの木だって、一本の四年生の木の下に落ちている粒の数は、何十万何百万です。ところが、一本か二本しか生えないことが多いんです。ほとんど生えない。百万粒の中で生き残って生えるのはきわめてわずかなもので、千分の一、万分の一、十万分の一というチャンスしかないのです。あとは、全部、死滅する。人間の目で見ると、ムダ死にみたいに見えます。自然くらいムダをしているものはないとも見えます。アカシヤの種子は、他の鳥に食われたり、ネズミが引っ張り込んだり、アリが運んでいったりして、消えてしまうわけです。ところが、姿はムダなように見えて、大自然の目で見れば、ムダどころじゃない。それだけやって、しかも、何本かが残るようになっているのが自然の生態系なんですね。最適期に適当の子孫を残している。

とにかく、バランスを取るだの取らないだの、蒔き時だのなんだのかんだの言って、理屈は言えますが、結論から言うと、それらの全体を見た場合には、人間が手も足も出ないほど複雑微妙にからんだのが、自然界だということなんです。詮索すれば、そういうふうに、「三日のチャンスしかない。そして、これとこれとあると、こう組み合わせて、こうやったらいい」なんていうことになるけれど、厳密に言うと、手も出さないし、足も出さないで、大雑把な投網だけ打って、あとは昼寝している方がよい。とうてい、科学的・分析的な知恵では片がつかないのです。処理しようとしてはならないのが自然です。

アカシヤ自身から見れば、種子が一～二粒生き残り生えてくれればそれでよい。十アールに何本生えるのが適当かわからない。大多数の種は、他の虫や小動物の餌になってさしつかえがない。自然は、皮相的に見ればおおらかで大雑把です。無作為な自然農法ができるのは、そのためです。その反面、自然を分析的に深く研究してゆけば、科学的知恵では捉えられないほど、高度な有機的な生きものです。だから、自然の真髄をつかみ、それを生かした自然農法をやろうなどと考えたら、とんでもないほど、むつかしいきびしい農法になるのです。これが、自然農法の外面と内面です。ともかく、上手に種を蒔くことから自然農法は出発するんですが、その上手下手が人知では計れない。

自然農法で砂漠化は防げるか

私が、カリフォルニアの砂漠化していく姿を見て驚き、なんとか回復できないかとちょっとした思いつきでテストをしてみたことは、さきほども少しお話ししました。これは重大な問題なので、その後、いろいろ考えたことを、まとめてお話ししましょう。

繰り返しになりますが、一般に科学者は、砂漠は空から雨が降らないから砂漠になったんだと考えているようですが、私の結論は、哲学的に言えば、雨は下から降るということなんですよ。雨がないから砂漠になり草木が育たないんじゃなくて、草木がなくなったから雨が降らなくなったんです。

緑の草が少なくなったのは、人間と大動物のせいでしょう。食物のより好みをするたくさんの人間が集まって住み、木を切り倒して、建物を建てたり、お寺を建てたりしたからでしょう。日本でも、中国地方に文化が発達して、国分寺やらなにやら、お寺を建てまくったのがスタートになって、中国山系や四国山系の山が貧しくなった、痩せたと言われています。文化の発達したところの周辺ほど、山が痩せているというのは、やっぱり、人間が破壊した証拠なんです。

外国では、焼き畑農法で山の木を焼き、牛馬や羊を放牧したために緑が減ったんでしょう。アフリカでもイランでもイラクでも、昔栄えたところが砂漠化しているということは、人間が害を与えて砂漠になったんだということが推測できるわけです。

人間が木を切り、牛馬が草を食べると、必ず木の種類も下草の種類も単純になる。その単純化された雑草は死滅しやすい。褐色の草原になれば、照り返しが強いから、地温が上がり、気候が狂い、水気が蒸発してしまって、砂漠化していく。こういう順序になるはずです。水がなくなったから砂漠になったのではない。水がなくなる前に根本原因がもう一つあった。それは、木や草の死滅ということになる。とすれば、砂漠化防止の根本策は、どうしても古来の緑の草の復活が先決になる、と言えるでしょう。

ところが、これまでは、砂漠化を防止しようとすると、砂漠に水がないから草木がなくなったのだと考え、水を引くことから着手します。ダムを造り、灌漑溝を整備するわけです。しかし、この方法では、〝焼け石に水〟で、効果が少ないばかりでなく、塩分の集積を招いて失敗するということが、エジプトなどの例でも明らかになってきました。

では、どうすればいいのかと言いますと、なんでもいいから、まず地表を緑の草で被覆するという方法を採るんです。もし、私が、イランやイラクの砂漠をどうするかと言われて、その対策を進言するとしたら、イラン、イラクの古来の植物はもちろん、あらゆる種類の植物の種子を集めて、飛行機から、雨期の直前、一遍に見渡す限りの全土に蒔いて、どれが生き残り、どう育つか、テストすることから始めます。

盲滅法な無茶苦茶な方法に見えますが、九死に一生を得る方法にはなるんです。

やるなら、徹底的に広い所へやらなければダメです。広い所へやったら、九割九分失敗しても、必ずどこかには成功するものがあるんです。手掛かりがつかめるんです。で、翌年も、その翌年も、三年失敗するつもりで、九九パーセントまで失敗しても一年間に一パーセント生き残るものがあったら、その翌年にやってみる。それをさらに翌年にやる。三年計画で三年ぐらい失敗するつもりで、見渡す限りの平原に対して、種を一心に蒔く。それしかないのではないかと思うんです。そして、手探りのようだけれど、本当の自然というものを探って、古代のイランならイラン、イタリアならイタリア、オランダならオランダの自然はどうであったのかということを、まずキャッチしていく。

砂漠の中で生きのびる植物をまず育て、次第にその種類と量を増していけばいいでしょう。問題は、その土地に今、何が生えるかということです。それを知るために、各種の種をばら蒔くわけです。

これは、おさい銭です。人間が作るのではなくて、自然に教えてもらうための材料を提供する。ちょっと言うと、神さまにお供え物をするわけです。それで、土地の神さまに好みの物を食べてもらう。土地の神さまが好むのであったら、「ここにはこれがいいんだな」と教えてもらうわけです。

科学者は、自分の知恵で、「あれが向いているだろう。これが儲かるだろう」と判断して、スタートする。現在の土を物理学的に調べたり、土壌肥料学的に調べることからスタートする。そして、「ここにはリン酸がないから、こういう作物を作りなさい、落花生を作りなさい……」なんて言うけれど、私は、そういうやり方ではないんです。

どこの自然も、おそらく昔の自然ではないはずです。現在は不自然で、デタラメになっているんだから、デタラメに対しては、やはり無茶苦茶流で出発した方がいい。白紙の出発点から、なんでもたくさん蒔いてみる。大地に対してお伺いをたてるわけです。すると、大地が何か答えてくれる。無鉄砲のようで、下手な鉄砲も数打ちゃ当たるのです。ただ、ケチくさいおさい銭では答えてくれない。広い面積で、度胸を据えて、捨て身で全さい銭を持ってきて、全種を集めて蒔いてみると、お答えを出してくれる。ミクロ的には、科学も役に立つように見えるが、大自然の秘密は神の目で見なければわからない。神は、時に奇想天外な驚嘆すべき答えを出してくれる。そしたら、二年目にそれをまねしてみる。それで、三年目に計画を立てる。そういう順序でやってみるんです。

科学農法による田畑を、自然農園に切り換えていく方法・過程は、そのまま砂漠地を緑野に変えていく手段として応用できるのです。その意味で、私の自然農園は非常に面白い材料を提供してくれます。いずれ詳細に報告する機会があるでしょう。

砂漠に何が生えるか

自然農法も最初はいろいろな種を蒔いて、その土地に何が生えるかから出発します。同様に砂漠化防止の対策も、砂漠の中に多種多様の植物（できたら微生物、小動物、昆虫なども混ぜて）の種子を蒔いて、じっと見守っていたらどうなるでしょうか。地上にいくらかでも何か生えてくれたら手がかりになるでしょう。

例えば、砂漠だから、最初に生えるのは、サボテンかもしれない。サボテンが生えるようだと、その他の多肉植物が生えてくるでしょう。ベンケイソウやヒユ、原住民の大切にする聖なる草やカワラヨモギなどが先行するかもしれない。それより、ユリ科のノビルやニラ、ニンニクのようなものの定着の方が早いことも考えられますね。

土が流出してしまった岩山なんかでも、岩の裂け目にススキやチガヤなど禾本科の雑草なら生えだすはずです。こんな草が根を下ろすと、ツタ類、カズラ類などのツル草が伸びて、岩を覆うようにもなるでしょう。十字科のナズナ、大根の原種などは、砂漠の中でも十分育つことは、もう確かめました。豆科の雑草ヤハズソウやエニシダなどは砂地で十分育つはずです。灌木などはなんでもよいから生えてくれて、クズのツルがそれに巻きついて登るようになれば、土地も肥えて、いわゆる「緑の大地」の回復も早くなるでしょうね。

クス、シイ、カシなどの照葉樹林の被子植物、杉、檜、松などの裸子植物を期待する前に、羊歯類やコケ、地衣類、土壌微生物などを増やす努力が必要でしょう。次に乾燥に強いゴマ類や禾本科の雑穀、瓜科の野菜、緑肥植物などが次々と育ってくれるようになるでしょう。

こんな私の空想が、空想で終わるかどうか、気の長い地道な大地の凝視から砂漠化防止の名案が生まれるかどうかは、それこそ「神のみぞ知る」でしょう。ともかく、やってみることが先です。

現在の砂漠地帯を緑の沃野に変えていくことは、容易なことではありません。また、今、進行中の世界の砂漠化をどうして防止するかという問題もあります。が、草木を変え、農耕法を変革することが、その根本対策であり、まわりくどいようで、早道になると思っていいます。

ヨーロッパを回って私がショックを受けたのは、一見美しい緑さえ、イミテーションの緑だったということです。自然保護の精神が徹底し、十分守られてきたはずの緑が真の緑でなく、大地も亡びていたという事実です。西欧流の農耕法が間違っていたための結果だと、私は断言してきました。自然農法を大地を蘇生させる一方法として役立てる日が近づいていると見ています。

有機農法、生態学の逆効果

ヨーロッパの大地の衰えも、その原因が農耕法の間違いからスタートしていたとすれば、それが正されなければ、急速に衰亡していくヨーロッパの自然も文化も救いようがなくなる。その対策は、十分立てられていると、一般には信じられているようですが、本当にそうでしょうか。

日本でも、十年前から自然環境の保全問題がクローズアップされ、それにつれて自然農法も有機農法も喧伝されるようになりました。しかし、期待された有機農法というのは、科学農法と、右手と左手ぐらいの違いしかなく、今のままでは昔の有畜農業、堆肥農業に帰るだけだから、かつて来た道にすぎず、これでは真の自然を回復することに役立たないばかりではなくて、自然破壊に肩をかすことになってしまいます。もちろん有機農法は、ブレーキ役は務めているけれど、ブレーキと破壊する車輪とが一緒になって走り回るから、結果的には科学農法の一翼を荷うことになり、ブレーキがブレーキにならず、なお危険だということです。

はっきり言うと、有機農法は、自然保護のために役立っているように見えるけれど、ここ十年の経過（有機農法が日本に逆輸入されて、少し前に十周年記念があった）を見ていると、そうは言えない。私が、東京の生協にミカンを直販に出したのが十年前からで、その十年前に私の知っている人たちが集まって、有機農業の会を作ったんです。その出発点の時から見て、今まで、自然食や産直の運動も発達したように見えるけれど、やっぱり一部の人々の間だけのことで、世の中は、自然を守る方向へ行っているかというと、むしろ結果的には、初めに私が心配したように、十年間破壊し続けです。何もストップしていない。例えば、東京都民の食が自然食になったかというと、そうではない。むしろ、反自然食になってきている。この十年間に、自然破壊は加速度的に進み、大地の死滅、食物の質の低下は目にあまるようになり、もはや、一刻の猶予もできないと思われる状態です。

その原因は、自然食が叫ばれ、有機農法ができてきて、多少でも科学農法のブレーキを果たすと安易に思っていたところに、問題があると思うんです。私は、「右と左があれば、バランスを取って、うまくいける、生態学があり、生態学者がいれば、日本の自然を守れる」と思うところに、学者のおごりとマイナス点があると思う。中途半端ではダメだと言うのは、そこなんです。

一楽さんの招集した有機農法出発のキッカケになった農協総会の席で、私は、横浜国大の宮脇昭先生にも顔を合わせたんです。宮脇先生が、富士山麓の登山道の杉の公害について報告され、「自然を守らなければいけない」ということを盛んに言われたわけです。その時に、私は、「先生、植物生態学者が日本の山林の生態を守れると思ったら、それは間違いだ。鎮守の森を造ったのは、植物生態学者ではない」と言ったんです。その時には、先生も、妙な顔をしていたけれど、それから後にあの先生の本を見ると、鎮守の森の話がよく出てくるんです。先生は、植物生態学者の限界というものを知っていて生態学を説き、鎮守の森の復活を力説されているのでしょうが、一般の人は、先生たちが自然を守ってくれると思って安心し、平気で自然破壊の傍観者になるんです。

たとえて言えば、「あんた、怪我をしたら医者がいませんよ。この島には、医者がいないのですよ」と言ったら、体に気をつけるでしょう。「この島には外科もおります。内科の医者もおります。安心しなさい」と言われたら、人間は、やっぱり体に気をつけない。「植物生態学者が、自然保護団体が、日本の自然を守ってくれる」。そういうことを盛んに言えば言うほど、みんな平気で壊してしまうのが現在なんです。自然保護の団体ができ、環境庁ができて、「火事は消防署任せ、放火犯人は警察任せ」というようなもので、大衆は、「観光だ、レジャーだ、高速道路が欲しい、橋がいる」と言っているわけです。日本は、まだ当分壊れていくばかりでしょう。

大地の蘇生・砂漠化防止・自然保護など、すべては、何かを為すことで解決するのでなく、何もしないですむような、自然復活へのきっかけをつかむことが最初のスタートであり、結論にもなるのです。

　鎮守の森は、誰かが岩も木も神様だといって注連《しめ》飾りをしておけば、誰も斧で傷つけることができなくなって、いつの間にか自然の森ができただけのことです。斧と鋸が一番悪いので、その開発が自然破壊のスタートになるわけです。

第二章　食の崩壊

一　逆転した日本食

消えた日本食

――日本の風土の中で自然発生したと思われる、一昔前の日本の百姓の食事が、自然食に近いというので、欧米でブームになっているのに、日本人自身の食事は洋食化して逆転しているのは、どういうわけだと、福岡さんはお考えですか。それから、昔からの日本食というのは、結局、どういうものだったんでしょうか。そのあたりを話していただけないでしょうか。

まず、科学的にいっても体の構造から見ても、人間が生きていくための主食が穀物だということは、誰もが認められることです。歯も、肉を嚙む歯は犬歯だけで、あとは臼歯で、骨格や顎の構造からいっても、特に、日本の農民は、草食動物の分を守ってきたと言えるでしょう。

では、草食といっても、日本の風土から何を食べたかというと、穀物と野菜ということになるでしょうね。そして、カロリーからいって、穀物が主食でした。では、穀物とは何かというと、昔から言われている「五穀」です。昔から日本の農村では、五穀を主食にするのが、原則になっていたのです。

――しかし、今、その五穀のなかで作られているのは、ほとんど米と麦だけでしょう。

ええ、この頃気になるのは、五穀のなかの雑穀が忘れられかけているということです。アワ、キビ、ヒエは、粒が小さい。収量の点では、米や麦に劣るので、生産の重点が米と麦に移ってきたけれども、人間の健康に一番いいのは、アワ、キビ、ヒエ、小豆、ソバのように、小粒で、原始の自然に近い物であるような感じがするんです。ですから、何を食べたらいいかというと、百姓が食べていた五穀のなかでも、自然に近い、原始に近い、粒の小さい物です。

ところが、今は、大きい物・うまい物がいいとされて、果物でも、穀物でも、大きい物がいいことになってきていますけれども、小さい物ほどエネルギーは凝結されていますので、そのほうがいいのではないかという気がするんです。

――私たちには、自然に近い小さな物は、味が悪いと思えるんです。食べにくいので、つい敬遠します。それは、胃の働きが衰えてきているだけかも知れませんが。ただ、健康な体を作るためには、雑穀のことを忘れてはいけないということだけはわかりますが……。

日本の百姓の食物も急速に変わり、雑穀は消え失せ、野菜が蔬菜という名に代わるにつれて、質が低下し、米麦も昔の米麦ではありません。

日本人が忘れかけているのは、五穀や五菜だけではありません。前にも話しましたが、日本の国では多類多様の食物がありました。私の村のその周辺から採れる穀物、野菜、果物、山菜を加えると、四季別に集めてみると全く食のマンダラ図ができます。毎月新しい三十種類もの食べ物が発生しているのです。ということは、家の周りを走り回れば、毎日一つは旬《しゅん》の初ものが食べられるということです。

昔の百姓は貧しく、麦飯、香物、梅干だったように言われますが、実態は御馳走を食べていたともいえるのです。

スーパー・マーケットの季節はずれの七色の食品をいくら集めても、本物の御馳走はできません。日本の特徴はなんといっても多くの野菜や山菜にあったといえるでしょう。

ヨーロッパの野菜

欧米を巡ってみて、野菜の種類が少ないのに驚きました。

ヨーロッパ人でもアメリカ人でも、ニンジンこそ食っているけれど、根菜類がない。それ以外の物、ゴボウなんかは、野生のがいっぱい生えていても、誰も食わない。食べる物だと思わない。笑い話ではないけれど、日本軍人が捕虜収容所にいた外人に、ゴボウを食べさせて、木の根を食わせたということで、戦犯に問われたことがありました。それだけ、根菜に対して無知だということです。ヨーロッパなんかに行ってみても、同じです。今は、イモ類があることはあるけれど、私たちには、とても固くて食えないようなイモしかないんです。サツマイモはたまにあるけれど、日本のような、多収でおいしいサツマイモがない。それから、サトイモを食わない。ゴボウはない。レンコンは食わない。タケノコはない。

菜っ葉類を食って根菜類を食わないということは、半分しか食っていないことなんです。栄養のバランスからいっても、根が地中に深く入っている物ほど、体にいいはずなんです。ヤマイモなどが一番いいはずです。その次が、ナガイモ、ヤマトイモとか、こうなる。深く土中に入っていく物ほど、やっぱり、原始的で、体にいい。体にいい根菜類や、繊維の多いゴボウ、サツマイモ、タケノコ、こういう物を食っていれば、便秘にもならないし、体にもいい。そういう物を食っていないで、肉ばかり食うから、外国人にはとくに便秘が多いんだと思うんです。「イモ糞をのこし健やか旅遍路」。

私は、ヨーロッパへ行ったときも、イタリアでも、どこでも、よくサツマイモの話をしたんですがね。十分出来るのに、サツマイモのことをほとんど知らない。向こうの田舎の百姓のオカミサン連中を集めて、私の得意なサツマイモの多収穫栽培の話から入ったこともありました。とにかく、日本ほど料理の材料の豊かな国はないようです。

——米と麦ではどちらを主食にすべきでしょうか?

米・麦は、一定の面積から上がる食糧のカロリー生産では、最高の植物です。寒い国ではトウモロコシや馬鈴薯がよく出来ますが……。日本では米と麦を作るのが、いちばんカロリーが上がり作り易いのです。ですから、限られた土地を有効に使うとしたら、米と麦を作るのが最善だということになるでしょう。

終戦後、水田をつぶして、もうかるミカンを作るため、米・麦は作らないという風潮に対抗して私は、「日本の百姓は米と麦の生産をやめてはいけない」と言ってきました。その根拠の一つは、米と麦が、狭い土地から最高のエネルギーを得られるばかりでなく、日本の風土に一番あっているからです。もう一つは、人類のカロリー摂取の横綱が、米・麦だからです。世界の半分の民族は麦類を主食にし、半分の民族は米を主食にしています。大体、半々ではないかという感じがあるわけです。

北の寒い国の放牧民族は、狩をして、肉を好み、穀物の不足を補って肉食人種になりました。欧米では、寒い水のない高所で出来やすい小麦を主食にし、肉を多くとる習慣ができてきました。小麦は、粉にして、加工して、パンにしておけば、便利だったわけです。遊牧人には、保存・持ち運びの便利さから、小麦のほうが先に全体に普及したということです。逆に、赤道を中心にした亜熱帯地方のような、温暖多湿の所では、高地で陸稲を、平地で水稲を作ってきたわけです。そして、大きく分ければ、米民族と麦・パン民族とに分かれてきましたが、本来、人間が米と麦のどちらを主食にするべきかという問題や何を食べるべきかの問題は、雑穀や野菜を含めて決定すべき問題です。その地帯に自然発生した食物を無作為に、自然の流れに従って摂っておればよかったのです。何を作るかでなく何が出来るかです。冬の主食は秋出来る米、夏は夏の前に出来る麦飯でいいのではないですか。

日本の百姓は、どんな食物を作り、摂るかという姿勢でなく、四季春秋、自然に畑に出来た旬《しゅん》の作物をその秋《とき》、その時摂っていただけです。そして、自然の理に従って料理したのです。人がまずあって、人知で食物を作るのでなく、自然の食がまずあって、人が無為自然に生きる。

それが、日本の本来の生き方であり、食事の作法（神事）だったのです。しかし、それが残念ながらこの十ヵ年の間に一変してしまいました。

消えてゆく日本人の食と料理

もう一つ言うと、日本人ぐらい舌の感覚がするどくて料理の上手な民族はなかったのです。私は、欧米を回ってみて痛感したのですが、今のレベルでいったら、日本人のコックや料理人が、よそへ指導に行くことはない。日本の百姓のおかみさんで結構だと思う。百姓のおかみさんの味付け方の技術は、世界中どこでもコック長として通用しない国はないという感じすらもったわけです。

日本のコックさんなんかの勉強をしている人たちは、日本で苦労するよりは、よそへ行って指導したほうがいいだろうと言いたいが、その理由の一つは、日本の料理は確かに進んだけれど、逆に、自然の物から離れてきたために、材料が悪くなってきた。料理の腕前は、どんどん上がってきていて、世界をリードする料理人が増えてきても、腕の振るいようがないということです。作る材料が、化学的、石油製品の加工品になってしまっている食品でしょう。トマト、ナス、キュウリのような野菜類から米麦まで、魚も瀬戸内海の昔のような生きた魚ではなくて、養殖漁業ばかりになってきている。それでなければ、南洋などに行って、深海魚などを持ってきて、それを材料にして、いくら料理人が腕を振るってみたって、結局、ネタの悪いのはどうにもならん、と言えると思うんです。

そういう状態だから、どうも、逆転するのではないかと思う。いつの間にか、西洋人が、東洋食を食って東洋人になっておって、日本人は、体は東洋人でありながら、考え方は西洋哲学に汚染されていて、科学信奉者になって、そして、科学信奉の農法が行なわれて、食べる物が西洋流の石油加工製品になってしまった。そして、栄養一点張りで、肉食人種になるだろうと思えるんです。

言っては悪いけれど、ハンバーガーなどは、私は名前も知らなかったけれど、今、若い者が、そこらで立ち食いしてるでしょう。ああいうふうな食事になってきて、インスタント物になってきて、果たして、それでいいのか。明らかに、食の狂いが民族を狂わし、民族が狂って、けんらん豪華な食生活をし出したと思ったときが絶頂で、これから加速度的に転落するのではないかと思う。それを、既に西洋人は見抜いているということですよね。ウチへ来る外人が一様に「日本に来てみて、ガックリだ」と言うんです。「自然農法だって、日本が元祖だから発達していると思ったら、誰一人していないじゃないか。自然食の店に行っても、アメリカのようなしっかりした自然食の店は、一つもありはしない。一般の者は、なおさら、知らん顔している。自然食の価値というものを、一般の者が何も感じていない。病人とか自然の愛好家だけがやっている程度ではないか」と言うわけです。

私は、四十数年前に横浜にいたけれども、衣食住すべての点で、はっきりと逆転しているということを感じたのは、十年ほど前に、元勤めていた横浜税関の前に立ってみて痛感したんですが、昔は、自分らが税関の植物検査課にいて、こちらはいわゆる官吏だったから、威張っていてよさそうなものだけれど、外人に頭が上がらないんです。東洋人の民族の卑屈さがありましたね。西洋人の、スマートで、きれいな服装をして、子供達と横浜の山下公園あたりを歩いている姿を見ても、悠々として歩いて、一段上の民族ですよね。子供が、あのあたりのホテルにつかつかと入っていく。あの高級レストランやホテルなどへ、子供が平然として入っていくでしょう。今考えてみれば、当たり前なんだけれど……。今の日本の子供は、ぱっぱと入っていく。昔は、西洋人の子供だったら大威張りで入れたけれど、日本人は、よう入らなんだ。税関吏の自分らでも、よう入れなかった。気後れがしたわけです。

ところが、この頃行ってみると、外国人の服装はボロボロで、日本人はパリッとしていて、子供なども、平然と椅子に腰掛けて、ボーイにあごで注文しているでしょう。私は、そういう態度を見て、まったく四十五年前と逆転したなと思いました。西洋人の方がコソコソして、粗末なものを隅の方で食って、ソソクサと出て行く。日本人は堂々として、子供すら西洋人を見下すような態度です。それだけ違っている。

しかし、その奥に、今はそうなっているが、十年後にどうなるかというと、また、逆転するのではないかという感じがするんです。その食の食べ方、昔の西洋人が威張っていた、そして、いい物を食っていた、レストランでビフテキを食っていて、あんなビフテキを一遍でも食ってみたいなと思っていた、その民族がビフテキを食うようになって、向こうの者が菜食しているでしょう。食事が逆転しているのが、暗示してるのではないかと思うんです。

食の狂いが体を狂わす。考え方を狂わす。あらゆることに影響する。体の健康も食から来る。そして、体から思想も生まれる。

食と思想

思想は、どこから来るかということを考えてみると、食が違ったら、体格が違うし、考え方も違う。血液も違ってくるでしょう。肉食をすれば、酸性になってくる。菜食になれば、アルカリ性になってくる。アルカリ性になってくれば、温和な性質になっていく。東洋民族が温和で、戦闘的だと言われるように見えるけれど、本当は、東洋人、穀物人種はおとなしいんです。おとなしいし、平和を愛する民族になっていくんです。ところが、狩猟民族の、西洋民族みたいに、肉を食べると、どうしても血が酸性になってくる。血が酸性になってくるし、エネルギーが高度に凝縮した物を食べるでしょう。自然食の桜沢さんの説をかりれば、肉なんていう物は陽性のものです。菜食や果物などを食っているやつは、陰性になってくる。陰性になると、おとなしいわけです。女性的になってくる。血や肉を食べると、酸性になってくる。血が濁ってくる。血が濁ってくれば、男性的になって、活発で、攻撃的になる。アルカリ性になれば、おとなしくて、温和になって、平和になっていく。片一方では、男性的で、攻撃的で、積極的になっていく。積極的だから、西洋人が、一時、世界中を征服するような時代が来たわけです。そして、東洋人とか黒人あたりの菜食民族が抑えられて負けたわけですね。それで、滅びかけた。マラソンで言えば、肉食人種というのは、ライオンみたいなもので、猛烈なエネルギーを発揮するし、頭も発達するから、知恵も深いし、腕力も強いから、十字軍を組織して世界中を征服するようなことになるわけです。なるけれど、長続きしない。やっぱり、マラソンになってくると、菜食民族のほうが上です。だから、滅ぼされそうに見えていて、やっぱり、長続きしていて、今、息を吹き返しているわけです。片一方は、腕力で征服してみたけれど、征服し切れなくて、今は、ストップしているところです。それが、今、欧米の老化現象というか、そういう格好だと思うんです。

欧米が老化現象で足踏みしているところへもってきて、日本人が追いついて追い越したというような状況になってきた。経済成長で、そこまで来たわけです。西洋人は、追い越されても、手をこまねいて見ているようにも見えるでしょう。しかし、長い間の哲学的な見方というものは、素養になっていますから、冷たい眼で見ている面があるんです。冷静なわけです。東洋人、日本人は特に、ここまで来て、偉くなって、世界をリードするようになっているけれど、西洋人から言うと、かつて自分達が通ってきた道を、また日本人が通っているだけではないかという見方をしているわけです。

二　アメリカの自然食ブーム

――今、ヨーロッパでは、多くの人々が現代文明のゆきづまりを感じ、自然に還る道を模索し始め、そのあらわれの一つが自然食ブームだと言われますが……。

アメリカの自然食ブーム

今、日本人が知っておかねばならぬのは、自然食の創設者は日本の故桜沢如一先生であり、その高弟たちが、今、全世界に散って、自然食の普及運動に挺身しておられる事実です。

今、アメリカで自然食による健康指導のリーダーとして活躍しておられるのは、東のボストンの久司道夫氏、西のカリフォルニア州のヘルマン相原氏です。私のアメリカ巡りができたのも両氏のおかげでした。

久司さんは、ボストンでも高名な実業家としても知られていますが、氏が片手間で経営する自然食の卸問屋は、ここ五ヵ年間では、米国産業界で最高の高度成長率を誇る産業に成長していました。月商二百億、三百億だそうで、味噌、醬油、甘酒、玄米などの自然食が、大工場から全世界へ輸出されている状況には驚かされました。

もちろん、これまでには大変な苦労時代もあり、奥さんの話では、「私らは十五年前は子供三人と、四畳半で味噌を袋に包んで売っていたのですよ」ということでした。その人が、今は巨万の富をもとに、現在のありきたりの大学ではダメだというので、大学改革をめざし、国際自然大学の創立に力を注いでいます。

――この頃は日本でも、あちこちに自然食の店ができ、自然食ブームがきたような気もしますが、お話を伺ってみるとアメリカあたりとはけた違いですね。逆輸入の感じですね。

桜沢先生は、生前は日本では無視されていました。今になり公害が始まって、半病人から自然食が広がりはじめた程度ですが、西欧では東洋思想を根幹とする自然食の思想が、西欧人を説得して、食物に対する根本概念を一変させたことから出発しています。したがって、基礎ができているから、自然食産業なども一度軌道に乗りだすと、こんなに恐ろしい動力でのびだしたのでしょう。

――自然食も自然農法も、一度外国に出なければ評価されないんでしょうかね。

そうですね。アメリカの田舎回りをして、米が重点の時代が来るのではないかと感じました。アメリカの多くの農民が一様に言っていることは、「米を作りたい、米が出来ないか」ということです。儲けることでも有利になるし、米がいちばん魅力的だ、という言い方をアメリカ人はしているのです。

日本では、減反政策とか、米が余るとか、要らない、という空気が強いけれど、アメリカは逆だったということです。アメリカ人の志向が、肉食から東洋の菜食主義のほうに移りつつあるということです。そのスタートは、自然食運動が本当の軌道に乗ってきて、自然食から、米を食う習慣が、しかも玄米をよくかんで食べる習慣ができてきたことだろうと思います。味というものに対して、アメリカ人の舌が違ってきたと感じるんです。

今まで西欧人は肉ばかりを食ってきたが、コレステロールがどうだとか、ガンになるとか、肥満が増えるとかで、体格がよくなったけれど、人間がどうもおかしくなった。そこらあたりがスタートになって、文明までがおかしくなってきた。文明が危くなり、心身ともにおかしくなったことに気がついて、反省しだした。反省してみると、心身の病はやっぱり食からきている。食を直すのにはどうしたらいいか。そう考えた結果、東洋の自然食だ、ということになってきている。それで、東洋の自然食に首を突っ込んでみると、なんのことはない、日本食でよかった。昔の日本人の百姓が食っていた食物が、アメリカ人にとって、今、いちばん必要な食ではないか、こういうことになってきたわけです。

アメリカの青年が日本に来て、豆腐を研究して、一冊の本を書いた。この青年は私を知っていて、奥さんが日本人で、私に会いたがっている青年ですが、この青年が出した本は、五百種類からの豆腐の作り方を書いています。これがベストセラーで、アメリカ中に広がっています。

作り方も、基本どおり正確に作るし、アメリカの豆腐の作り方は変化に富み、しかも、大豆は自国で作っているものだし、日本人のように〝うまい〟ということを出発点にしないで、誠実に作るから、本当のコクのある手作りの豆腐が、今、アメリカ中にはやっている。日本人が食べても、確かに、日本の豆腐よりアメリカの豆腐のほうがうまいんです。ですから、アメリカ人が食べても、豆腐はうまいものだ、となったのは当然だと思います。

今、アメリカへ行ってみると、スーパーマーケットの一コーナーには、必ず、米がずらっと並んでいる。十キロ、五十キロ（値段は六十キロ一俵で一万二千円ほど）入りの米の袋が並んでいる。その次には、米から作った甘酒がずらっと並んでいる。日本では、どこにもコカコーラの瓶などがいっぱいあるけれど、アメリカへ行ってみると、コーラなどは見当たらず、甘酒の瓶がずらっとある。その上には、ライスケーキがずらっと置いてある。これは、パン代わりになっていると、自分もみるほど、たくさん並べてあるわけです。ともかく米で作った製品が一コーナー並べてあるわけです。それを買って、食べています。

なんで食べるかというと、アメリカ人の日本食ブームは自然食から始まったために、日本人の昔の食事みたいなものを、うまいと言います。本当のうまさを知っています。日本食がうまいという感じを持つようになった原因のひとつは、ヨーロッパ人が料理の仕方が下手だからかも知れません。欧米の農家など、材料も単純だが、料理も発達していない。食卓に何のセンスもない。大雑把です。ただ栄養ということで、人間の体を支えているのは、三つの要素だというような考え方で、合成飼料で豚を飼うのと同じような考え方で、料理が成り立っている。味を付けて、うまい物を食うなんていう考え方は少ない。料理が発達していない。しかも、材料が悪い。うまい物を食っていないから、東洋の「イモの煮ころがし」みたいなものや、田舎の料理みたいなものでも、結構おいしく食べられる下地があったということです。

東洋の食がウケて、レストランでも日本食がブームになっている。もちろん、ブームになっているのは、日本の寿司屋とか天ぷら屋などですが、しかし、そこの寿司や天ぷらを食ってみると、東京なら、二流、三流の味付けだ。それでも、向こうでは、大入り満員のブームになっているほど、よく食べられている。その原因は、まずい物を食っていたから、少しのご馳走でも、たいへんなご馳走に見えるということと、欧米人に真の食の味を味わう舌の感覚がもどってきたことが元になっているけれども、そのほか、体にいいということになっているから、三拍子揃って、それが加速度的に日本食ブームになってきた原因だと思います。うまいのは中華料理、良いのが日本食というわけです。

話が飛びますけれど、今、東洋食ブームになっていて、ヨーロッパの五、六ヵ国のどんな田舎の町へ行ってみても、味噌があり、醬油は「ショウユ」あるいは「タマリ」という名前で、レストランなどに、ソースなどと並べて置いてあるんです。それだけ日本食というものがどこにでもあるけれど、ところが、米は南のフランスやイタリアだけにしかないから、そこで作った物が北の方のイギリスやベルギーやオランダの方まで売られている。しかし、売られている物の主流は何かというと、自然農法の玄米だということになっているんです。貴重がられているのは、イタリアのミラノの自然農法の玄米だということです。科学農法で作られたのは、第二流に落とされているわけなんです。

昔、肉食人種だった西欧は、さっき言ったように、舌がマヒしてしまって、本当の味をみる力がなかった、微妙な味などを味わう力がなかったけれど、玄米を食べ出して、菜食に変わってきてから、味覚の復活ができていると、私は思うんです。非常に舌の味覚が敏感になって、自然の味は欧米の自然食の連中から復活していた。

それを痛感するのは、先日も、カリフォルニアの西の横綱格のリーダーの相原さんが、アメリカの弟子達二十人ばかりを連れて、日本の自然食の現状などを視察に来て、そして、しまいの日にうちへ来たんです。一月ほど前のことですがね。日本のレストランの一流料理を食べたとき、案外何もうまいと言わなかったが、翌日、うちの山小屋に泊って、朝は、玄米のオジヤを、その辺の菜っ葉を適当に放り込んで、コップは間に合わなかったんで、伸びた竹の子を輪切りして、それを即席のコップにして、雑炊をよそって、クローバーの上に座りこんで食べたとき、そこで、「ほんとに、ここのオジヤはおいしい」とお世辞ぬきで言うのです。私はそれを見て、アメリカ人の舌が変わってきていることを感じたのです。

日本人の方が、パン食になり、肉食になってから、舌の感覚も狂ってきたと感じたのです。

米、甘酒、ポップライスのブーム

西洋人は今

——西洋人は今何を考えているのでしょう。

西洋人は、これまでは、「我思う。故に我あり」。我がなかったら、自然はない。「我」という人間があっての「自然」だ。だから、人間のために、自然をいかに利用しても、改造しても構わないと考えてきた。そういう観念がスタートになって、人間のための科学は発達し、それを利用して、世界を、あるいは、他の民族も支配してきたわけです。ところが、今になってみると、どっこい、そいつがおかしかったということに気がつき、西洋哲学の間違いに気がついてきたんです。「少なくとも、おかしいということには、気がついている。だが、どちらを向いて行ったらいいのかは、わからない」と言っているのです。私は、一口に言うと、西洋人の今の立場というのは、西洋哲学に反省をしてきた、キリスト教の行き方に反省してきている。東洋哲学、東洋の仏教なんかに、そういう芽があるのではないかということは気がついている。だけど、東洋哲学がいいんだとか、仏教がいいんだ、キリスト教をやめて、仏教徒になるということは言わない。そこまでは行かない。行かないが、そちらにいいものがあるんだということは、気がついている。

日本人は、かつて西洋人が世界を征服したということに感心していて、威勢がよかった、それが発達だと思い込まされているから、今、利口になった、栄養も豊かで、体格もよくなった、スポーツもしだした、そして、手に入れるものは入れてきた。さあ、これから何をやったらいいかで、世界中を征服でもできるような気持ちになって、おごってきているけれども、西洋人の眼から見ると、

「それは、オレたちが、百年、二百年かかって造ってきた道を、日本人が、ここ三十年、四十年の間にやっとたどりつき、追いつき、追い越したにすぎない。しかし、追い越されても、それは羨ましいことはない。これは、いずれまた、ダメになる道だ」と。それで、「その次はどこかというと、東洋思想というか、それなんだが、日本人は、もう、忘れてしまっている。忘れてしまったときに、オレ達が行って発掘し、また、それをものにして、進むのではないか」と。

それは、西洋人の願望だけではなくて、そういうことになる可能性があるということを肌で感ずるのは、西洋人が、よく禅を習いに来るとか、自然食を習いに来るでしょう。永平寺に行った後とか、どこかの寺で坐禅をやったというのが、ウチにはよく来るわけです。そのとき、彼らは、「わからない」とはっきり言えるんですね。ところが、日本人は、わからなくても、一時、坐ったりすると、「禅がわかった」とか何とか、わかったような顔をする。わかった気になるのです。わかった気になるから、それでストップする。西洋人は、「わからない」と言う。「来て、禅寺に坐ってみても、どうにもならない」と言うんです。「どうにもならない、わからないけれど、今まで来た道が間違っていたということはわかっているから、これが善いか悪いかわからないけれど、坐るしか、しょうがないじゃないか」ということになるんです。「坐っても、どうにもならないことがわかっただけだけれど、もう回れ右をして帰る気はない。坐るしかない」ということです。それは、わずかの違いなんですけれど、そこなんです。日本人と大差があるというのは――。

西洋食がダメだということに気がついたら、東洋食にした。東洋食が善いか悪いかは試してみなければわからないから、やってみると言うのとは違うというわけです。日本人は、体が弱くなったら自然食を試してみる。だけど、ちょっとよくなったら、すぐまた戻って、うまい物を食べ始める。右へ行ったり左へ行ったり、いい加減です。日本人は、いい意味でも悪い意味でも、いわゆるいい加減にやってしまうわけです。ところが、西洋人は、一遍、悪い物は悪い、といって割り切ってしまったら、それは絶対に振り返らない。自然食をやり出した者が、ウチへ来て、魚を食ったり、白米を食ったりは絶対にしない。玄米といえば玄米で、馬鹿みたいに玄米を食べるんです。魚を食わないと言ったら、煮干ひとつ食わないというほど、徹底してしまう。善い悪いではなくて、こう思ったら、思い切ったとおり、極めて単純明快で素朴なんです。私は、その素朴さが、物を言う時代が来るのではないかと思うんです。日本人は、素朴さを失ってしまって、頭で考えて、こちらをやってダメだったら、次にこれをやってみる。やってみても、これもいい点もあるが悪い点もあるなんていう、両道をかけた判断をして、自分の判断で、また第三の道を行こうとする。だから、一も捨てきれず、二も取れなくて、三の道にまた迷い込んでしまう。結局、中途半端なままで終わってしまうという格好になるような感じがするんです。ところが、向こうの人間は、徹底できるんです。

だから、私は、自然農法などでも、日本人は誰一人やっていないけれど、西洋では、ここ二、三年の間に、これほどやる人間が増えてきているという事実を見て、西洋人の決断力と実行力に脱帽して帰ってきたわけです。何に脱帽するかというと、猿真似と言えば猿真似です、禅の勉強でも、仏教の勉強でも、東洋哲学の勉強でも、猿真似にしかすぎないけれど、猿真似と知っていて、それを平然としてやれる素朴さをもってやっている。

そして、どうこう言っても、昔の東洋人、日本人みたいな菜食主義に徹底していけば、体も変わってくるでしょう。日本人は、お化粧で、女の人でもきれいになったけれど、昔の菜食していた東洋人、日本人の肌の美しさというのは失われるのではないかと思うんです。それを、化粧で誤魔化してしまうような感じですね。それと同じですよ。本当の日本人というものは、質的には失われてしまって、外観だけが残っていって、考え方も西洋に慣れてしまっている。体が、西洋人に変わってくる。スマートになって、立派になってきているけれども、やっぱり、肉を食っていた西洋人が肌が汚かったのと同じで、肌が汚くなってきた。そうすると、考え方も、また、西洋人のようになる。

日本人が向こうを向いて、向こうの人のようになってきたときに、西洋人がこちらを向いて、実行しているでしょう。東洋人の美しい肌をした西洋人が増えてくるということです。西洋人は、三十から上の女の人は肌が汚いんで見られないです。子供のうちこそ、きれいで、天使のように見えるけれど、娘になったら、もう、ダメですね。それが、逆になってきているのと同じで、仏教思想でも、形がわからなくとも、体が東洋人になってくるし、行動が日本人になってくると、仏教思想や哲学はわからないと言いながら、そういう生活をするということです。

お釈迦さんの思想がわからなくとも、せめて真似でもすればよいというのが、坊さんの生き方ではないかと思うんです。菜食する、妻帯しない。それをやったからといって、はじまらない。だが、せめてお釈迦さんの真似をしながらついてゆくのでいいんじゃないかと思う。「何もしない、無為自然の生活で結構だ」と老子が言ったと言えば、西洋人は、「無為自然が善いか悪いかは、頭で考えてわかることではないでしょう。だからまず実践してみる」と言うのです。やりもしないうちから、都会生活よりはつまらなさそうだから止めたというのが、今の日本人だと思うんです。
しかし、それをどこで踏み切るかというと、体が変わってきて踏み切れると思うんです。肉を食べたい、魚が食いたい、テレビは見たい、ラジオが聞きたい、という体を持っていて、思想転換しろと言ってみても、私は、それはできないと思うんです。ところが、田舎で生活し、食が変わって、体が変わってきたら、自ずからわかってくる。

――そこがわかって、田舎に行って、百姓になりたいので、その体験をしてみたいと、山小屋へおしかけてくる人が大勢いるのではないですか。

私が、どうも気に入らないのは、頭でそう思っているだけで、腹はきまっていないということなんです。「都会の生活が意味がないと思うから来た」なんて偉そうに言って来るんですが、試してみたいで、みるだけで、気に入らないとすぐ止める。本当に山で生活できる人間は、病人で、絶望的になって来た人間か、そうでなかったら、自然食とか菜食でも何でも徹底していて、ウチの山小屋の菜っ葉でも、それがおいしい人です。頭は都会にいて、考え方も都会にいて、山の中で、自然を楽しみながら日焼けして、帰りたいなと思って働いていては、それは、体が山にいるだけで、心は、東京にいつも帰っているんですからね。これではダメです。本当は、体も頭も、両方か一致しなければいけない。どちらから出発しても構わないけれど、両方が、頭と体とが一致してはじめて、ものになる。都会のなかにあって、玄米・菜食なんていっても、意味がないともいえるんです。自然のなかにいて、「私は、玄米・菜食に徹底しています」と言っても、頭がどこへ行っているんだ、というような場合もある。それでは、やっぱり、意味がないんです。頭が留守か、心が留守か、体が留守になっているでしょう。ちょうど、田舎の農民の青年が、このごろ、ふつうの企業農業で儲からないから自然農法をやりたいというのと同じですよ。何のために自然農法をやるか。

だから、結局、すべてが一致してはじめて、スタートが切れるんです。しかし、それでも、どこからスタートを切るかというと、人間というのは、自分で自己改革がなかなかできない。人から頭を叩かれて、痛かった、つまずいて転んでみて、これはシマッタと思ってはじめて、スタートができるようになるんです。だから、試してみる前に「ころぶ」がある……。

日本に食糧不足が

私は、向こうへ行って、日本の農業のすばらしさ、百姓の偉さ、日本の百姓が守ってきた土地の貴重さ、肥沃な土地を三千年維持してきたという技術のすばらしさというものを、徹底的に痛感させられたわけです。世界中の農業で、日本の農法ほど、土地を大事にした農法はなかったということです。黒土を保って、毎年、米が作れる田畑は世界中にもなかったということなんです。そして、その黒土の上にできた食物は、世界最高のものであったが、その食が消え、日本の百姓の幸せも急速に消えたということです。

――日本にも食糧危機は来るとお考えですか。マスコミなどでは、将来の地球の食糧不足をさかんに心配して、西暦二〇〇〇年に食糧不足が来るということは、なかば通説みたいになっています。そして、人類が食糧のほうから滅びるのではないかという危険性も感じます。今は、アフリカなどの食糧飢饉のことだけを言っていますけれど、本当は、地球的規模で食糧が有り余るような時代が来るのか、足らないようになるのか、誰も本当の見当は付いていないのではないか、という不安もあるんです。ソロバンの置き方、基礎の出し方、そういう計算の仕方によって、その答えはどちらにでもなるように思うのですが……。

私は、「先はわからない」と言う方で、未来を予言する力はありませんし、今まで言ったことは一度もありませんでしたが、強いて言えば、「未来は一寸先も予言できない」というのが私の予言です。

私の考えを一口で言えば、人間のでかたでどちらにでもなる、というのが私の結論です。このままでいいという気持ちでは、行き詰まってしまう、これ以上エネルギー浪費の近代科学農法をすすめて行くと、自然が破壊され、収量は低下するということと、食糧の品質が次第に悪化するということから、特に食糧の六、七十%を輸入している日本など真先に食糧危機が来るということは、確実だと思うんです。では、絶望的で、どうにもならないかというと、それも、どうにでもなるということです。

では、その「どうにでもなる」という方法はどういうことかというと、第一歩は、肉食をやめることです。肉食をやめ昔の日本の百姓食を摂れば、今の人口が倍になっても平気だということがいえます。肉を食べるということは、穀物より少なくとも七倍以上のカロリーを消費しているからです。エネルギーでいえば、七倍のぜいたくをしていることなんです。牛や馬の肉を作るためには、穀物の七倍のエネルギーを使っています。ですから、肉を食べるのをやめて、飼料作物を作らず、元の餌の穀類・芋類などを食べていれば、それだけでも随分違ってきます。

肉のほうがうまい、カロリーが高い、栄養がある、という気持ちで、人間がこのままぜいたくをしていけば、食糧は加速度的に不足してきます。そんなぜいたくをしているという意識なしに、都会の人が、「日本人は外国人に比べたら肉の食べ方がまだ何倍も少ない」というような宣伝にのり、どんどん肉を食べたり、後進国とりわけ南の民族の生活が向上するにしたがって、肉を食べ出したら、それこそ、加速度的に世界の食糧不足が来るようになるでしょう。

ですから、人間が何を食べるか、何を主食にするかによって、食糧不足が来るか来ないかを予測するソロバンは、一度に狂ってしまうわけです。ですから、いたずらに先のことを心配する必要はないけれども、問題は、どちらを向いて人間が行こうとしているかということです。嗜好のおもむくままに、人間の欲望のままに食物を摂っていくのか、それとも自戒していくのか。例えば、今の大都会の主婦がどちらへ腹を決めるかによって、今日何を食べるかによって、また農民がどのような農法をとるかで、どちらにもなります。ヘタをすると、あと五年、十年ぐらいで行き詰まる危険性もないことはない。まあ、二十年先は怪しいという予想は十分考えておくほうがよいでしょう。

世界の「食糧問題」になると問題も大きいし、アメリカや国連では、そういう統計を随分出しているわけです。数年前、私は、国連の世界食糧局長官と面談する機会をえて膨大な資料をもらったこともあります。しかし、それらは、見方次第でどうにでも見えるというのが私の結論です。統計を出したり、先のことが計画立案されていますが、いちばん大事なことは、人間の心構え次第ですべてが狂ってしまうということです。というのは、本当の食糧危機は、キリストの言葉、「人はパンのみで生きるのではない」の心を人間が見失った秋《とき》に始まっており、その言葉の真意が、現代においてて蘇生しないかぎり、人間の飢餓地獄は避けられないと思うのです。

三　種子戦争が始まった

――昨年、ＮＨＫが、「謎の米が日本を狙う」というタイトルで、アメリカのハイブリッド米の問題を取り上げ、いわゆる「種子戦争」が、クローズアップされています。それと関係して、福岡さんが作られた、自然農法による超多収穫米も、食糧戦略の渦中に巻きこまれそうだと伺っていますが……。

アメリカの食糧戦略

アメリカの栄光は、過去二百年前から発達してきた科学農法によってもたらされたと言っていいでしょう。ところが、近代農業が引き起こした公害・エントロピーの問題が、今、アメリカ文明の根底を揺るがし始めたのではないでしょうか。文明の影の部分で起こり始めていることの一つが、アメリカの食糧戦略だと思います。

アメリカは、今、世界の食糧の兵站《へいたん》基地としての役目を果たしていると自負しています。とにかくレーガン大統領は、アメリカは世界最大の穀物生産を誇り、兵器と食糧とで世界を指導し、征服もできると考えているわけでしょう。その二大戦略、右手と左手の使いわけでやろうとしている。それが、前からの基本戦略なんだけれども——その手に、日本人は知ってか知らずか、乗っているんですが——しかし、いつまでもこの戦略が進められるかということには、私は疑問をもっています。大地を軽視している点が命取りになる、と私は思うんです。アメリカの戦略の犠牲になって、あの速度で大地が滅んでいったら、あと五十年はもたないはずです。よくて、二、三十年かな、と私は言っているんです。あと二十年科学農法をすすめるのは難しいと思うが、それよりも、その前に百姓が手を上げると思いますね。そしてその場合、農業の崩壊する直前が恐ろしい。やぶれかぶれになるということです。

今、自分が一番恐れるのは、アメリカ農民を育て守ってきた大地が滅びかけているということです。その限界が、一年一年近づいているわけです。限界を超えたら、もう昔の農法に帰ろうとしても帰れません。

大地が死滅したら、百姓は否応なしに、おかに上がったカッパで、商社農業の手先になるしかないのです。戦略に組みこまれた食糧生産をせざるをえなくなるのです。

具体的に言うと、今、実際に、アメリカの種物は、五つの石油会社が握っているというんです。石油会社が、政経と手を握って、生物産業に手を出した。石油会社が、農業支配をやり出したということです。種子戦争はとっくに始まっていたんです。アメリカの石油会社に米やトウモロコシなど穀類の種・畜産物の優良系を握られてしまったら、そのとき、農民は、息の根を止められることになるわけです。もう、現実にその手は、世界に伸びています。

——人類の約半分が米を食べる民族だと言われていますから、その食糧の元になる種子がアメリカに押さえられたら、大変なことになますね。

その大変な渦の中に、私もチョッピリ、巻きこまれかけているんです。

米粒が武器になる

私は、百姓はどんな時代が来ても米を忘れてはいけないと、米作りに励んできました。しかし、今ある米を作っていれば、それで自然の米を作ったことになるかというと、そうではないのです。今の米は、あまりにも人工的に改良されて、ひ弱で、どうも不満でした。自然農法向きの強い米ができたら、作りやすいのではないか、という気持ちもあったので、遊び半分で、新品種作りをいろいろとやったんです。その目標は、普通の農業学者の目指す新品種とは逆です。

私は、ただ、昔の健康な稲の復活を夢見て、遊び半分にやったことなんです。これが、未開発国の食糧不足の国に渡って、自然農法でうまく作れたら、科学農法の歯止めにもなるのではないかなどと夢見てたんですが、その前に、アメリカのCIAの手に渡り、石油会社の手で、新城長有先生が開発された「雄性不稔の稲」と掛け合わせたら、すぐハイブリッド米に変わりますから、とたんに、金儲けの材料になるばかりか、強力な戦略兵器になってしまうわけです。悲しいことだが、国と国が、戦略兵器としてハイブリッド米の開発競争をするようになれば、まったく核競争と同じ泥仕合になります。

そのあたりのことが、『朝日新聞』で次のように報道されました。

多収稲のタネ日米開発争い

農薬や化学肥料に頼らない農業の可能なことを説いた「わら一本の革命」（英訳書は「One Straw Revolution」）の著者、福岡正信さんが思い患っている。

年末に、愛媛県伊予市の古びた家を訪ねたが、七十歳のこの自然農法家は、ひたいを手で支え、取り返しのつかないことをしてしまったのではないか、と言わんばかりの繰り言を口にし、しきりとため息をついた。

福岡さんは、戦後、ビルマから復員した地元の人が持ち帰ったビルマのもち米と、日本のうるち米を長い年月をかけて交配、選抜し、何系統もの超多収稲をつくり出した。一平方㍍の粒数からの換算だが、十アール一トンくらいになり、現在の日本の平均収量の約二倍になる。これらの超多収稲が、種子をめぐる米国多国籍企業と日本の泥仕合に輪をかける結果になりはしないか、と真に恐れているのだ。

暮れに、福岡さんは、四系統の稲株をかかえて農林水産省に現れた。人にも勧められて昨年三月、その四系統の新品種登録を種苗法に基づいて出願しているので、私用のかたわら様子を聞きに立ち寄ったのである。

もみ一粒も出すな

その際、福岡さんを囲んで農水省の技術関係者らが「この稲を向こう（米国）に取られたら、さらにハイブリッドF1に変えられて逆襲されてしまう。あと三年くらい外に出さないで守りを固めてほしい」と言ったり、一人は、粒を拾ってポケットに入れるまねなどをして見せ、「もみの一粒でもこっそり取って行かれるかもしれないから」などと口々に注意した。「新城《しんじょう》さんのようなことにならないように」との言葉も耳に刺さった。

米国に対抗して日本産ハイブリッドF1を生み出そうという国家角逐の中で、自分の超多収稲ももみくちゃにされ、利用し尽くされてしまうのではないか、と考え込むのだ。

日米間にいつの間にそんな衝突が起きているのか。

二年余り前、在日米大使館のウィリアム・デービス農務参事官が農水省の芦沢利彰農産課長を訪ねた。米国の種子企業が日本にコメの種子を売りたがっているが、日本市場への参入は技術的、法的に可能かどうか情報を取ってほしいとの依頼があった、という。

芦沢課長は、日本人独特の食味、日本の複雑な自然条件、種子も含めて輸出入には原則として許可のいる食糧管理法、そして植物防疫法などの存在にもふれて、対日進出は困難と答えた。一国の安全保障の点からもコメの種子は国内生産でまかなう以外にない、とも伝えた。

にもかかわらず、五十七年三月中旬、コメのハイブリッドF1種子の企業化を考える米リングアラウンド・プロダクツのリチャード・サミュエルソン社長や、その親会社、ゾエコン・コーポレーションのジョン・ディークマン副社長が来日し、全国農協連合会（全農）、農水省を回った。いくつかの日本企業に、ハイブリッドＦ１種子の生産、販売で提携しないかとも持ちかけた。

農水省は、デービス参事官に答えたのと同様のことを繰り返したが、米側はそれにもこりず、六月に再度日本にきて市場開拓の活動を展開した。

農水省にとってコメの、しかもハイブリッドＦ１種子の売り込みは不意打ちだった。コメでＦ１をつくる研究、試験なんて少なくとも組織的にはやってみたこともなかった。食味は考えなくていい加工原料用に使う他用途米の生産を五十九年度から始めるので、それも見越して五十六年度から十五年計画で、超多収を狙ったコメの開発に取り組んでいるが、その中でもＦ１は考えていなかった。同省は五十七年度予算から急いでＦ１開発の経費をひねり出した。が、コメのハイブリッドＦ１に絡むあわただしい海外の動きを追跡していれば、決して不意打ちにはならなかったはずだ。

それを明らかにするためにも、農水省技術者が福岡さんの前で、微妙な口ぶりで名前を出した琉球大学農学部の新城長有《ちょうゆう》教授のことにふれないわけにはいかない。新城教授こそ、コメでもＦ１の農業生産が可能なことを世界で初めて実証した人である。

年末、那覇に行き、教授を近郊の大学研究室に訪ねた。亜熱帯の陽光がまぶしい。

教授は食事を共にしながら、コメのＦ１に対する諸外国の関心が急速に高まっている現状を語り、先にあげたのとは別の複数の企業が教授自身にも接触してきた事実を明かした。

新城教授は、従来の育種学の限界を突破して、必要な形質を持たせられる雄性《ゆうせい》不稔《ふねん》と、その雄性不稔の性質を消さずに再生産して行ける維持系統、雄性不稔とかけ合わせてこんどは自家受粉によってF1を実らせられる回復系統の三者ひとそろいをつくり出した。四十一年に日本育種学会で、四十四年には遺伝学雑誌にこれを発表した。

琉球列島の石垣島で生まれた教授は、戦争末期に父親を郷土防衛隊にとられ、間もなく病没した母親と五人の弟妹の食糧さがしに走り回り、飢えをしのいだ。その体験が稲の育種の道へと歩ませた。琉球大学と九州大学の大学院で学ぶ。大学院生のとき、どんな形質の雄性不稔でもつくれる稲の遺伝の仕組みをつかみ、F1実用化への手がかりを得た。琉球大学での初期の実験は、バケツを水田代わりにした。試験水田をつくるために、給料をつぎ込んだ。

新城教授の研究に注目したのは日本ではなく、中国だった。自力更生には食糧増産が欠かせない。目先のコメ減反推進にのみ目を奪われていた日本では、これといった反響はなかった。

国交回復直前の四十七年夏、中国から農業関係の代表団が来日し、新城教授が開発していた雄性不稔、その維持系統、回復系統のひとそろいを六組すべてもらえないか、と言ってきた。食糧増産の役に立つなら、と考えた教授は、二晩かけて東京・新宿のホテルで中国側に講義し、六系統合わせて百八十粒を手渡した。新城論文を重視した中国側は、海南島で見つけた雄性不稔を使いながら、F1の実用化試験に取りかかっていたが、教授の百八十粒もすぐこの事業に加えられた。四十九年には北京で一日六時間の講義を一週間ぶっ通しで行い、教授のそれまでの蓄積の何もかもしゃべった。五十三年、実用化に成功したから見にきてほしい、との招待がきた。

中国を経て米側へ

そして五十四年、米国の石油企業、オキシデンタル・ペトロリアムは、中国が開発したコメのF1用系統を十年間利用できる権利を手に入れた。一昨年、日本市場偵察をした二社はこのオキシデンタルの系列会社で、中国から入手したF1用系統の改良もせず、そのまま日本に持ち込もうとしたのである。

その後、米側からは音さたもなく、オキシデンタルがゾエコンを売却したりしていることもあって、日本には米側の真意をいぶかる声も出ている。資本系列の経営悪化で、中国から得た権利を日本の企業に丸ごと売却しようとしたのではないか、との憶測も流れている。しかし、リングアラウンドの幹部と接触した新品種保護開発研究会の大野辰美事務局長は「あきらめるどころか、企業化実現に向かっている」と断言する。コメのF1企業化をめざしている資本系列はオキシデンタルばかりではない。

さし迫ったことではないとしても、もし米国で、日本の自然条件にも比較的適したF1用系統が何通りかでき、採算や、植物防疫上の問題も解決できたとしたらどうなるか。食糧管理法あたりをたてにとってF1種子を締め出せば、摩擦が起こる可能性がある。仮に米国産F1種子が輸入された場合、その第二世代（F2）は農業生産には無理だから、毎年F1種子を輸入しなくてはならなくなる。種子の生産元は経営が順調である限り、商売の源泉であるF1の親のひとそろいを譲りはしまい。そうなると、日本のコメ生産のある部分は、タネ供給の種子企業とその背景にある国家に握られたも等しいことになる。

大野事務局長によると、米国の種子最大手、パイオニアの幹部は、米国からトウモロコシのF1種子がソ連に輸出され、農業不振のソ連を助けていることを裏付ける発言をしたというが、その米側もむろん、F1種子の親は握って離さない。

ただハイブリッドF1にしても、交配用の遺伝資源が豊富にあってこそ、その威力を存分に発揮できる。比較的遠縁同士の方が、特徴がはっきり出る性質があるからだ。

この遺伝資源の収集で、日本はごく一部の専門家を除いて最近まで無関心の状態だった。現在、遺伝資源を最も集めているのは、米ソと言われる。米国は十九世紀に出先の外交機関に植物資源収集を指示した伝統がある。来航したペリーの一行も、戦後の米占領軍も、日本で遺伝資源を採集した。

有力な〝福岡F1〟

いま、新城教授は、福岡さんの超多収稲に関心を寄せる。古いビルマ稲の遺伝資源が入っていて、既存の日本の品種とは遠縁だからだ。コメの発生地は、中国雲南省、ビルマ、インドのアッサム地方の一帯とみられており、そこの在来種には無理な改良によってゆがめられていない、立派な遺伝資源が残っているというのが定説だ。

とすれば、福岡さんの超多収稲をさらにハイブリッドF1に生かせば——という夢は、新城教授ならずとも思い浮かぶ。福岡さんは自宅で、中国から着いたばかりの手紙を二通見せてくれた。はっきりした狙いはわからないが、ぜひ、そのタネを譲ってもらいたい、という農業関係者からの要請だった。似たような手紙が韓国からも二通きた。

福岡さんの稲でF1の実用化を試みても、むろん結果はどう出るかわからない。しかし、強力なF1生産に成功したら、日本人の狭量さを、琉球と愛媛の野の人たちが救ったことになる。これまでのわが国には、食糧生産の十分でない諸国のあることをも視野に入れず、過剰だからとコメの研究まで白眼視してしまう空気があった。

企業の利用を警戒

福岡さんは、食糧支配につながる多国籍企業の意図に、立ち遅れた国家が切り返そうとしているのを助けたい気持ちでもある。しかし、と福岡さんがはんもんするのは、現在のような品種開発競争にも疑問を感ずるからである。味だ、なんだとねじ曲げにねじ曲げてきた結果、大量の農薬、化学肥料の助けを借りなければ生きて行けない温室育ちに稲が変質してしまったことを恐れている。

F1にせずとも、福岡さんの稲はそれ自身で立派に仕上がっている。多収、無農薬、無化学肥料という、現代のコメでは両立しないことが、この稲なら可能なのだ。

福岡さんは、よその途上国の自然条件の中で生かせられるなら、この稲を譲ってもいいと考えているが、いつどんな形で、どういう勢力に種子を利用されるかわからないという不安がある。日本関係者の頼みの綱、新城教授のＦ１用遺伝資源も、最近の農水省との覚書で、国内にも五年間は、外国には十年間は一切出さないという約束をさせられた。

ハイブリッドＦ１

新品種をつくるには普通、違う二つの品種をかけ合わせるやり方がとられる。交配して実った種子をまいて生育した一代目（Ｆ１）の作物は、一様に多収量などの際立った特徴を見せるが、二代目（Ｆ２）以降は作物の姿、品種がばらばらになる。

その中から、何世代もかかって狙いの形質だけを選抜し、残して行くと、やがてその系統の親と子は同じ形質を見せるようになる。一つの品種候補として固定したわけで、いま農業が栽培しているコメはこの固定品種である。収穫した実の一部を翌年の栽培にまた使えるのはこのためだ。従って、自家採種という従来の方法をとるなら、Ｆ１は農業生産には使えないが、種子企業がその親を確保しておき、Ｆ１種子を大量に生産して、農家に供給するのは可能だ。

この手法を米国の企業が戦後、飼料穀物の主力のトウモロコシで実用化し、世界の市場を制覇する有力なてことなった。

コメもトウモロコシも同じ自家受粉だが、トウモロコシは雄花が雌花とは別に茎のてっぺんについているので、機械ででも除いて行けば、別の品種との交配ができる。だが、コメは小さな花の中に雄しべと雌しべが同居しているので、種子生産用の実際の水田で、一つ一つのコメ粒の花から雄しべを短時間に取り除く作業はできない。コメでF1を出そうとすれば、雄しべが不能（雄性不稔）のものを見つけなければならない。

（『朝日新聞』昭和五九年一月三日）

――新品種は、「ハッピーヒル」という名にされたそうですが、どんな意味でつけられたのですか。その名の通りだと兵器にはされたくない米ですね。

農林省の方が、「福岡一号二号」では、県名と間違われるので避けたいと言われたので。福岡を幸福の丘と訳し、ハッピーヒルと即席でつけただけですが……。

――収量や味からみての実用性はどうなんでしょうか。

紙上に出ている米国のハイブリッド米のことをよく調べております大野さんが見えられましたので、ジャポニカ系の米で、短稈で、一穂の粒数がハッピーヒル以上のものはないことがわかりました。食味は、まあ普通で、十分実用にはなると思っています。

――世界で、最高水準を行く稲とみてよいのですね。しかし、来年まで、種子は出せないと聞きましたが、なぜですか。

来年は出せると思います。公開できないわけでもなく、むしろこの夏八月は、自然農法で作られた新品種のできを、各方面の人に見てもらいたいと思っているくらいです。この夏一ヵ月間、自然農法の、最初の最後になるかも知れませんが水稲の公開検討会を開きたいとも思っているのです、草柳さんが命名してくれた「二十一世紀」という品質と一緒に……。

——どんな人たちに見せたいと思われますか。

十年も二十年も前から私のやり方に目をつけ、すばらしいとほめてくれた方たちです。例えば、経済では、東京の大谷省三先生、京都の坂本慶一先生、栽培では農業技術研究所長の河田党先生はじめ、うちに来ていただいた、全国の各県農試や大学の先生たち、土壌の横井先生、栽培の津野先生、病虫の桐谷先生、緑肥の川瀬先生、根の田中先生などに、もう一度来ていただいて、検討会が開けたら面白いだろうな、と考えているところですよ。もちろん、反対論者では、筑波で論争した(第四章の七参照)西堀先生や岡本太郎さんあたりこそ来て欲しいところです。

それから、もちろん食糧問題に関心をもつ消費者、内外の農民や哲学者の森信三先生、宗教家も加えて、今までに新旧ほとんどの宗教団からみえていますが、その方たちにもう一度来てもらって再検討して欲しいのです。評論家の草柳大蔵さんが司会してくれますから、面白くなりそうです。この会の最後の審判官はもちろん百姓になります。壮大な計画すぎて絵に書いた餅に終わるかも知れませんが……。

――引退記念事業としてやられたら面白いですね。

いずれにしてもこの頃は見学もお断りしているので、せめてこの夏八月中だけは、公開するつもりです。自然農法を通して、自然に還る道をさぐってみることにしたのです。

――公開した時の見物は何ですか。

緑肥草生の稲作りでしょう。この頃遺伝子工学の先生たちがささやいているのが、窒素固定能力をもつ豆科の根瘤バクテリヤの遺伝子を稲の遺伝子に組みこんで、肥料なしで作れる稲の育成計画ですが、これなど、自然農法では、すでに先取りし、もっとスマートな方法で解決していることがわかるでしょう。

先端技術は末梢技術にすぎないことが、実証されるでしょう。特に今度公開してよろこばれるのが、クローバー草生で、今まで失敗しやすかった水不足地帯や畑でも、米麦の草生を可能にしたウマゴヤシによる草生です。この方法で自然農法が非常にやりやすくなりました。

第二は、石油がなくても、どこまで農作物ができるかということです。農薬も、化学肥料も使わず、農機も最小で、という農法で、普通収量があげられるかどうかが明白になるでしょう。ですから、こういう会社の方こそ一見の必要があるのではないでしょうか。この夏は、稲作の一切のことについて一応の目やすがでると思います。

稲田で働く著者

第三は、素人百姓で、どこまでやれるかです。無為無策の農法で、荒廃した土地を、どのようにして生かせるかという方法が明示できると思います。そして一番は、人間は何をしていたのかが命題になるのではないかと思います。

――楽しみにしています。

虫の創った新品種

私はこの際、人間は何を為してきたかということで参考になる話をしましょう。人知の世界のどろどろした醜さに反して、この米を創ることに関与した昆虫たちの面白い営みを自然開発の裏話として報告しておきましょう。

実をいうと、新品種のいくつかは、田圃の虫と私の合作です。

――虫が新品種を創ったということですか。

そうです。私が稲田圃の畔に腰を下ろして、ハサミとピンセットを使って稲の交配を計ったときのできごとです。ハサミで出穂し始めた穂のモミの先の三分の一をハサミきり、ピンセットで六個のオシベの除去をやり、翌日他の品種の花粉をふりかけ袋をかけておく、こんな作業をやっているとき、ふと気付くと、隣で昆虫類が私と同じ作業をやっていたのです。

バッタやイナゴ、コオロギが、柔かいモミガラをかじり、穴をあけているのです。様々な形ですが、丸い穴などもあり、私より上手な切開手術が加えられていたのです。

翌朝早く来てみると、カタツムリやテマリムシ、ナメクジ、ヨトウムシなどまでが穂にたかり、よく見ると稲の花（雄ずい）を食べていることもあるのです。

バッタが穴をあけ、その中のオシベをカタツムリが食べれば、当然隣りの穂の花粉がとんできて、受粉することになります。花粉は風で運ばれたか、アブやハチかもしれません。とにかく虫がかじったモミの中に、子実が実っていることがあるのです。

もちろん、普通の田であれば、モミガラの破れているモミなどは、当然翌年まで生きのびる可能性はありません。ところが、私の田は三十五年耕さず農薬もやらず、畑の面には稲わらをふりかざした麦畑の状態です。

そのため虫が創ったモミが、秋熟して自然に落下し、わらの中に隠れて越年し、翌春芽が出て稲になるチャンスがあるのです。この一粒のモミが翌春一株の稲になり、出来た一株の数百のモミを翌年蒔くと、それが幾十種の系統新品種の稲になるわけです。

実際に虫が創った稲から私がちょっと手伝っただけで、ほぼ百系統の稲が出来たのです。

――害虫が面白いドラマを演じていたということには、ちょっと興味がありますが、それが……。

確かに虫より人間のほうが上手に新品種を創るでしょうから、あまり価値がないのじゃないかと言った学生がいましたが、私にとっては、それが大変な驚愕だったのです。

害虫といわれている虫が稲の品種改良をしていた、いわば稲の進化を推進する上で一役かっていたのですから、私は、「人間がよけいなことをしなくてよかった。こりゃ負けた」と思ったのです。

――自然の中では、すべての生物が徐々に進化しているのだから、そのようなことはどこかでいつも行なわれているのではないですか。

百年前、ダーウィンが、「生物は自然に適応しながら徐々に進化する」と言ったから、それが一般常識になっていたのですが、猿が進化して人間が生まれた、爬虫類から鳥が、馬からキリンがと言ってみても、それらの中間種の化石が出たためしが一回もない、進化をうらづけする資料が全くないことから、ダーウィンの進化論は今日では、ほとんど否定されているということです。

――ダーウィンの進化論が仮説にすぎなかったということはわかりますが、それと虫が創った稲がどうかかわるのですか。

91　第2章　食の崩壊

逆探知で先祖を蘇生

古い品種のもち米から、普通のうるち米ができ、その間の千差万別というか少しずつ異なって連続している中間種ができたことから、色々連想されるのです。古い品種には昔の遺伝子があった、全く当然のことですが、それは古い遺伝子には先祖が隠されていたということになるでしょう。私は、逆探知（交配）方式の交配で、先祖を推察するだけでなく、その品種の先祖を再現し、蘇生さすことができると思い始めたのです。

――飛躍しすぎた想像じゃないですか。

今度出来た約百系統の稲を並べて色々の角度から調べてみると、もち米とうるち米は本来同じ先祖から出ている兄弟種であること、陸稲と水稲も同種だとほぼ断定できるのです。さらに実験をすすめたら、稲の先祖の植物が何であったかわかると思われます。

――具体的にそういう実験はできますか。

ちょっとした思いつきにすぎませんが、例えば、同種のものを交配するのでなく、先祖の血《ルーツ》をさぐるため、雑草のメヒジワやカモジグサと交配するとか、キビとヒエを組合わせたり、アワとエノコログサの合成種を造ってみるのです。うまく交配ができれば、稲やこれら雑草の親の形質をもった新しい古代植物ができるはずであり、さらに進んでこれら同士を再交配するという手順をふむことで、最初の先祖植物も再現できると考えられるのです。私の夢かも知れませんが……。

――親和力の関係でそれは難しいでしょう。だが、試してみる必要はありそうですね。

もちろん、交配だけでは難しいだろうが、今の生物工学の色々の技術（三方法がある）を使えばできるはずです。とにかく、異種、異属間の生物の先祖がえりの方向を目ざす逆交配をやっていけば、逆探知で消え失せた昔の中間生物が蘇生でき、進化の跡を明確にすることが可能になると思われるのです。

――話は仮定としてでも、実現すれば面白いですね。

ダーウィンの進化論はここが間違っている

ところが面白くないのです……。例えば、このような科学的研究をすすめていくと、当然稲と同じ科の粟との交配種、粟とススキや竹との合の子ができ、さらに竹と梅、梅と松の合体植物も造ることになるでしょう。その結果、双子葉植物から裸子植物、被子植物へと進化していった植物進化の経過が証明できたと生物学者は喜ぶことになるでしょうが……。

――松、竹、梅が一体となった珍植物ができて、正月盆栽が一本の木ですませられる……。

そのとき、とんでもないことをやったことに気付いて、人間は必ず後悔するはずです。

――生物進化の研究そのものが悪いとは言えないのではないでしょうか。いずれにしても、福岡さんは、稲の品種改良から、今何を予想しておられるのですか。

私は科学者のまねごとをする気もないし、連想ゲームを楽しむ暇もないので、先を急いで、今頭に浮かぶ推論の一部を話しておきましょう。私の結論といえるかも知れませんが……。

生物の進化論は、生物が地球に誕生してから後の生物の進化の跡ばかりを追求していたようですが、生物が発生したのは無生物からでしょうが、厳密にいえば、今、無生物と生物の境界はありません。そうすると、当然、科学的にいっても、生物の進化を追求しようとすれば、天地創造の時までさかのぼらねばならぬことになるはずです。

生物と宇宙自然とは一体のもので、切り離して考察してはならなかったといえるでしょう。生物の生命があれば無生物にも生命があるといえるでしょう。全宇宙的生命の根元は、無生物の中にも秘められているはずです。

同じ生命が宿る自然界の森羅万象の巨大な進化を抜きにしては、生物進化は語れないはずです。生物を自然から抽出し、自然と対立した立場で、孤立した生物の進化を考察するのと、全宇宙一体観の立場に立ってその中の生物を見るのとでは、趣きが全く異なってくるのです。

大切なのは、個々の生物の進化の跡でなく、森羅万象の生命の行方《ゆくえ》です。

全宇宙的生命とは何か。それはもちろん、生物学者の見る生命ではありません。

現在、科学者は、生命の根源は核酸ＤＮＡの中にあると言います。だが核酸が生物的生命の遺伝情報を伝える唯一の根源体とは言えないでしょう。核酸は細胞核染色体の中に存在するといっても、核は何から生まれたか、核は母体、原形質はどうして何から生まれたかなどと追求してゆくこともできるし、また逆に核酸とは何かを無限に分解して調べていくこともできるということは、生命の第一原因が何であるかを、科学者は知っているのではないということであり、将来も把握する見込みはないのです。核酸……は、原因・生命の元でなく結果の表われにすぎない。生命の一表現形式でしかない。生命の根源は、生物学者の研究対象にならない。科学の領域外にあるものだからです。
科学者は、生命という情報発信の機械に究極的価値があるかの如く錯覚しているようですが、人間にとって大事なのは、誰がこの発信機を使い、何のためにどのような情報を発信しているかでしょう。ということから考えると、生物学者が見ている発信装置は、実は送信電波の中継基地にすぎなかったともいえるのです。

私は、宇宙的生命の第一原因は、生物の細胞の中にある生命体などではなく、もっと高次元の世界に実在するものと考えています。もちろん、それは名もつけられず、姿も見ることができない。強いて言えば、自然の中に生き続ける〝聖霊〟とでも言うべきものでしょう。究極的には〝神〟と言ってもよかったのではないかと考えているのです。

この第一原因とみられる生命の根源体は、無生物、生物を通じて、同一のものであり、それが、時と場合に応じて、自由自在に、千変万化しているだけだと見るのです。それを人間の近視的な視野で、進化だ退化だと言っているにすぎないのです。

――根源的生命が神であり、神の意志で万物が流転し進化するということですか。今が天地万物の創世記と同じだということになりますね。

創世記の話は、太古の寓話でも、仮説でもなく、現在、今が創世記だと私は思っているのです。私は言葉の使い方を知らないのでしょうか。

とにかく、森羅万象に宿る生命と同じ流れを汲むあらゆる生物の生命は、同一生命の連続体であり、異種にみえて異種でない。当然、異種類の中間生物も連続的に存在していたはずだと確信するのです。

――しかし、その中間生物の化石が実在しないので問題になるのでしょう。

その点は、次のように解釈することができませんか。ある種と種が交配して、何十、何百の子孫が出来る。それらはみな同一ではなく、少しずつ異なっており、異系統種になるが、連続した形質をもっており、不連続の連続体になっている。ところが、すべてが無事地上に発生するかというと、そうではなく、ほとんどの中間種は消え失せて、両極のものや特殊のものだけが地上の生を受けることになると思われるのです。

なぜ多くの中間種が消え失せるかは、時と場合で異なり、発生しても環境に合わないこともあり、発生する前に消失することも多いはずです。不稔とか不妊現象の場合もあり、懐妊しても水子となって消滅する場合もあるでしょう。とにかく、偶然といえば偶然に、多くの中の何種かが残って地上に現われたにすぎないと考えられるのです。すなわち、大多数の中間種は海面下に沈潜し、特定のものが海面上に浮上したとみるのです。中間種の沈下・浮上説といってもよいでしょう。とにかく、水面下の海底では、すべての生物が連続しているが、人間の目には見えず海面上に浮かんだ島しか見えないということです。

――雪が積って、巨石や巨木だけが、点々と見えるようなものだというのですね。雪の下に埋没・消失した草木は、科学者の研究対象にならないでしょうね。

中間種の問題は、実際に先祖生物が造り出せるかどうかで決着するでしょうから、それまでおあずけしておいて、ダーウィンの進化論はどうなりますか。

ダーウィンの進化論は、一時的な仮説論にすぎなかったといえるでしょう。ただ、古代から現代の間に、どのような生物が発生し、消えていったかを生物発生系譜を明らかにした功績は認められますが、理論的解析は自然界の実相を見誤った西欧流の偏見と言えるでしょう。

彼の、進化論の骨格をなす適応性による自然淘汰とか、弱肉強食、優勝劣敗を自然の姿と推定した理論が錯誤です。人間の目で見れば、ライオンはウサギより強いが、自然の目で見れば強弱の差はないといえましょう。アカシヤの種が地上一面に落ちたとき、どの種が生き残るか、生物が自然を選択するのか、自然が生物を篩《ふるい》にかけるのかは、人知の領域外のことであって、自然界には本来優劣や適不適の問題はなかったといえるのです。自然を見そこなったダーウィン理論が、過去百年間、人間社会の秩序の上に与えた打撃は計り知れないものがあります。

――自然界では、自然発生的な優劣があり、自然淘汰が行なわれているのは、事実ではないのですか。

近視的な人間の相対的比較観からそう見えるだけです。しかも、人間が勝手に決めた基準をもとにしています。

相対界を超えた大自然の目から見れば、対立するものは何もない。害虫とか益虫とかの区別がないように。適・不適、強者と弱者なんていう言葉はない。優れた遺伝因子・劣悪遺伝というのは、人間の相対観から判断した近視的結論でしかないのです。

自然の中に大小優劣はない。常に平等で、ただ共に生き流転し変化しているだけです。自然界の生物の生命には、生もなく、死もなく、進歩も退歩もない。もちろん、優れて適応性があるものが生き残る資格をもつなどと考えるのはナンセンスであり、自然冒瀆以外の何ものでもなかったのです。

自然は、常に無意、無為、無策で、何の他意もない。神の意志は、人間の知恵の領域内で、捕捉されるものではない。したがって人間は、自然を科学的に解析してはならなかったということです。人間が見るあらゆる現象はすべて結果であって、真の原因はつかむことはできない。そのため科学者は、自然のできごとを事実のまま報道することは許されても、解説したり批判することは、越権になる恐れがあるのです。

――現状はともかくとして、自然現象を理論づけ、真理を見つけるのが、科学者の役目だと思っている者にとっては、それが全面的に間違いだと言われると、ちょっととまどいます。

科学者の越権

例えば、科学者は、核酸が生物生命の第一原因と信じて、遺伝子の組み替えを始めましたが、人間が自然の第一原因やその目標を把握していない限り、生命の意味も、目的も行く方向もわかっていないはずです。したがって、人間は盲目的に人知で判断した基準に基づく勝手な目的を定めて、生物や人造人間を造り始めたと言わざるを得ません。

医者は、生命を守るとか、生命の誕生にタッチすることはできても、その人の一生、その死にまで責任がもてるわけではありません。

単なる医学的見地から、試験管ベビーや、体外受精児などを造っても、その児の一生の責任をもつわけではないということです。

――医学的にみて、優れた遺伝因子の子供であればよいというわけにはいかないですか。

その優劣は誰が決めるのですか。ウサギはライオンより弱いのか強いのか、本当のことは自然しか知らないのです。劣性遺伝因子を地上から消すのがよいのか、それを生かすのが自然なのかは、大自然の判断にまかさざるを得ないことなのです。人間が造った人造人間だからといってその人造人間の未来を人間は予測できない……。

――優良遺伝因子をもらった試験管ベビーの未来はどうなるのかということですか。

私が警告したいのは、人知・人為は、根本的にすべて小域の領域内で役立つだけで、しかも結果的には反自然行為になるということです。すなわち、いくら自然にそい、優良な生物を造ったつもりでも、結果は反自然児にならざるをえない。すなわち、その点で、優劣を越え、一切が宿命的悲劇にならざるをえないということです。反自然物は、必ず不完全であり、どこかで破綻するか、反自然児として孤独の道をつき進むしかないということです。

――科学的にも、倫理・宗教の立場から見ても、その点は十分チェックして実施されるから心配ないという主張もありますが、しかし、考えてみるとそれは神業かもしれませんね。

もし、仮りに試験管ベビーが反乱して、原爆のボタンを押したとしたら、誰が責任をとるのか、ゾッとする話ですね。ノーベル賞受賞者の遺伝子は、狂人と紙一重の差のものかもしれないとすると、さらに恐いです。

一番大事なことは、人間が造った人造人間は、一生自分は他の人間によって造られたという重荷を背負って生きつづけねばならぬということです。その重荷が、その児にどのように影響するかは、想像の範囲を越えるでしょう。自然児がもつ真の自由を、生まれるスタートの時奪われた悲劇者といえるからです。

この時、賢愚、優劣などは問題になりません。良くても悪くても、その責任を誰がとるかです。

人造人間は、自分で自分の責任をとることすらできないのです。文字通り天涯孤独の悲哀を味わわねばならないんです。

――自然に生まれたか不自然に生まれたかは、わずかの差のようにも見えますから、人間は、医者は、悪いことが起きたとき、「私はちょっと手助けしただけだ」と言うでしょうね。

人は何をささえにして生きているかというと、根底に、自然に生まれ、自然によって生かされている確信があるからだと言ってもよいでしょう。

しかし、人造人間は、不幸にも、神の御手によって生かされているという安らかさを、一生もつことができないでしょう。

科学者や医者は、いくら優れた人格者であっても、親がわりや神の代理者になることはできないということです。

今日、日本でも、類人猿、人間を除く、あらゆる動植物の遺伝子組み替え実験が解除になりました。恐怖のスタートだが、誰一人非難する者はいません。これは新しい人類の悲劇の種になることは間違いありません。不自然生物は、必ず神のルール違反者になります。

第三章　文化の崩壊

一　下駄ばきヨーロッパ探訪記

――ヨーロッパを見て回られたそうですが、どんな動機で行かれたのですか。

欧州では多くの国で、サマーキャンプが開かれますが、その講師のさそいを受けたのがきっかけです。直接には、私の家に来ていたギリシャのパノスとイタリア女性のミリアムが案内するというので思いついたのです。約五十日のスケジュールでしたが、身のまわりの世話一切を引き受けてくれた二人のお蔭で、モンペ姿の下駄ばきで気楽な旅をしてきました。

――旅はいかがでしたか。

ヨーロッパ五〜六ヵ国、車をとばして走り回り、美しい風光を楽しみながら、新しい農法を目ざす重要な農場をおとずれては、集まってくれている人たちと話すのが主体で、街に入れば公会堂で話すこともあり、適当に見物したり、遠出の時は途中でお茶を飲むこともありました。どこへ行っても、直接・間接知っている外人や日本人が待っていてくれて、言葉や食事にはほとんど不自由はなかったのです。サマーキャンプ会場の講演は、たいてい三〜五ヵ国同時通訳施設などもありまして……。

我が足音を聴く

――下駄ばきのモンペで行かれて、別に不便なことや違和感はありませんでしたか。

それが思いがけない面白い体験になりました。

とにかく気楽な風態で飛行機に乗り、アンカレッジに着いたら、空港で売店のカナダの娘さんがとんきょうな大声で「ウェルカム、花咲爺さん」と言うのです。こちらもビックリしましたが、周囲の者もビックリして、みなでゲラゲラ笑いました。だが、それから、自分の周囲の人と話ができるようになりました。ふつうは、みな、敵同士が乗り合わせているような感じで、飛行機に乗っているわけです。でも、私がいると、みなそれがほどけてしまうのです。

ドゴール空港でスイス行きの飛行機が出るゲートがわからず、ウロウロしていたとき、奇妙な服の小男を見つけても、「ワンダフル!」と、巡査が自分のそばに寄ってきて、案内してくれたりするでしょう。こちらは馬鹿になって、オモチャになっています。それで、かえって、向こうが親切になり、こちらも向こうに近づけて、善いも悪いもわかってくるわけです。

そして、こんな姿で歩くと、下駄がカラコロ鳴るでしょう。ヨーロッパの石畳がこんな良い音がするというのは、私は、歩いてみて初めて気が付きましたね。日本はアスファルトの道ですが、歩く道は何がいいか、だいぶ勉強しました。ヨーロッパは、都会の街の道も田舎町の道もすべて昔のままの石畳です。

西洋人が道を修繕する姿を見ても、さすがに西洋人の石畳に対する愛着は強く、アスファルトの道を機械で直すようにはしていない。昔の道を直すときは、皮のスネ当てをつけた職人が、一個一個掘り出して替えています。街中の道は、昔の戦略上の道であったので、曲がりくねって、自動車が走れないような道ばかりです。石畳を壊したくないために、昔のままにしてあるわけです。ですから、真っ直ぐの道路がない。

石畳の石は十五センチ角の石ですが、三十センチも深く入っていて、馬のひづめの音、車の轍の跡が刻み込まれているというのです。そのためか、石がみな違うから、歩くとリズム感のある音楽になります。まさに〝我が足音を聴く〟です。否応なしに、常に我が足音を聞きながら歩いています。「足元を見ろ」という言葉もあるけれど、「自分の足音を聴く」ということを痛感しました。

そして、東洋の音というものが、下駄のなかに現われるとも思いました。この音が、カラン、コロンと響くか、カタリ、コトリと響くか、カタコト寂しい音になるか、その時の気候・天候で、みな違うということです。そして、心が急いているときに歩くと、下駄が、「なんでバタバタ歩いているんだ」と言ってくれますしね。急いでも、ゆっくり歩いても、うわの空で歩いても、下駄が常に警告を与えてくれるということです。

ヨーロッパ　独り旅なり　下駄の音
カランコロン　わが足音に聴く　下駄の旅

下手な俳句をひねる気にもなりました。

下駄の音は、まさに東洋哲学の音で、自分の心が聴けるばかりでなく、下駄に対する反応で国民性までわかるような気がしました。

でも、このことは、どこの国の子供でも、子供は気が付くのが早くて、遠くからじっと見ていて、通り過ぎるまで見ています。こちらからからかって遊んだりしたこともありました。しかし、大人は気が付きません。偉そうにして、上向いて、ふんぞり返って、肩で風を切って来るイギリス人、オーストリア人やドイツ人なんていうのは、気が付くのが遅い。卑下して、「ヨーロッパのなかで、今は一番馬鹿にされている」と自分で言うイタリア人などのほうが、気が付きやすいんです。それは、歩き方から見てもそうだけれど、姿勢が低いということなんです。頭の低さも、体つきにそれが現われています。木靴のオランダ人は、もちろん、早く気付きますが……。

それで、私は言ったんです。「イギリス人は頭で、ドイツ人は肩で歩いている。フランス人は胸をゆすって歩いている。イタリア人は、他のヨーロッパ人に馬鹿にされてたまるかと、わざと上を向いて、腰を振って腹で歩いている」と言うと、「フランス女性は、乳房をふって歩く」と、笑っていました。みな、歩き方は違うんです。

そういうのに気が付かされるのも、こちらがこの格好だからです。そして、そういうつもりで見ていると、大体、歩き方でどこの人かわかるような感じがしだしました。

イタリア人が、姿勢からいっても、一番気さくで話しやすいんです。しかし、イタリア人の欠点もあります。私は、靴を攻撃したんです。イタリアの田舎に行ったときに、こういう話があるんです。

私が下駄を履いていたら、「日本人は下駄を履いて仕事をするのか?」と言うから、「いや、仕事するときは、昔はわらや竹皮の草履だった」と言ったんです。「わらの草履だったのはなぜか?」と言うから、「大地を傷つけないからだ」と言ったんです。そして、こちらから言ってやるんです。「おまえさんたちの国は、土がダメになって、山の木もない。イタリアがヨーロッパで一番貧乏になっているのは、土地が固くてダメになっているからだ」と。「私は、スイスからオーストリアを回って来る間に、眼をサラにして見ていたけれど、南へ下がるほど木が少なくなっている。山の木の種類が少ない。禿山ばかりだ。山が禿げているときは、必ず下の土地も痩せている。作物を見ても、イタリアの作物が一番苦労しているのがわかる。その原因は、おまえさんたちの足元にあるんだ。おまえさんたちは、ローマの兵隊靴を履いているじゃないか」。こう言ってやったんです。

体の大きくないイタリア人が、靴だけは、ヨーロッパ中で一番ゴツイ、下に鉄の鋲が打ってある靴を履いているんです。私は、ローマの兵隊靴は知らないけれど、おそらく、あんな物ではないかと思ったんです。

「ヨーロッパを征服するような革靴を履いて土を踏むから、土が固くなって、地がダメになる。

日本人は、土を大事にしていて、土を堅い物で踏んだり、鉄で踏んだら、バチが当たると思って、草の草履で、柔らかく、傷めつけないように、そっと歩く。だから、日本の土は軟らかい。土が肥えている。そういうふうに、土を大事にしてさえいれば、作物が自然に出来る」。こう言ったんです。そうしたら、感心しましてね。

そこは、イタリアの共産部落で、自然農法をやっている連中が、「オレたちのほうがうまくやってるはずだ」と、手ぐすねを引いて待っているというわけです。これはヤバイと思ったけれど、この草や作物などを見て、「ここは、こういう気候だろう、ああいう気候だろう」と先手を打ったわけです。また、「ここの草は、もっと出来ていなければいけないのに、このぐらいだということは、土が悪いのだろう」とか、そういう話から入って、兵隊靴の話を出してやったら、みなが足を上げて、「この靴が悪いのか。おまえの下駄を見せてみろ」ということになったのです。

そうすると、気分がほどけてきます。話がはずんで、帰る頃になったら、「家に入って、ブドウ酒を飲んでいけ」と言われました。「酒はやらない」と言ったら、「面白い、いい話を聞いた日は、みなが一緒に酒を飲む風習だから、付き合え」と言うんです。外から見たらボロ家だったのですが、入ってみると、百姓家だのに、〝鏡の間〟みたいに立派な部屋があるんです。そして、昔からの調度品の銀の食器みたいなのを出されて、なかなか歓待されました。最後の雰囲気は良かったわけです。「きょうから、一週間ぐらいいて指導してくれ」と言われましてね。「おまえさんが日本に行って働いてくれたら」と言いましたが。

衣の文化

——ヨーロッパ旅行で日本の下駄を見直したというわけですね。同時に着ていった和服《モンペ》の効果はどうでしたか。

アンカレッジで花咲爺さんと呼びかけられ、なるほどそうだったのかと驚きましたが、機内で見せられた欧州紹介写真集を見ているとブルガリヤの農民服がそっくりなのにまたビックリしました。欧州のどこへ行っても意外な好感をもたれ、これが日本の農民服かと尋ねられることも多く、よく話していると、「西欧の大昔ももっとラフな服装だったかもしれない」という言葉も聞きました。失敗というか照れたのは、武道の大家とか美術家と間違えられたり、駅でイタリヤ人に握手され、同行の者が、「あの男はヤクザ風だったから、日本のヤクザの親分と間違え、敬意を表したのだろう」と笑われたりもしました。下駄ばきでじゅうたんを踏んでも、ボーイさんはていねいでスチュワーデスなども特別親切だったような気がしました。

私がこの和服で行ったのには、多少のわけがないこともなかったのです。

衣の原点

私は、畑仕事するとき、いつも感じていたのは、日本の百姓が身につけるものがこの頃一つもないということでした。

というのは、戦後ナイロンなど化学繊維の洋服を着てから、どうも着心地が悪く、働きにくいのです。通気性がないから、むれる。身体に密着して働きやすいようにみえて、窮屈で肩がこりやすい。静電気のせいもありましょう。

昔の紺の木綿の着物のような、さっぱりした爽やかさがない。特に雨ガッパなど外からの雨は防げても、内からの湿気が逃げようがないから、すぐ汗びっしょりになる。重労働の時など着られるものじゃない。よくまあみんな黙って辛抱するものだなあと感心している状態です。昔のすげがさや蓑の方がよほど工夫されている。シュロの蓑など一番よいが、今じゃ高すぎて手に入らない。

頭にかむるものも、よいものがない。この頃は、麦わら帽子も石油製品だから、頭がもえる。雨の時はうっとうしい。日本の作業帽子より中国帽の方がどこかかむりやすい。外国には、いろいろの帽子がありますね。スイスの森の小人の帽子など、危険防止の点でも、うまく出来ているのかも知れません。私は、夏は麦わら帽かすげがさ、日本手拭いのはちまき、冬はほおかむりでゆくしかないのですが……。化繊の手拭いなどヌスト草の種などがついて、顔などふけもしない。

足もとは、日本人が開発したものの中では最高の傑作品の地下足袋で、一応満足しなければならないでしょう。この頃、アメリカの大工さんなど大いばりではいています。しかし、これも、洋服とはどこか似合いません。草履のようにはいたり脱いだりが簡単にできないのです。雨ふりには、長靴に替えなければなりませんが、これが重すぎて、足がむれやすい。竹皮で作った草履やわら靴の方がまだいいのですが……。

結局、百姓が身につけるものは何一つないという悩みをもっていたのです。で、いろいろな人に工夫してもらうよう頼んでいました。

大昔の大国主命の服はどうなっていたのか、徳川時代の百姓の服はどうだったのか、モンペや暖かくなればすぐ脱ぎ捨てられるデンチなどとり入れて作ってみてくれないかなどと話していたのです。

ところが、数年前、東京で道衣というのができました。羽織式の上衣、袴に似たモンペという風なものができたからと贈られました。きりっとした和服で、農作業もでき、ちょっとしたよそ行きにもなります。紺の木綿だと最高で着心地がよく、それ以後、平常使ってきたのです。

この道衣というか作務衣を着、下駄ばきでヨーロッパに出かけたわけです。この頃、能率万能といったり、ファッション時代といったり、日本では今パリのモードより流行は東京からなどと、いい気になって、変わった服装の創作にうつつをぬかしていますが、日本人は食の乱れと共に衣服の乱れも目に余るものがあります。

世相に対する反抗心と、少しは茶目気で欧州に出かけたのですが、結果は上々で、どこでも好感をもたれ、衣の文化の研究になりました。きんぴかの洋装で金ぐさりの眼鏡までお揃いの婦人観光団にパリの街中で会いましたが、見向きもされていませんでした。日本婦人の外国旅行は和服が一番よろこばれるでしょう。

――そういえば、今の欧米人の服装はきわめて質素で、華美なファッションは商売用で、一般人は無関係ですね。食も衣も一衣一碗をモットーとした禅僧の作務衣でよかった。欧米人はそこまで進んできている感じですか。

考えてみれば、羽織・袴は、日本人が作った傑作といえるでしょう。武士の服、上流の者の正装とされていますが、もともと百姓のデンチ、モンペから発展したものでなかったかと思えます。百姓の仕事とは神に仕えることで、鎌、鍬をもっての真剣勝負です。武士が刀をもち、弓を射る姿と、百姓が鎌を振るい、鍬をふりあげる姿は、全く理論的にも実際にも同じ心があり、姿勢でなければならないのです。私は、アメリカの禅センターやイタリアの農民に、実際に鎌鍬の使い方を指導したこともありましたが……。そこで考えたのは、百姓の仕事衣は最も大事な神に対する正装でなければならなかったということです。羽織、袴の格調をとり入れた道衣は、その点、心をキリッとひきしめる風格もあり、便利な百姓の作業衣であって正装にもなり、世界の農民服になりうるという確信をもって帰りました。

——そういえば、画家、陶芸家、ヨガや合気道の先生たちやお医者さんなどにも似合いそうですね。

衣の文化とは何かを改めて考えさせられましたが、人間はもともと裸で生まれた動物ですから、食も衣も質素なものでよかったはずです。一衣一碗、禅僧の作務衣でもいいのですが、日本の風土は緑と青の国ですから、男は徳島の藍染の木綿服、女は薄青の神代服でよい。二色の服で一年中間に合うのではないか。作業衣即正装、これが日本の一般服として普及するようだと、日本人にもキリッとした日本人気質が復活するのではないかと思うのです。

木と土と紙の家に棲み、道衣を着て、お茶を飲むだけでよかった。世界から愛される日本民族の復活はこの足下の下駄から一着の作業衣からでも始まると言えそうな気がします。

人間の最終的の衣は天衣無縫でしょう。日本人がネクタイで我が首をしめるのは、愚の骨頂ということです。

このことを確認できたのが、私の下駄ばきヨーロッパ旅行でした。

二　王様・肉と教会・ワインの農業《カルチャー》

肉とワインの農業

私が、ヨーロッパに二ヵ月ほどいる間に気が付いたのは、どこの風景写真を撮っても、国立公園のように美しく、そしてその中に城と教会が写っているということです。自然は美しく、城と教会が、ぴったりマッチしているが、あまりにも美しく写りすぎます。これだけ土地が美しいのに、樹木は少なく、雑草の種類も少なくて、土地が痩せているのはなぜかということを考えるうちに、ふと気が付いたのは、王様と教会のための農業だったからではないかということです。教会では、ワインをキリストの血とい

オーストリアの丘の上の教会

って飲むでしょう。王様は、肉が食べたい。その王様のためと神父さんのための農業が始まったからではないか、と思えだしたわけです。

とすれば、それはとんでもない間違いになるでしょう。人間の欲望のための農業が、そこからスタートしています。

ですから、ヨーロッパ全体が牛のための放牧場だということです。スロープはあっても、段々畑がない。溜池がない。ですから、土が流亡しっぱなしです。ですから、土地が痩せてしまっている。自然を大事にしているように見えて、実は土地がやられてしまっているんです。それが、二百年、三百年続いているところに、今の農村の疲弊の根本があると思います。アメリカとは違った農業の方法で、土地がダメになっているということです。そのスタートは、お城とワインではないかということです。牛や馬を飼おうとすると、怪我をしてはいけないから、階段をなくして、ズンベラボウにしたわけです。緑のスロープだから、美しい。それで得意になっているけれども、これは牛や馬は喜ぶかもしれないけれど、土地というものは泣いているんです。

文明のカルチャーは、農耕のカルチャーから出発するということを、私が痛感しだしたのは、それからなんです。

教会があるのは悪くないけれど、教会がどこかで間違っているんです。イタリアなどには、日本の辻の地蔵様みたいに、常夜灯みたいなキリストの像が道端にあるでしょう。むしろ、あれが可愛くて、私にはよかった。あれでいいんです。道を歩いても、百姓をしながらでも、常にキリストの心が浮かび、反省させられます。教会のなかへ行ったら、キリストのイメージが一向出てこない。

道端の、常夜灯みたいな小さな箱小屋のキリストの像のなかにだけキリストは生きていて、教会のなかには生きていない。

そして、神父さんにワインの奉仕をしなければならないから、ブドウが作られました。それがまた土地を痩せさせるスタートになっていました。ブドウというのは、土が流れて堆積した土の所で作られなければならないんです。

ですから、一口に言うと、ヨーロッパは、〝ワインと肉の国〟だということです。百姓のためでも、自然のためでもない農業が行なわれたということです。それが、現在の農民の疲弊する根本原因になっていると思います。それが、ひいては、キリスト教の行き詰まりをきたしている根本にもなっています。

「キリストは、ワインを飲めだの、わが血だと思ってブドウ酒を作れだの、言ったはずはないでしょう」と言ったこともあるんです。後で聞くと、私の乱暴な話は、ウィーンなどでは、いまだに話題にする人がいるらしい。そして、賛否両論だったと聞いています。向こうの牛を飼いたい連中には不人気だったらしい。本当だと言うのと、あの男が言ったのは違うと言うのと、両方がいるらしい。

ヨーロッパでの話は、一口に言えば、衣服・牛・ワイン・キリスト教に関する話になったわけです。いつも、農場へ行って百姓と話し、夜は公会堂や集会所へ行って話します。そういうことの連続だったんです。言葉が通じないのに、西洋哲学の話はできるんだから、妙なものでしょう。

そういっても、アメリカ、ヨーロッパを回ってみて、私は行くさきざきで、雑草や樹木の茂りぐあいを見て回っただけともいえます。例えば、いたる所で、ダイコン類に非常な興味をもちだしました。日本でいうと、ダイコンの原種は、春の七草のナズナです。ナズナには、人間を柔らかにする、平和という意味があります。ナズナを食べていれば、平和になるというのは、これはウソではない。心も和ますけれど、地球の荒廃しているのを、ひょっとすると、ナズナ類が宥めてくれるというか、そのスタートになる可能性があるのではないかと思ったりしました。これは、私の希望的観測ですが……。とにかく旅先で異なった草木に出会い、雑草を見るのが大きな楽しみになりました。

ヨーロッパの緑を見て歩く

ドゴール空港から、スイスのチューリッヒに着き、国立キャンプ場に入りました。湖畔の緑の丘地帯に元教会だったという会場があり、いくつもの宿舎があり、三日間、午前中講演、午後自由なので、周辺ばかりでなく、ドライブして、広くスイスの農村風景を見ることができたのです。

湖水の水は美しく、丘陵の畑には牧草、小麦やトウモロコシが交差して作られており、畑の周辺には森があり、ゆっくり回って行く道を通り森を抜けると、また展望が開け、美しい牧場が広がるという状況です。

夏小麦の出来は、散播《ばらまき》で、収量は十アール五百キロ程度で、高いでしょう。

小麦畑の隣りに、広いバラ畑があり、何十何百種類ものバラが満開で、ポスト状の注文受け箱が立っています。オートバイに乗った青年が、注文でしょうか、登ってきて、私を見ると、日本人と知ってか、乗っている単車を指し、「ホンダ、ホンダ」と自慢気に笑いかけました。どこの国の青年も同じことかもしれません。

私は、渡欧中、畑で鍬をもつ農夫を見たのは、このバラ園だけだったのです。地方の街に入ると、必ず美しい城があり、ブドウ畑がある。が、働いている人を見かけない。落ち着いたものです。果物は桜桃くらいしか目に入りませんでしたが、単木が多く、もちろん自家用でしょう、採取している気配がない。通りかかると、「取って食べてみろ」と言われました。

オーストリアの風景も、スイスと似ていますが、大農場では、小麦の他、燕麦、蚕豆や馬鈴薯も作られていました。蚕豆は小粒で、家畜用です。しかし、テラスのないスロープそのままの畑なので、生育が不揃いで、半分は普通にできても、半分はお話にならないほど生育不良で小さいのです。「どうしてだろう」とよく聞かれましたが、なんでもない、土壌流亡で土が痩せて枯渇してしまっているだけです。土を掘って説明するとすぐ納得しました。なぜ、今まで気付かなかったのか、こちらが不思議に思うくらいです。

トウキビや麦の中にクローバーや日本のウマゴヤシを混ぜ蒔きする話などをすると喜ばれました。オーストリアではどこへ行っても、農業技術そのものは進んでいるようには見えず、私の参考にはなりませんでしたが、雑草から学ばされることは多かったのです。いろいろな所で、ヨーロッパでは、豆科の雑草で、緑肥用に使っていたら面白いと思われるものが、何種類か見つかりました。アルプス越えの峠付近では、各種各様のルーピン（七徳草）が野生的に生えていて、他の雑草を完全に抑えていたのには驚きました。後でオランダに行ったとき、寒いオランダなどで、このルーピンを役立てる話がでました。

オーストリアのザルツブルクや、森の都といわれるウィーンの美しさは、ぜひ日本の観光客が見ておくべき所でしょう。

しかし、私がいつも、一番興味をもって見ているのは、森や山の木や雑草でした。

イタリアのサマーキャンプ

ウィーンの街からイタリアのフィレンツェまでは汽車で南下したのですが、山岳地帯から平野へと移ると、風景はだんだん単調になり、作物もトウモロコシと麦畑ばかりで、点在する防風林が、南下するほど明らかに少なくなりました。

景色が単調になるにしたがって、建物がアメリカ風のコンクリートになり、同乗のイタリア人がアメリカナイズされたと嘆いていました。

汽車で驚いたのは、改札口がないんですね。駅の周囲に柵がない。どこからでもプラットホームに入り、降りてもどこからでも街に出られる。たまに車掌が回ってくるくらいでも、無賃乗車する者はいないのですね。どの駅もチリ一つなく清潔で静かで、駅員も悠々と実にのんびり歩いていて、仕事している風がない。物音一つたてない。汽車も黙って発車する感じです。山の小さな駅の構内に支線から入ってきた機関車などは、松山の坊ちゃん列車そっくりで、ドイツ製の明治時代のものと見ました。鉄道マニヤだったら垂涎ものだろうと思いました。

とにかく、古い物、古い時間が大切にされているのには感心させられました。

ギャノーザの農場のサマーキャンプ

フィレンツェの街から車で、山の上にある『わら一本の革命』のイタリア版が出されているギャノーザ社に向いました。ここで一週間サマーキャンプが開かれたんです。出版社といっても、ギャノーザという人は新進の思想家で、着いてみると、古いオリーブ畑というかブドウ畑というか、そんな中にポツンとある二百年前のおんぼろの石垣造りの二〜三階の建物でした。

周囲の山の峰や丘には、ゴッホの絵にあるような糸杉の木が多く、イタリア各地から、思い思いのフリースタイルで集まってきた百人ばかりのイタリア青年男女に囲まれて、一週間キャンプ生活したわけですが、いつの間にか、自分もローマ時代のイタリア人のような気がしてきて、なんでも心に浮かぶままを話し、楽しい共同生活でした。

もちろん、果樹や野菜の作り方を実地指導しながら、キリストの話、哲学の話などが飛び出すんですから……。

ギャノーザは、美声のテノールの歌手で、夜キャンプファイヤーの時など、彼の古いイタリア民謡を聞いていると、遠い古代ローマの神々が、自然の中で遊ぶ壮大な光景などが偲ばれました。

今思うと不思議ですが、私が野外で大きな紙に哲学漫画を筆で書いて話す。通訳の日本の娘の鈴木さんが英語で話す。それをウチに来ていたイタリア娘のミリアムがイタリア語に直す。フランス人も参加していたので、ギャノーザがイタリア語をフランス語に訳すという具合で、四ヵ国語が乱れ飛ぶわけですが、全く違和感がなく、キャーキャー賑やかな笑声がいつも絶えず、言葉の不便さを感じたことがなかったのは不思議でした。

「ゴッホの絵にでてくる糸杉は死者の霊をとむらう木だ」と聞かされると、「自分の眼には、イタリアの山が痩せ衰えたのを嘆いている姿に見える」などと答えるという具合です。ちょうどイタリアも早魃でしたが、私がアヤメの花が描かれた木綿のふろしきをプレゼントして、これは雨の花だと説明していたら、急にスコールがきて「先生が運んでくれた恵みの雨だ」と大喜びされたりしましたが、そんなに言われたりすると素直にそう信じたいとも思ったりしました。

とにかく、果樹畑といっても、どこも二百年といわれるオリーブの樹に混じってブドウが粗放的に作られる程度で、のびのびと陽気に楽しく暮らしているイタリア人と接して、私は自然農法の心と実際は、こんなところでこそ生かされるだろうと期待すると共に、こせこせした日本をふりかえり、うらやましくも思いました。

私が、「イタリアは木が少ない。どこかイタリアの原始林を見たい」と言うと、みんなで行こうと、車を連ね、ゆるやかな高原のハイウェイを三時間走り、プラトヴェッチオ（Pratovecchio）の原始林に行きましたが、途中の美しい田園風景を十分に楽しみました。ゆるやかに起伏して続く道筋に、ブドウ畑と麦畑が交錯し、ところどころに牛や羊が群れて遊んでいる、峠などにポツンと農家が一軒あって、子供が遊んでいる程度で、全く絵にかいたような牧歌的風景で、看板や電柱一本目にふれるでなく、日本でこの頃やたらに多い喫茶店なども、数時間走って茶店風の喫茶店が一、二軒目にとまるくらいでした。このリンゴの巨木の下の茶店で飲んだイタリアコーヒーの味は、今でも忘れられないですね。

ヨーロッパで一番アメリカナイズされたといわれるイタリアでも、街から一歩出ると、日本ではとうに失われてしまった田舎の美しい風景、静かさ、落着きが、昔のままに残されているんです。田舎道はどこも舗装されておらず、曲りくねった凸凹道で、かえって面白いドライブが楽しめました。

イタリアの昔の良さを残していることに感心する一方で、私はヨーロッパの農業が沈滞しているその根本原因をさぐり、それは、土壌が痩せていることにあるとにらみました。砂漠化が近づきつつある大地を蘇生させる、イタリアに一番適した作物が何かを考えているとき、たまたまフィレンツェの農業大学に招かれ、講演しましたが、行ってみると、学長が熱帯植物の導入に力を入れ、各種の珍しい植物を植えた圃場を案内してくれましたが、私は講演の中では、「素直に話させてもらう」と断り、まず土地の肥沃化に全力を入れて砂漠化を防ぐ方法をとり、イタリア古来の植物の復活を図ることが先決ではないか、その方法を私だったらこうすると、私見を説きました。農学部長が喜んで即座に私の『自然農法』の翻訳を申し出てくれるなど、私も自信を深めることができました。

余談になりますが……農業の疲弊は農民の責任による大地の衰亡と、もう一つは農業が政治と経済ベースに巻込まれた悲劇といえるでしょう。この問題は、今どこの国でも同じことでしょうが、私は、ベニスの近くに行ったとき、偶然そのよい例を、同じ日に出されたオーストリアの新聞とイタリアの新聞を入手し、その記事を比べて驚かされました。

ウィーンの街の新聞では、街の果物がこの頃高いのは、イタリア農民が生産制限しているからだと報道されていましたが、イタリアに入ってみると、甘そうな桃と梨などが畑でもぎ捨てられて山積みされていたのです。農夫に聞くと、街では値段が安いので廃棄するよう指令が出されているというのです。

流通機構の中枢にいる人は、街の人に向けては、百姓が作らないから高いと宣伝し、百姓には、街の果物が売れないから、良い品だけを作り出荷するよう指示しているわけです。

なんのことはない、少量の高級品を安く仕入れて、高く売るための流通機構から出される情報に消費者と農民がおどらされて、街の者は高い果物を食べ、百姓は果物を安い値段で売らされているわけです。このあとで、輸入されたイタリアのブドウ酒の運搬車を、フランスの農民が襲撃したニュースもありました。作られた情報に攪乱される農民の悲劇といえるでしょう。どこの国でも、農産物の価格は、流通機構と情報機関の手中にあるんですね。

フィレンツェのキャンプを終え、次には、ミラノ平野の米作地帯を見て回りました。

『苦い米』　ソフィア・ローレンと共演した美人たち

ミラノの米

ミラノばかりでなく、ヨーロッパの他の国でも、自然米として名をはせているのがIVO TOTTIマークの米でした。彼の農場は、一昔前日本でも上映され評判になったソフィヤ・ローレン主演の『苦い米』のロケの舞台になった百二十ヘクタールの農場で、その主人は今も健在でした。彼は、自然農法に大変な関心をもっていて、私のヨーロッパ滞在中、つきっきりで世話をしてくれたのです。

写真は、その映画に出た美人連中と主人の姿です。『苦い米』に感激した日本の青年に、その時の美人に会わせてやるというので、会ってみると、お互いが、お婆さん・お爺さんだったので大笑いしましたが……。

今後、彼の田圃から作られる〝苦い米〟ならぬ〝自然米〟で、ヨーロッパ農業に新しい風が吹き込むと大はりきりでしたから、将来の彼の活動に注目したいと思っているんです。

ミラノ地方の米作りは、昔の田植えはもうなくて、湛水直播で作っていましたが、常時深水で根腐れがひどく、収穫時が大変だろうと思われました。

次に行ったのは、二万ヘクタールの土地を所有し、その中で三百ヘクタールの農場を経営しているイタリア第一と思われる大きな農場でした。ここでは私の本を読んで真似をし、一部クローバー草生の夏麦作りをしていましたが、いちおう成功していました。何分広大な土地が放置されていて、「灌漑がやれる畑などで陸稲を作ったら」と勧めたら、即座に百キロの陸稲の種を送れといったり、三人の息子の一人を日本に送るといったり、なかなか積極的な女農場主で、私と農場を見て回りながら、何か次々と息子や雇人に指示しており、平常の活躍ぶりがしのばれました。

イタリアの農業は、十ヘクタール規模が多いようでしたが、そのほうがむしろ安定していて、大農場で成功している例は少ないようでした。

例えば隣りの百二十ヘクタール農場では、雇人三人でトウモロコシと麦だけを作っていて、経済的に絶望的だとこぼしていました。後で使用人三人から詳しく聞いてみても、「月給の値上げなど、とても口に出せる状態でないが、自分たちは農場の隅の方に、自家用の野菜畑があり、ここで自然農法をやっていて、それが生きがいになっている」と言って、畑の中でいろいろ質問を受けました。

イタリア農業は沈滞している一方で、農業に新風を吹きこみたいという百姓や自然食を志す連中、自然復帰を目指す人々が中心になって、自然農法の実践に入っている例をいたるところで見ました。

アメリカ同様、禅センターを経営するかたわら、新しい自然農園を開設したいというので相談を受け、現地（Renate）を見ましたが、問題は山の中腹以上が痩せているというので、緑肥木や草生にすることなどいろいろ話がでました。

面白いと思ったのは、大戦中徴兵忌避の運動の闘士として名をはせたAllegtoriグループの農場で、家の周りに放射状に四季の果樹を植えていました。ここでの話の重点は野菜の輪作関係でした。どこでも二〜三日泊り込みですから、かなり徹底します。

イタリアからオーストリアへ

ミラノ平野から東のベニス方面に行き、ここで自然農法を始めているモロ（MôRo）農園を根拠にして、数日、あちこちイタリア農業の実態を見て回ることができました。ここから南へ回り、西部から車でアルプス越えをし、再びオーストリアのインスブルックへ出たんです。ここでボストンの久司道夫さんが開かれているサマーキャンプに出るためでした。

この間、まる一日、車窓から見る峡谷の景色の美しさに見とれて、一瞬一刻も目を離さず、ものも言えない状態でした。

峡谷の谷底には、ブドウとリンゴの園が続きますが、周囲の山は険しい岩山で、そそり立って目に迫り、千変万化する奇峰、怪石の面白さは、とうてい写真で撮り写せるものではありませんでした。

問題は、イタリア中部にある原始林に行き、管理官から、「イタリアの岩山をどうすればいいか悩んでいる」という話を聞いたとき、とっさに、「日本のツル草類を使ってみたらどうだろう」と話しましたが、このイタリアの北部に林立する石灰岩の山を見ると、その美しさに驚くばかりで、人間業ではどうにもならない大地の崩壊を感じたことでした。それでも、「驚いているばかりではいけない、大変なことだがなんとかする方法はないものか。やはり、ツル草の種や岩の上で生える植物の種を、まずヘリコプターで蒔くのがよいのかな。そうして灌木を生やすことに成功したら、何百年か経てば、イタリアの自然も復活するかも知れない」などと、いろいろ想像しながら、峡谷美を楽しんでいたのです。

とにかく、イタリアは、山の木が少ないばかりでなく、平坦部の防風林や単木などもオーストリアなどに比べ少ないのです。それだけ地力が劣る。それがイタリア農業疲弊の原因になっていると、私は睨んだんです。

谷間の果樹、特にリンゴや梨は、私の主張する一本仕立て（幼木が多かったが）で、自然形に近いもので、我が意を得た気がしました。一般にヨーロッパでは、果樹は地中海沿岸が発達しているとききましたが、日本以上の技術はなく、むしろのんびり作るやり方ですから、従来のものを自然形にしようとすれば、案外技術的にも精神的にも、切り換えやすいことがわかりました。

後で、オランダのトーマス農園の数百本のリンゴや梨の巨木に出合い、これを自然形に矯正していく指導をしましたが、これも放任形で下手な剪定技術が加えられていなかったため、容易に二〜三年で立派な自然形に切り換える見込みがつきました。

ヨーロッパ全体に一番多いブドウは、一般に日本式の棚作りですが、日本のような強剪定はせず、また棚なしの一本仕立て、二本仕立ての作り方があり、これをどのように自然形に近づけるかが私の課題でした。

夕方、峠を下って、やっとインスブルックの街に入りました。街は冬期オリンピックの開かれた険しい白雪をのこす山に囲まれた美しい街でした。ここでのサマーキャンプはボストンの久司さんの発案で、大公会堂を十日間も借り切りで開催されていて、世界各国より約千人の人が集まり盛会でした。

ウィーンの講演会

話は飛んで、さきのウィーンの話にもどりますが、私は、あちこちで話しましたが、ウィーンでの公会堂の講演のときは、ちょっとしたハプニングがありました。それは、急だったから、始め、三百人ぐらいだろうと予想していたのでしたが、ところが始めかけてみると、人が増えてきて、とても入れそうもないので、開演を三十分ずらして、会場を大会堂に移してやったんです。熱気のこもるような会になりましてね。で、十分か二十分話したときに、一人の青年が立ち上がって、「自分は、自然農法を学びに来たんだ。話を聞いていると、西洋哲学の話になってきている。自分は、哲学の話を聞きに来たのではない。自然農法の話を聞きに来たんだ」と、日本の青年が言うようなことを言うんです。

どうして、哲学の話になったかというと、ウィーンの街へ来たら、あまりにも教会が多かったのと、聴衆の顔を見てもみな音楽家のような顔をしているので、ついそういう話から入ったんです。

百姓らしい聴衆はほとんど見えないで、みんな街の人に見えるんです。だから、「美しいがイミテーションのオーストリアだ、牛とブドウの国だ。王様とワインから始まった農業で、自然の大地のための農業ではない。王様と神父のための農業だから、土地が痩せてきている。農耕法（カルチャー）が間違えば、文化（カルチャー）も狂う。その出発点はデカルトにある。我と人があって自然があると考え、人間のために自然を犠牲にした罪の罰だ」というふうなことを話し始めたんです。そうしたら、途中で、青年が立ち上がって、「自然農法を聞きに来たんだ」と、一本やられたわけです。「こんちくしょう」という気もしたんですけれど、一方ではハッパをかけられましたね。

そこで、「あなたはそう言うけれど、あなたが、今、自然農法をやろうと思って、自然農法がやれますか。私の体験から言って、日本で三十年やってきたが、ウチの近所でさえ、自然農法をやっている者は誰一人いないんです。なぜ、やれないか。それには理由があるんです。あなたが自然農法をやろうとしたって、曲がったナスや虫くい野菜を街の人が買ってくれますか。ウィーンの人の理解がなければ独りでは生活が成り立ちません。一人の人が自然農法をやろうと思っても、そう思ったらすぐ田圃でやればできるというわけにはいかないんだ。一人の農夫の農法を変えるためには、あらゆる社会情勢が変わっていなければできない。自然農法の問題というのは、農業の問題ではなくて、政治・経済、みんなの考え方、生き方の問題であり、都会の人、生産者の区別なく、みんなの問題です。だから、一つのことを変革するためには、ぜんぶのことが変わっていなければいけない。ところが、ぜんぶのことを変えるためには、一つのことから変えねばならない。ニワトリが先か、タマゴが先か、そのすべてを一挙に変えるカギを持っているのが哲学だ。一事が変われば、万事が変わる。万事が変わらなかったら、一事も変わらない。世界のすべての人の哲学が変わっていなかったら、ウィーンの人の気持ちが変わっていなかったら、自然農法は一人もやれないんだ。すべてのことが解決していなかったら、何一つできない。『わら一本』で、農業のことはすべてのことが解決できるんだけれど、西洋哲学、思想、宗教、すべての改革ができていないから、これだけの簡単なことができないんだ。こんな楽な自然農法を、誰もやらない、やれないんだ」と、熱弁をふるったんです。

そうしたら、猛烈な拍手なんです。鳴り止まないような拍手でね、アンコール、アンコールです。それから、調子に乗って、自然農法のことも話すには話しましたけれど、その会が済んで、十時か十一時ごろになっても、聴衆が帰らないんです。会場の守衛が、「門限の時間だから帰ってくれ」と、押し出すようにしたけれど、なかなか出ないので、外のロビーで二次会みたいな話になって、次にはそこを出て、食堂みたいな所に入って、三次会まで話になった。とうとう十二時過ぎになってしまった。

で、私は、今日の話は受けたなと思って、いい気持ちになったけれど、後でよく考えてみたら、ウィーンという音楽の都で、音楽ではアンコールをやる癖があるので、たたいただけかもしれないと思ったりしましたけれどね。とにかく、一応、受けるのは受けたんです。

そのときの通訳がよかったんです。ウィーンの大使館の日本人の通訳官が来てくれたんです。インスブルックでやっても、ザルツブルクでやっても、いつも痛感することは、通訳者次第ということですね。そのときには、通訳者は『わら一本の革命』をあらかじめ読んでいたんだけれど、通訳するときには、私がつまろうがつまるまいが、言ったとおりを、そのまま直訳したんです。自分の考えを入れずに、白紙で。直訳を上手にやりました。なんでも、白紙がいいですね。

インスブルックでは、フランス美人の通訳が初めやり始めたんですが、どうもむつかしい話が通じないので、結局、補助の通訳と二人でやりましたが、オリンピックや国際会議の開かれる公開の会場で、五ヵ国語同時通訳ができて、その上に机の上のセロファン紙に絵を画くとすぐ後ろの大スクリーンにそれが拡大されて映る設備があったので、それを利用して、私流の漫画を画いてごますことができました。だいたい、宗教や哲学の話は身近なことを漫画にして話すと通じるものです。

西ドイツからオランダへ

オーストリアから西ドイツをライン河沿いに通ったんですが、美しいと予想していた河水が濁っていたのには驚きました。これは山の土が流れっぱなしの証拠でしょう。土が堆積した山麓や山の台地にだけブドウ畑がありましたが、このライン河沿岸の有名なブドウ畑に未来があるようには思えませんでした。やはり、大地を守る手段に手ぬかりがあるように見えました。

西ドイツの平坦部は、なだらかな丘陵地帯がはてしなく続き、小麦やトウモロコシ畑ばかりでした。森も多いのですが、雑木の赤松林です。ということは、地味はあまりよくないということで、そのためか、病害で枯れ熟れの小麦が目につきました。

西ドイツからオランダに入ると、全くの平坦地ばかりで、ほとんど放牧地でした。家が点在しますが、これで世界一人口が稠密な国とは、どうしても思われませんでした。全く広々とした牧歌的な国に見えます。もちろん、森よりポプラの防風林が目立ちますが、お国がらでやむを得ないでしょう。

面白い話を聞いたのは、ヨーロッパはどこでも、陰になるからといって他人の木を一本切れば訴訟になるのに、オランダでは、先日反対に一本の木を切らさないと訴訟がおき、大問題になったというんです。太陽が少ないオランダでは、「太陽の光を我に与えよ」というわけでしょう。

一本の木を切るべきか、切らざるべきかが大問題になるヨーロッパと日本の違いをまざまざ知らされる話でした。

太陽の光を求め愛する心が、太陽の光を一ぱい受けて咲くチューリップの国を作ったのではないでしょうか。一ヵ所、巨木の茂る国立の公園に案内されました。どうしてオランダにこんな森が残っているのかと驚きましたが、その森の中に昔からの歴史的な考証史料としての、百姓小屋がたくさん保存されていました。昔のオランダ人の住家が小さいのに驚かされ、その寝室が一坪しかないことから、人間の背丈も小さかったことがはっきり示されています。牛を飼いバターやチーズを作り始めると共に、体格も大きくなったと思われる節があります。

もちろん、その公園のなかには、風車も幾つかあり、オランダ風の木造建築もありました。オランダは木靴、木の家を愛する誇り高い民族でした。

私が、オランダの中部、北部を見せてもらっての印象は、牛主体の農業で、イタリア、オーストリア、ドイツと北上するにつれ、牛の種類が多少変わっていることはともかく、放牧されている牛の数が多くなって、数十頭から数百頭の群と目立ってくることです。しかし、気がかりな問題は、放牧牛が多くなる地帯ほど、草の緑の色があせてくるということでした。あとで聞きますと、多頭飼育するほど、濃厚飼料の麦、トウキビに依存せざるを得なくなり、かえって経営が今苦しいというんです。「土が痩せてきていることも根本的衰退の原因になっているのではないか」と言いましたら、「そうかも知れない」と考え込んでいました。実際に二十頭、三十頭くらいまでの小農のほうが安定していて、何百頭も飼っている者が苦しんでいるのです。アメリカでも想像される何千頭という牧場は少なく、大多数の農民は数十頭どまりでしたが……。

今、ヨーロッパの畜産農家は、ピンチに立っています。それも多頭飼育する者ほど苦しんでいます。

普通作物を作っている北部の四十ヘクタール平均という、日本でいえば秋田の大潟村以上の規模の所ですが、そこでは、小麦、燕麦、ジャガイモ、蚕豆と菜種（ドイツに薬用として出す）を輪作していましたが、二軒に一軒は転業のピンチに立っていました。四十ヘクタールを、大型機械を使い、息子と二人で作っている農家（技術的にみれば優れて申し分ないとみたのですが）の話では、一昔前、牛馬六〜七頭、一家総員でやっていたときのほうがよかったと嘆いていました。なぜ、彼が自然農法に強い関心をもち出したのか参考になりました。日本の近代農法規模拡大推進者には耳の痛い話もだいぶん出ました。

オランダの自然農法

銀行が農家に貸した金の回収がむずかしくなったことが、トーマス青年に一億六百万円を貸して自然農法を試させてみるという結果になったんじゃないかと、その時ふと思いました。トーマス君は、私の家に数年前三ヵ年いた青年です。

聞いてみますと、彼が金を借りられた動機は、彼が私の家から帰って、一ヵ年オランダを回って、家庭菜園の造り方を指導したというのです。これが当たり、評判になり、この男に自然農園をやらせてみたらということになったのだそうです。

――トーマスさんのやられた家庭菜園というのは、実際にはどういうやり方なんですか。

彼がどういうやり方で家庭菜園を指導したかというと、私が、何かのときに、「日本の庭の池というのは、『心』という文字の形に掘ったらいいんだ」と言ったんです。どこかで聞いたことがあるような気もするし、自分のいい加減な憶測かもしれませんが、私の家の庭も、そうしたのです。「心」という字の形に掘って、ところどころ広くしたり、点々の所を浮き島みたいにしてみます。そうすると、川上から水が流れてきて、ちょっと、淀みがあって、海があって、島があってという格好になるでしょう。「心という文字をまねすれば、素人でも池が出来る」と、トーマスに話したんです。そうしたら、「そうか、わかった」というわけです。それで、オランダに帰って、国中を回り、スコップで庭の芝生を掘り返させ、心の形にさせたわけです。そうすると、高低ができ、山、川、谷ができるんです。それで、心の最初の所から水を流すと、即席の日本の池ができる。庭師さんがいなくとも、庭ができるわけです。

そこへもってきて、ウチの山にあるようなダイコン、白菜、ゴボウ、ニンジンなど多くの野菜の種を混ぜて蒔いたらいいのです。そうすると、高い山があり、麓があり、水際があるでしょう。セリやナズナやミツバなどは、水際に落ちた種がうまく生える。上の高い乾燥する所には、強い豆やダイコンが生えてみたり、ニンジンが生えてみたり、カボチャが生えたりするんです。少し湿った所には、キュウリが生えていたりする。

どの高さ、どの湿り加減の所に、何が生えるかは、種に選択させたわけです。初めは、種がたくさんいるのですが、混ぜてムチャクチャに蒔いておくんです。そうして見ると、何かが生えてきたんです。西洋人は、庭と言えば、芝生を植えて、人工的な緑にして、それを楽しむという感じだったんです。ところが、日本の箱庭式の庭は、あらゆる物があって、小さくて、非常に混沌としているように見えるけれど、その混沌としているところに、非常に興味をもちだしたわけです。それで、しかも、一年で、何かが生えて育っている。

日本よりも普及したのは、向こうには、さっき言ったように、野菜が少ないからでしょう。分業的になっているから、家庭菜園みたいなものがなくて、遠方から運ばれてきたものを、買って食べている。アメリカで言えば、カリフォルニアの果物・トマトが全米の果物・トマトになっているような格好ですね。新鮮でない、うまくない、単純化されている、マーケット商品だから同じ種類しかない、という格好でしょう。野菜もそうです。種類も少ない。それで、家庭の主婦が、野菜作りなど直接に興味がなかった。ところが、家庭菜園なら、朝晩見ているでしょう。しかも、バラエティーのある野菜が出来たわけです。で、日本人が想像する以上に興味を持ったんだと思います。だから、パリの真ん中で、ジャングルみたいな庭を造り、いろんな野菜を蒔いていて、それが、半分成功、半分失敗しているわけです。成功しても失敗しても、とにかく、外人には成功で、大変な興味の対象になっているんです。

私は、オランダでも、トーマスが指導して造った数ヵ所の家庭菜園を見たんですが、こういうことをやったのが評判になったんだと言うのです。その例として、一軒の家に行ったら、それは牧師さんの家でした。その牧師さんの話を聞くと、彼は、数年前までは牧師で、自分でパイプオルガンを弾いたりなんかしていたが、ノイローゼになって、生き甲斐がなくなってしまったというのです。ところが、トーマスが来て、家庭菜園のやり方を教えてもらって、女房と一緒に土を掘ったり、汗を流したりして、野菜を作っている間に、生き甲斐を感じてきた。生命というものを、生きていることの意味、躍動する生命の歓びを野菜から教えられた。このごろは、生きるのが楽しみになってきて、教会でも、また蘇って説教ができるようになったというんです。それで、私とトーマスがたずねたのをえらく喜んで、昼飯を御馳走してくれ、私は音楽などわかりもしないのに、ピアノを弾いてくれたりして、音楽を聴きながら御飯を食べて、御飯が済むと、彼の教会に案内してくれました。アメリカ式の、大きな、コンクリートの教会なんですよ。「自分は、こういう建物は気に入らないけれど、理事が、こういう物を建てろと言うから、建てたんだ」と言うんです。それで、「パイプオルガンを弾くから、座って聴いてくれ」と言って、五、六人の一緒に行った連中が、大きな伽藍のような教会の真ん中に座って、パイプオルガンを聴きました。「どんな感じがしたか」と言われたが、私は音痴だから、正直なことを言って、何もわからない。「感じだけでも言え」と言われて、「初めは、何か威圧感を受けるような怖い感じがして、強迫されるような感じがした。おしまいのほうは、神様の嘆きを聴いているようで、少しも、楽しくもおかしくもなかった」と言ったんです。彼らは、ドッと笑っていましたけれども……。

そんな勝手なことを言っても、今度は「海岸に海水浴場があるから、そこへ案内する」と、自分で自動車を運転して、湘南海岸のような大勢がごったがえしている海水浴場へ連れて行ってくれて、あちこち歩いてみました。

海岸に連れて行っても、彼には別の目的があったわけです。オランダは、海より低い国でしょう。海岸を大事にしているんです。だから、海岸の防波堤というのは、守るのにも大変なんです。そこで、いかにして守っているか。植物などを植えたり、種類を研究したりする試験圃場を見せて、私の意見を聞くのです。そこへ行って、このオランダの政府が植えている木の各種の苗を育てているところを見たけれど、そこにある砂浜に自生しているツル状植物や野生のダイコンの変わった種類が目にとまりました。私は、「これを植えたほうがおもしろいのではないか」と言っておいたんです。一生懸命で苗を育てて、移植して、砂止めに植えている植物は、それほど成功しているようには思えないんです。ところが、その間に混じっている、野生のツル草や灌木のほうが、元気がいい。それでいいじゃないかという感じがしましたけれどね。

トーマスは、今三十ヘクタールの自然農園を経営しています。その農園の名前がYAKUSOなんです。どうも「薬草」ではおかしいと思ってよく聞いたら、「百姓」でした。オランダ人は「ひゃくしょう」という発音ができないんだそうです。

城のような家に住み、三分の一の圃場はリンゴと梨の巨木です。三分の一は小麦と裸麦でした。

三分の一は日本から持ち帰った多種多様の野菜でした。

麦はクローバー草生のやり方で成功していました。

リンゴなどは、丈が四～五メートルもあり、放任樹でしたが、下手に剪定してないので、かえって自然形にすることができると見えたので、早速、実際に二～三年計画で、自然形に切り換えるような実地の指導をしてきました。

野菜は、ダイコン、白菜、甘藷などがよくでき、カボチャやキュウリが結果がちょっと劣る程度でした。しかし、ダイコンが時無しだったので、小さくて売物にならないのじゃないかと心配したり、その食べ方を知らない人が多いなど、料理の指導と並行して、販売しなければならないようなことがあり、なかなか大変だなと思いました。スリダイコンの造り方までやったのですよ。しかし、十数人の見習い青年がいて、よく働き、先きゆきの見込みは立っていました。

アメリカと同様、フトンがよく売れるといって、三人の女性がフトン作りに追われていました。そして、日常の経費は、パン作りでかせげると笑っていました。自然農法の小麦で、風車小屋で碾《ひ》いた粉で、自然食のパンが、当たっていると言っていましたが、最近聞くと、この頃はドイツまで出荷しているそうです。

味噌を作る一通りの機械もそなえて、「将来は、味噌、トウフも作る」と、はりきっていました。面白いのは、元の大きい牛舎を改造して、自然農法を学びに来る青年たちを二階に泊め、一階を会議場にしていました。

私も、この会場で、二百人ほどの各地から集まった人たちに三日間の連続講習をし、午後は実地指導をやったわけです。

キャンプが終わり、別れの挨拶のとき、トーマスの、私をヨーロッパの自然の父として慕うというふうな賛辞のあと、悲痛な惜別の言葉があり、つい私もほろりとしました。

「私がいなくても、母なる大地がある。

〝百姓〟という意味は、百《もろもろ》（万物）を産む女（大地＝聖母《マリヤ》）と私は解釈している。

万物を産む聖母の御旨に従っておれば、私などいなくても必ず、ヨーロッパの自然農法のセンターになるはずだ」

と、激励して帰ったのでした。

風車小屋のおやじ

――オランダの風車は今も回っているのですか。

それでは、オランダの片田舎で見た風車小屋の話をしておきましょう。すべてが近代化の波に呑まれていくなかで、オランダの可愛らしい風車も例外ではなかったんです。トーマスが、自然農法で作った小麦を粉にひいてもらうので親しくしている風車小屋に連れて行ってくれました。

私は、そこで、オランダの風車小屋のおやじのたくましい迫力に満ちた姿に接して、彼の生きがいの源泉がわかったような気がし、トルストイが粉ひき屋を例にして何を言いたかったのかもうかがうことができるような気がしたんです。

　数十メートルもの長さの羽が、すさまじい旋風を起こして回りだすと、四階だての古い薄いレンガ造りの壁の塔が、ぐらぐら揺れて、今にも悲鳴をあげて倒れそうな恐怖を感じるほどでした。その狭い塔のなかでは、天井から地下まで、大黒柱のような大きな柱が通り、その上部に取り付けられた直径二～三メートルもある、幾枚もの巨大な木製の歯車が、羽が回りだすと、かみあい、煙をあげてきしむんです。この煙が出るので歯車に油をさす必要がないのだということでした。地下では、この柱にとりつけられた、これまた巨大な石の臼が回り、粉を吹き上げているんです。風向きによって二階のテラスに出て、常に風車の向きを変えたり、風力を考えて、歯車の回転速度を調整しなければなりません。この調節次第でよい粉ができるかどうかが決まるのだそうです。風車の操作は、ちょうど巨大な帆船のマストの上で帆を張る船長とまったくおなじくらいの腕力と胆力がいるんだそうです。高い風車の羽に登って、風を受けるための補助翼の帆を張る作業中に、風で数十メートルも吹き飛ばされて死んだ若者の話も聞きました。

　一人前の粉ひきおやじになるには、親子三代にわたる修練が必要なんだそうです。しかし、そういう困苦を乗りこえたおやじの顔は、まさに風車小屋の「おやじ（主人）」と呼ばれるにふさわしい、たくましい自信に満ちた顔でした。

　彼は、「オランダの風車も、もう亡びるだろうね。こんな丈夫な樫の大木が、もうない。木が見つかったとしても、この歯車の角度を出せる職人がいないし、風車を操作する胆力を持っている若者を育てるのもむずかしい。第一、鉄製で能率のいい製粉機が発達してきて、風車はいらなくなってきている」と、嘆いていました。

しかし、最後に、そのおやじは、「風車小屋でなければ、ほんものの粉はできない」と断言して、「人間は馬鹿だよ、こんなすばらしい風車のよさがわからないんだから」と、昂然という感じで頭をあげたんです。熱の出ない石臼でなければほんものの粉はできないそうです。

人間は、製粉方法を改善して、いい粉を簡単に作る方法を科学的に開発しているつもりですが、すでにコンピューターつきのロボットが無人の工場で粉をひき、真白い粉が、タンクや巨大な輸送船に積みこまれている時代なんです。しかし、もちろん、その粉はほんものの粉じゃないでしょう。人は何をしたと言えるんでしょうか。ほんものの粉とほんものの人生を見失っただけじゃないのかと、私は言いたいんです。

粉ひきに徹した風車小屋の主人は、粉ひきであって、もうただの粉ひきではなかったのです。敬愛すべき風車小屋の主人の安全を祈って、私は、大きな柱に、洞窟のなかの人間を見下ろしている風車小屋の主人の絵を落書きしてきました。

彼は大喜びで、別れるとき、赤い夕日を背に浴びながら、大きい手をふって、「お互いにやろうぜ」と、さわやかに言いました。

なくしてはならないものはなんだったのか、あらためて考えさせられたわけです。

三　ヨーロッパ文明の沈滞　衣食住にみる西洋哲学

ヨーロッパの食の文化

西欧料理とはどんなものか知りたいと思っていたのですが、ヨーロッパの田舎回りでは、さっぱりわからなかったというところです。

地方の農家で平常食べているものを知りたいと思いましたが、ミルクや小麦粉に野菜や少量の穀物が浮かんだスープかシチューか知りませんが、豚の餌のような、どろどろした食物が主体のようで、食事をしたような気がしなかったんです。朝食は食べたり食べなかったり、昼食前になっても、主婦が日本の主婦のように台所を忙しく走り回って料理するような風はない。食事直前にちょっと台所に行って鍋や皿を一つ二つ取ってくるくらいにしか見えないのです。家族中がセルフサービスのせいか、とにかく悠々としている。悪くいえばボサッとしていて頼りない。御馳走が出るかなと期待していたら恥をかきます。一品か二品それも皿の中にシチュー状の汁を自分でよそって香辛料を入れてかきまぜ、皿の中で料理し、食べ終えたらパンで皿をぬぐいそれを食べ、台所で洗っておく。全く味気ないことおびただしいんです。日本の男は幸せですよ。

まあ、都会の高級料理は食べてみず、ヨーロッパの地方をちょっと覗いただけで大口は言えませんが、西洋の食の文化は何かというと、人間の栄養を考えて配合した人工飼料という感じで、自然の味を生かした郷土料理なんてものにお目にかかれませんでした。せいぜい川魚を煮たものが出たら幸いです。

なぜ日本料理のような自然と人に対する繊細な気くばりがないのか、考えてみると当然なのかもしれません。

西洋人は、人間本位で身体本位、食は肉体のためのもの、栄養があれば結構、皿や箸を食べるわけではないというわけです。

——ヨーロッパにも、銀の皿とか、コップとか、豪華な食器があるのではありませんか。

農家の中にもそれが飾られていました。先祖からの品だと言って自慢の品を見せられました。しかし、それは飾り棚の中で、今の日常生活の中では生かされていないんです。人間に対する皿という貴重品であって、料理用の皿じゃない。日本のように自然と食と皿と人が一体になっていなくて、ばらばらです。第一、食料品の数が少ない。特に野菜が問題です。

どうしてセルフサービスするようになったかというと、男は女第一で、女房が料理しないから、自分の舌にあった食を自分で作り、女は、材料が少ないから料理に興味がわかない。男と女の食がばらばらだから、てんで勝手なセルフサービスになったんだと思いませんか。

とにかく、欧米では野菜の種類が少なく、質も悪い。特に根菜類がニンジン以外ほとんどありません。ゴボウは野原に生えているんですが、食糧になると思っていない。里芋がない、山芋やつくね芋類はねばっこくて人間が食べるものでない、泥の中の蓮根、クワイなど野蛮人の食、コンニャクは化物だと思っているのです。竹がないからタケノコはもちろん知らない。おいしい甘藷が少ない、あるにはあっても、かたくて味もそっけもないもので、甘藷とはいえないものです。

――馬鈴薯はどうですか。

あれは、茎が変形した塊茎で根ではありません。トマトとおなじくナス科植物で極陰性の食品です。これが主食になっている所もあります。

とにかく、西洋人は、人間の体造りの根本にある根菜類をほとんどとっていないのです。案外東洋人との違いはこんな所から出発しているのかもしれません。根を食べないということは、自然の根の深さを見ていないということにも通じるんじゃないでしょうか。

もちろん、私は無頓着な方で、食を批判する力など全くありません。日本の百姓が見て不審に思うのは、西洋人は衣食住はすべての点で、人間本位です。一見自然は大切に、美しく保たれ、清潔ですが、それは表面だけで、人間のための気くばりはあっても、天然自然に対する本当の気くばり・調和の心がないということです。

皿やコップ、スプーンの形一つを見てもそうでしょう。西洋皿は大きくて一つの皿に全部の材料をまぜ合わせて食事能率がいい。コップには持ちやすい取っ手がついている。スプーンは食品を口に運ぶに便利にできている。一方、日本では、一品料理を各種各様の皿や椀に入れ、小皿に少量の高級料理を入れ、味わいながら食べる。お茶を入れる湯飲みの大きさも、お茶の種類に合わせて大小がある。茶碗は取っ手がなくて、片手で取るような無作法はせず、両手ではさんで自然の味を拝んでから食をいただく。二本の箸で器用に一粒の米をはさんで口に運び味わう。早く食べればよいなんて考えはない（割箸廃止論もあるが、箸は元の土に還せば同じ材料の木になるが、銀製品を作るために使われた石油や鉱物資源は二度と回収できない。二本の竹や輪島塗の箸に象徴される繊細な日本料理の味わい方こそ食文化の神髄といえるでしょう。箸をすて先割れスプーンにしたときから日本食も亡びるでしょう）。

日本の百姓は、自然に生かされている人間だから、その産みの親である自然を大切にし、その心を尊重するのは当然と思いますが、西洋人は、人間は自然を征服して生きているのだから、自然を人間の便利なように改造するのは当然と思っているです。自然を守るのも人間のためで自然のためじゃない。衣食住はすべての点で、東西で相異ができるのは、ここからスタートすると見てよいでしょう。

西洋では、城も教会はもちろん一般住宅も、石かレンガでできていますが、なぜだと思いますか。大地が痩せて石が露出していて石が手に入りやすかったのが、直接の原因でしょうが、それより、弱肉強食・優勝劣敗の観念が強く、我が身を守る、専守防衛意識が強かったことが原因だと、私は思うんです。守の意識は即攻撃精神です。石やレンガの家は暗く冷たい、幸い乾燥しているので、それほどじめじめしていませんが……（今、日本でコンクリートの家がはやっていますが、湿気の多い日本で、石の家が合うはずがないと思われます）。

西欧文明の暗さは、この牢獄のような石造りの城や教会から出ているようにも思いました。レンガを造るには多量の薪がいります。レンガを焼いて造った中国の万里の長城やシルクロード、中近東の古代都市など、すべてレンガ造りのために木がなくなり、燃料用に稲わらまで燃してしまったから（レンガの中には稲籾が入っている）有機物がなくなり、土が死んでいって自然が亡んで、人も衰亡するという結果になっているでしょう。

ヨーロッパの都市建設のため、自然が犠牲にされた痕跡は至る所で見られるのです。ザルツブルクなど一見、城の外には大木が茂っていても、その足元に黒い土はないんです。注意して見れば、一度亡ぼされた土ということがすぐわかる証拠があります。

衣食住の文化と共に、沈滞せざるを得ない禍根が、自然の衰亡からきていると言えないでしょうか。

ヨーロッパの花と住の文化

と言っても、ヨーロッパの外観は極めて美しく、清潔でチリ一つ落ちていません。

街にも田舎にも森が多く、草原の花が美しいばかりでなく、田舎の農家の花壇にはバラが咲き乱れ、街の家の窓の外枠は美しい生花で満艦飾に飾り立てられているんです。街全体が花に埋まっているという感じです。

人々は石畳の道に籐椅子を出して、悠々とお茶を飲んでいて、働いている人はどこにいるだろうかと思われるほど閑静でした。時間が止まっている感じがして、こちらまで旅のエトランジェであることを忘れるほどです。

ヨーロッパの田舎巡りをして、気付くのは、雑草の花があまりにも美しいということです。特にスイスやオーストリアなどの路傍の草は、雑草というより草花と言いたいほど花びらが大きく、美しい花の原種か、反対に改良された花が野草化したのではないかという感じです。

高山のお花畑のような美しい原野が展開されるのですが、慣れてくると何かものたりなくなるのです。それは、雑草らしい草が少ないことに原因があるような気がしました。アメリカでは、全土で悪質の牧草が古来の雑草を駆逐して、砂漠化の一原因にもなっていると見ましたが、ヨーロッパは、草花のため、在来の雑草が消えて、草木が単純化されたのではないかと思われたんです。もちろん、大雑把な勘ですが、雑草の花が少ないと、私は落ちつけない。あまりにも美しすぎる雑草が咲き乱れる風景になじめなかっただけかも知れませんが……。

花といえば、どの街でも目につくのが、日曜菜園です。都市周辺には、何十、何百の、可愛い小屋つきの数坪の菜園が並んでいる光景をよく見ました。畑には野菜もありますが、花や香辛料の花のほうが多く、一見小人の国のカラフルなお花畑で、日曜日をそこで楽しんでいるのでしょう、ほほえましい小人の隠れ屋で、小市民生活がしのばれるのです。とにかく、ヨーロッパのすべての人が、花を愛し大切にすることは大変なものです。

ヨーロッパの夏は、皆一様に、山や森の中で自然を楽しんでいます。ところが、よく観ると、東洋人が自然を楽しむのと、異なっています。自然を楽しむというより、自然の中で、人間を楽しんでいるのです。日本人は桜の下で乱痴気さわぎをして我を忘れますが、西洋人は我を忘れて自然にとけこむことはない。我がいつもある。

自然は美しく、静かだと言いましたが、その静かさは、日本の静寂とはどこか違います。そこから、「わび、さび」という様な雰囲気が出てこないのです。

なぜでしょうか。我という人間が造った西洋の森や花壇の中には、我を忘れさせる大自然の心・神秘がないのでしょうか。


――日本人も花を愛する気持ちは強くて、生け花などは、芸術までに高められ、世界に誇れるものではないでしょうか。


その通りだったのですが日本の生け花も、この頃は、鉄線や枯れ木にペンキを塗ったりして、自己主張の芸術だといっているようですが、私の目には本当の芸術がすたれ、西欧風の人工的美意識に転落したとしか思えません。

先日も、生け花の家元から話に来たので、私は今の生け花はどうも納得できないという話をしました。「昔の『天地人』なんて言っていた時のほうが自然の心を汲んでいたのではないか。しかし、あの『天地人』も、平面的に自然を捉えているだけとも見える。自然を真上から、裏から、下から見たらどうなるか。例えば、真上から見ると、どんな植物も、葉の出方などでも渦巻状《スパイラル》になっている。左巻きの天地人なんて考えるのも面白いのではないか」などと、勝手な批評をしたのですが、贈られてきた雑誌を見ると、私の言った悪口など一切カットされ、ただ自然農園風景が紹介されていました。

――その雑誌を見せて下さい。なるほど、無理もないことですね。雑誌を飾るグラビア写真は、十字架にやぶれた衣を着せ、乱雑に横倒しにしたものが並んでいますね。一枚は高原に着色された羽毛がはてしなく並べられた風景とか、フーセンでつくりあげられた雲が浮かぶ光景とか、美しいカラー写真がいっぱい載っていますね。皮肉なことに、福岡さんが当然反対するような見事な写真ですね。自然農園はさしみのツマでしかなかったともいえますね。

私が心配するのは、美とは何か、美がどこから発生し、なぜ美しいかということ、それを人間は見失ってきたのではないかということです。

厳密に言うと、美しい草花で部屋を飾る、美しい絵を画いて飾るということ自体が、本来の姿ではない。美しい花が野外にないのではない。自然の花の美を見る目がなくなり、花を活け、花を飾らねばならなくなった己れの喪失を人間は反省しなければならなかったはずです。

花を作って、人為的な花を楽しむより、本当の草の美しさが見えなくなった己れの心の美の消失せていることを悲しむほうが、花の活け方を学んで、部屋に飾るより先決だと思うのです。

茶室の花が美しいのは、花が立派に活けられたからではありません。簡素な部屋で、花も何もない状態に一度置いて、そこに一輪の花を置くと、どんな草花でも、急に美しい茶花に見え出すんです。ということは、平常、人は花を見ていながら、花を見ていたのじゃないということです。美は花から出ているのではないといってもいいんです。

所詮、牢獄の窓から見る桜の美しさです。

本当の美に感応することのできなくなった人間が、人間の造った草花や造花を、人間らしい美が創造できたと、自己満足しているだけでしょう。あまり、攻撃すると、この文もカットされるかもしれませんね。

ヨーロッパ文化の沈滞は、庭や窓を飾って、言いかえると、虚構の美にいくら陶酔しようとしても、所詮人間は、偽物では満足できないというところから出発していると思われたのです。

パドゥレ教会

ヨーロッパ文明の沈滞を見て、今華やかに開花したかに見える日本の伝統文化の生け花やお茶の明日を思わざるをえなかったのです。
大伽藍の教会には無縁の私でしたが、ミラノの平原の田圃の中にポツンとある古いパドゥレ（PADRE）教会に行って、ここにキリストの心が伝わっていると感心しました。暗い教会に入っていき、私が正面のキリスト像をジッと見ていると、神父が出てきて、「ここに神はいないから礼拝しなくてよい」と言うのです。面白い神父さんだと思い、話しかけました。天井のドームの穴を指し、「神はあそこだ」と言うのです。
聞けば、この教会は、歴史が古く、ゴシック建築の最初のもので、由緒ある教会らしく、一枝をくわえた鳩が降りたったこの土地に、四十人の修道士たちが百姓しながら住みつき、レンガを焼いて手造りで造った教会だというのです。

ナポレオンに占領されたこともあるそうですが、キリストの心を汲んで、教会につきもののステンドグラスの飾り物など一切ないのが特徴でした。

その神父さんが、自然農法に興味を持ち、話がはずみ、中庭の芝生に座り込み、スイカを割って御馳走になったり、終わりにはここで造ったという香料をもらって帰りました。

何よりも嬉しかったのは、私が想像していたキリスト像がここに残っていたということです。ともかく、ヨーロッパの街は、落ち着いた石畳の道、街角の彫刻像、噴水の美しさ、森の中の石の城、夕陽に映える十字架、ステンドグラスの美、何を見ても古い歴史の跡が刻みこまれていて、その中で静かに、落ち着いた生活を楽しむヨーロッパ人は、日本人から見ると、うらやましいほどゆとりがあるように見えたんです。

しかし、広場に厳然と立つ馬上の偉大な王様の像とか教会の前のミケランジェロか何か知りませんが、彫像の前に立つとその迫力の前にしりごみせざるをえないのは、ヨーロッパの文化はすべて人間が造った文化だということが、露骨に表に出ているからではないでしょうか。

教会では神と人、城では王様と人民が、常に対立して浮きぼりにされています。ミラノの城のマークは大蛇（王様）が人民を呑みこんでいる生々しいものであったのには、ゾッとさせられました。

ミラノの西方だったか、静かな田舎街だのに、〝死者の街〟という名前がつけられているところがありました。昔、動乱で人民が殺されたのだというんです。悲劇を街の名前にして刻みつけ忘れないでいるのです。

有名な教会の広場の直径二メートルばかりの丸い円の中に、文字が刻み込んでありました。何かと聞くと宗教革命を唱えた田舎の牧師さんが火あぶりにされた所だというんです。ここではキリスト教の裏面を悲しむより、神の権威を守ろうとして、神を教会の中に閉じこめたがる宗教家の愚かさに憤りを感じました。

街の中で楽しさが湧くのは、むしろオーストリアやイタリアの教会の前の広場で鳩がいて、絵はがき売りやその地方の土産物を売る露店が並ぶ所や、パリの街角で、露天で野菜や果物を売っている所でした。

なぜそんな所でホッとしたのかというと、裃を脱いだ裸の人間が太陽の下で露出できるからでしょう。そこでは人間が生きかえれるんですね。

——日本でも祭りの露店商や日曜市ではほっとしますね。

そんなことからも、ヨーロッパ文明の沈滞の原因は、一口に言えば、我が身を第一とする西洋哲学から出発し、石で固めた城で我が身を守ろうとして、かえって我が身を牢屋に閉じ込めてしまったからだと言えそうだという気がしました。

自然大学の夢

ヨーロッパを走り回って、ヨーロッパの光と影の両面を見てきましたが、最後になったパリでの、光の見える「緑の大学」の話をしましょう。

アメリカインディアンの大酋長の息子で、パリで自然農法をやっている男がいます。彼が「自然農法を見てくれ」と言うので、私は行ったんです。私の言ったように野菜などを混ぜ蒔きして、パリのど真ん中で自然農法を実行しているんです。庭先に、住居内で実行しているわけです。その彼が、私をエリゼ宮殿の方へ連れて行きました。これは、何しに行くのかと思ったら、私が「パリには木がない」と言ったので、「木がある所を見せよう」と、そこへ連れて行ったわけです。

行ってみると、エリゼ宮殿の近くで、木が繁った原始林みたいな所があって、そのなかに貴族の館みたいなものがありました。そこへ入っていきました。私は、彼がここの番人をしているのかと思ったんです。そうしたら、管理人でした。しかも、話を聞いてみると、「ここは『国際自然大学』を造る候補地の一つだが、ここでいいかどうか決めてくれ」と、私に言うんです。私は、占い師ではあるまいし、そんなことはわからない。けれど、そう言われたら何も言わないわけにもいかないから、こう言ったんです。

「日本で言うと、大きな木があったり、黒い土がある所に、神社仏閣をよく造る。土地の良い、肥えている所を好んで造る。ここに来て見ると、直径二メートル以上の大木が四、五本ある。これだけの木があるということは、少なくとも、百年、二百年たっている、歴史のある所だろう。しかも、フランスは全体的に土地が痩せているけれど、ここの土の色は黒い。日本で言う熊色の土だ。また、後ろに八町の原始林みたいなものが控えているし、これは理想的ではなかろうか。」

そうしたら喜んでね。そして、裏へ行ってみると、木を組み立てて幌をかけた、インディアンの小屋が森のなかにあるんです。彼は、時々、そこで寝るんだそうです。そして、私の生まれが水瓶座だと言うと、「この柱に触ってくれ」と言うんです。「触ったらどうなるのか」と言うと、「それがあなたの席だ」というわけです。「ここの大学は十二人の聖者で造るが、この一つの柱が星座で、触った所が、あなたの席になる」というわけです。ですから、「これで、あなたは創立者だ。いつ

国際自然大学の候補地

来ても、ここに座って、講義でもなんでも好きなことをやって、泊まってもらうんだ」というわけです。ですから、触っただけで、いつの間にか、そこの創立者の一人になっているわけです。おとぎ話のような面白い話です。

館には、貴族の部屋みたいなのがだいぶあって、しまいには、総ガラス張りの広間があって、磨きをかけた大きな円卓があるんです。「こんな鏡の間みたいなものは、ヒッピー大学には、いらんじゃないか」と、私が言ったら、「いや、将来は、ヨーロッパの五ヵ国、六ヵ国の首相級を呼んで、ここで会議をしてもらうこともあるかもしれないから、そのときのために、このくらいの部屋もいるんだ」と言うんです。「今日は、ヒッピーの王様の集まりのようだ」と私が日本語でいうと通訳の娘さんたちが大笑いしましたが……。しかし、一年経ったから、どうなっているか知らなかったのですが、最近手紙がき

て、国際平和大学という名で立派に発足しているというので、いや、驚いています。

聞けば、この男は、ドクター・ノーマン・ウィリアム（Dr. Normann William）といって、ユネスコで顔が利くんだそうです。「瓢簞から駒が出るという話もある。当てにしないで当てにしています」と言いましたが、通訳の娘さんは笑って通訳しませんでした。

平和大学といえば、インスブルックでのキャンプを主宰していた、アメリカのボストンで自然食の世界の指導者、久司さんが、夕食を御馳走してくれているとき、国際大学をやろうとしているという話を聞きました。久司さんは、もう実行にかかっていて、すでに建物も買い占めていて、写真も見せてくれました。大きな大学を一つ買い占めているのです。今の大学はダメだから、新しい構想の大学を造ろうと言うのです。それは、「自然」という言葉を使った国際大学を築こうとしているわけです。私に参加してくれないかという話がありましたが、「日本の百姓にそんな暇はないが……農業のことなど助言することがあれば喜んでしますよ」と答えました。今思うと冗談でなく、世界中で今の大学を批判する新しい大学が生れようとしているのかも知れません……。

四　パリの平和運動

私がオランダからパリに帰った日は、ちょうどオスロから出発した反核平和運動の一行がパリに到着した日でした。

この平和行進団は、最初はオスロの婦人四人が、「平和のために、何かしなければならないんじゃないか」と思ったのが動機で、ただ歩きだしただだけだったそうです。ところが、南下するにしたがって各国の人たちが行進に加わり、とうとうパリに入ってきたときは、多分八千人くらいにもなっているだろうと言われました。

その晩、通訳をしていた日本女性が、「インドの聖者たちも数人来ているから、話し合ってみませんか」と言うんです。行ってみると、街路に何千人かの人が到着して、思い思いに座りこんで、賑やかに話していました。大きな倉庫を改造したような会場に入ってみると、行進の労を労うという意味でしょう。ジャズ演奏していました。つかつかと演壇の指揮者に近づいた彼女が、何か耳うちすると、演奏をさっとやめて、私を招くんです。会場の人たちが拍手をして、「何か話せ」と言うんです。とっさでしたが、この外人たちの大らかな親しさで勇気が出て、私は壇上に立って、一時、平和と戦争の原点というようなことで話しました。

私は、大体こんなときは早口でまくし立ててるんですが、英独仏三人の通訳がユーモアたっぷりに通訳するので、間がとれて、かえって深刻な話もなんとかみんなに通じたような気がしました。話終わって下りてくると、インドの聖者と紹介された老人が抱きついて喜んでくれました。

何を話したかは忘れてしまいましたが、そんなことはどうでもよかったんです。異国の人々が出会って抱き合い、生きていることの歓びをわかちあうことができれば、それだけでよかったのです。

緑と平和――ヨーロッパ人と日本人

ヨーロッパは、みんな地続きで、いつ峠を越え国境を越えて敵の戦車が入ってくるかわからないような所だから、バタバタと金を儲けることはない、ということになるのかもしれません。「兵器で国を守るより、個人個人がしっかりと平和を守る哲学を身に付けていなければならないのだ」と聞きました。国を守り、自然を壊さず守るということが徹底している。しかし、生かすという積極性はどうなのでしょう。

だから、向こうで、木を植えなさいなんていう運動を見たことがない。植えるも植えないもない。切らないんだから、そのままでいいんだ。田圃のなかにも、緑の木が枝を広げ、一かかえもある大木になっていました。こんな木があったら、日本人だったら、すぐにケンカになる。それが、田圃の畦に枝を広げているし、日本とは、自然に対する考え方・守り方が徹底的に違うと思うんです。

日本人が守るというのは、自然の木を守るのではなく、身を守るためです。この頃、公害やなにやかや言われだして、急に、「守る」という言葉が、盛んに言われだしましたが、まだ、その意味が理解されていない。決定的に破壊しているから、「守る」という言葉が出るんです。

高速の自動車を造っておいて、ブレーキを開発して、安全運転、安全運転と盛んに呼びかけるのと同じで、ブレーキを造るより、ヨーロッパ人のように、乗らないように、できるだけ歩くように、遠い所だったら自転車で行くように心がけるのが先決です。

この前、ウチに来た五、六人の外人に「一遍、広島の原爆の大会に連れていけ」と引っ張られて、終戦後、何十年かたって、初めて一遍参加してみたんです。その行った連中が、帰りに、みんな、どういうことを言ったかというと、「結局、日本人は口先だけだ」と言うんです。「どうして口先だけだと言うのか」と聞くと、「原爆反対の言葉のキャッチボールをしているだけだ。態度を見たらわかる。広島の町を歩いてみたら、若い者が、電車が通っているのに電車に乗らないで、タクシーにすぐ乗って、二百メートル、三百メートルくらいの所を自動車に乗っていく。エネルギーのこれほどの浪費はない」と言うんです。

私は、原爆記念公園の裏の小さな公園で、みんなと一緒に寝ていたんだけれど、朝になると、そこへ子供がラジオ体操に来ている。それを見ていて、「やる気がない」と、みんなゲラゲラ笑うんですよ。「若い者を見ても、子供を見ても、参加章が欲しくて来ただけで、仕方なく手を振る真似をしているだけだ」と言うんです。

そして、原爆記念の会をして、お祭り騒ぎをするけれど、会が済んだら、すぐに市役所の役人が来て、片付ける。まだ、話も済んでいないうちに、片付けようとして追い出そうとするんです。遠くから来た人に、「帰ってくれ、帰ってくれ」と言うんです。何のために来ているのか、何のために会議をやるのか。司会者や大学の先生などが、開会の挨拶やら経過報告を、一時間も一時間半もやっておいて、そして、五、六十ヵ国から来た外国人には、発言の時間を二分間しか与えない。何のために会をしているのか、訳がわからない。「盛会になりました。何人集まりました」、そんなことばかりを自慢し、放送するんです。どうでもいいことばかりに一生懸命であって、外国の切実な訴えなど聞く暇もないというふうです。だから、帰りの船のなかで、「日本は、もう終わりだ」と、みなが言うんです。オランダから来た女の子が二人、ヨーロッパから来た男性、アメリカから来た娘、それから、ニュージーランドから来た農夫、そんな人がおりましたけれど、「どう思うか」と言ったら、みな、「期待はずれで、絶望した」と言うのです。

ヨーロッパの心ある人たちが、「武器を持つ者は、武器によって滅びていく」とキリストが言ったことを、絶対に間違いのない真理だと思っているのに対して、武器を持ち、武器を蓄積すればするほど、自分を確実に守れるように単純に思っているのが日本人です。自分を守るための武器は、自他に恐怖心を与える材料となる。「専守防衛」は、裏から見れば、徹底的な攻撃になる。守るというと攻めるのとは違う、盾と矛とは別物に見えるけれど、右手と左手であって、「右手でさすっておいて左手で殴る」というのと同じです。だから、それを分割して、盾と矛とに分けて見ることが、すでに「矛盾」になっている。それが矛盾のスタートになっているだけなんです。しかも、矛と盾を論ずれば論ずるほど、エスカレートして、矛と盾が強大になる。まだ、裸で相撲を取って勝負をつけるほうが良かったぐらいなんです。強大な武器を持って争えば争うほど、激しい戦争になってくるんです。さらに、巨大な兵器を造れば造るほど、巨大な惨劇を引き起こす原因を作るだけのことでしかない。初めのうちは、人間が武器を造り、人間が武器を使用したり、コントロールもできた。現在では、ロボットが武器を無限に造り、人間を支配するようになってきた。ロボットが武器を使い、コンピューター操作で戦争を惹起するようになる。思わぬことから、戦争になるわけです。

とにかく今は、武器が独走するようになっている。武器が人間を動かすようになっている。大人は、格好のいい「宇宙戦艦ヤマト」や「ガンダム」なんて、漫画ぐらいに思っているけれど、あの格好のいい漫画が、もう、子供を徹底的に教育している。漫画も、テレビも、出版社も、何も知らない子供をねらって儲けるのは結構だが、そんな甘いことを考えているうちに、徹底的に軍備教育をされた子供が何をしだすか。それが、どういう結果になるか、誰も責任を持たない。「みんなが自由にやっていることだ。みんながどうやってもやむをえないじゃないか」と、ワイワイ言っているのが、日本の現状でしょう。

この頃、外国人からよく、「日本人よ、いい気になるな。やっぱり、おまえのところが最初に不沈空母かどうか、米、中、露三方面から原爆でフクロだたきにされる所だ」という発言を聞かされました。

――二度あることは三度ある。広島と長崎の次は……そんな所はもうどこにもないでしょう。平和憲法をもち非核三原則を宣言し、平和な理想郷を願っている日本が何故どうして憎まれ戦争に巻き込まれねばならないのでしょうか。

ヨーロッパを巡ってきて、今、私は次の様に反省しています。日本人の本質を真剣に検討しなければならない時が来ているように思うのです。

私は、西欧人の欠点を見てきましたが、その欠点は、反転すると、よい点にもなるのです。西洋人は自我が強いが、それで自己を愛する哲学に徹底することもできます。

集団の中に巻きこまれて、自己を見失うようなことがなく、どこまでも自己の責任で、我が道を守り、新しい道を切り開いていくという独立心にもなります。

日本人の欠点は、子供の時から、愛情豊かな家庭の中で育てられてきたため、親の思いどおりになる素直な子供ができているようで、その裏面には、無責任な、貴方まかせの性格が養成されているといえます。

そのため、外見は、他人への気くばりが上手で、世間に対しても従順で、協調性があるように見えます。そして、「出る釘はうたれる」「長いものには巻かれろ」「お上には勝てない」。この観念が、平均的日本人の世渡りの秘訣になっているようです。しかし、この鬱積した鬱憤が集団の中で爆発して、付和雷同、旗ふりの言うままに行動して、なんでもしでかすことにもなるのです。「みんなでやればこわくない」。お花見どきの乱痴気さわぎになり、恥も外聞も忘れて暴走することにもなるわけです。

日本人は、菊を愛する善人であって、指導者次第で、いとも簡単に兇暴な兵士にも変身できるのです。礼儀正しく、高潔な精神をもち、宗教心にも厚い民族と、自他ともに認めてきましたが、現状はどうでしょうか。

宗教心と寺社祭りを混同し、観光化した盛大な宗教行事に参加して、宗教が復活したかの様に錯覚し、宗教家は裏で、金と権威の獲得に狂奔しているのが事実でしょう。

哲学者も哲学者で、多様化した価値観を基盤にして、情勢を的確に判断せねばならないなどと、もっともらしい論説を発表して、お茶をにごしていますが……。価値観の多様化とは何か、世間の支離滅裂の価値観を統括するのが、哲学者の使命であったはずでしょう。絶対の価値観は一つしかありません。それを明確にするのが哲学だったはずです。

私が一番恐れますのは、日本人は、わずかの特定の人を除き、もともと宗教的風土・心情はあっても、確固とした宗教心はなかったのではないかということです。

もともと神仏一体となって発達してきた神社と仏教が、神仏混交と言って排斥されると、一変して分離して、何の不審もいだかない。

神社は宗教でない、民族の風習・慣行に過ぎないなどとの迷説がもっともらしく流されると、それもそうだと、いいかげんのまま受け入れて忘れてしまう。そんな宗教だから、国家や権力者の意のままに利用されたり、悪用もされるのでしょう。もともと、日本人は仏教でもキリスト教でも、回教でもなんでもよかったともいえます。宗教的確信は何もなかったことを自ら証明しているともいえるでしょう。

このことは、日本民族が、宗教・宗派を超えた宗教を志向する可能性を秘めていることだと言えないこともないのですが、実情は反対に邪教の混迷の中に埋没して、脱出できなくなっているだけです。

宗教心を見失った民族の倫理観や道徳論が、常に転々と水草のように浮遊して、転落してとどまるところがないのは当然でしょう。

今、日本は、急速度にアメリカナイズされ、退廃の文明に突入しています。五〇%の離婚率、五万人の児童誘拐事件などの報道が異常でない、アメリカの異常さに追従している日本はどうなるのでしょう。

ヨーロッパ人は、キリスト教精神が、まだまだ残っていて、アメリカナイズに抵抗していますが……。

世界各国の人から、物質万能のエコノミックアニマル・働き蜂とさげすまれても、その意味がわからない日本人……。

暴走する科学のお先棒をかつぎ、先端技術の名に酔って（先端技術は末梢技術）、乱舞している今の科学者……。

平和の看板をかかげながら、産軍一体となった死の商人への道を、しゃにむに推し進める危険な政治家、それを支援する大衆……。

平和のメッセージ

昔、ルーズベルトさんに、手紙を書いたことを想い出しているのです。ちょっと見て下さい。

――もちろん、返事はこなかったのでしょう。

そうです。だのに今また同じような手紙を、しょうこりもなく書こうとしているのですよ。四十五年も前のことでしたが……。当時、日本軍が中国に侵入を開始していて、ルーズベルトさんが、これを阻止しようとしていたのです。日本軍が中国から手を引かねば、石油ルートを遮断するとも言い、日本軍は、座して死を待つより、戦って生きようと主張し、せっぱつまった空気でした。

若かった私は、戦争の足音が近づく恐ろしさと、その矛盾、人間の判断の錯誤について、私の考えを述べて、米国大統領の善処を求めたら、万に一つの望みだが、戦争への突入が避けられるかもしれないと考え、高知新聞の記者に托し、ルーズベルトさんに手紙を書いたのですよ。

私も若かったんですね。もちろん、届きませんでした。

私は今、再びこの歳になって、当時と同じ想いで、同じことを綴ってみようとするこの頃を悲しく思います。

ムダと知りながら、最後の手紙と思って書く、この老農夫の心を、米ソはじめ各国の首脳は汲んではくれませんかね。

昔と同じ様な公開質問状です。

(1)　キリストは〝武器をもつ者は、武器によって亡ぶ〟と言われたが、これは単なる夢想家の願望にすぎないとお考えでしょうか。

世間では、貴方は今右手に核兵器をふりかざし、左手で戦略食糧を世界中に送りこんでいると言われています。

この姿勢で、貴方は世界を救う正義の味方になれるでしょうか。武器で世界の信頼がつなぎとめられるでしょうか……。東洋では、食のうらみほど深いものはないと言われます。食糧を戦略兵器として使えば、全世界の人々のうらみをかうことになるでしょう（今貴方は食糧の自由化を日本に迫っていますが、日本の農民のいきどおりを、貴方はどれほど我が痛みとして感じておられるでしょうか）。

武力や戦略で、世界に平和がもたらせられると考えることこそ、痴人の夢ではないでしょうか。歯には歯を、憎しみには憎しみをもって答えるしかないと思うのが、人間の悲しい宿命・業でしょう。

武器で平和はかちとれないというのが、歴史的にみても鉄則でしょう。

(2)　生物進化論的視野に立ち、弱肉強食が、この世の習いであり、優勝劣敗による自然淘汰は当然だと考える考え方は錯誤に基づくことを指摘したいと思います。

何故なら、自然本来の姿は弱肉強食でも、共存共栄でもありません。巨視的に見れば、自然界には、単に食物連鎖の摂理があるのみで、生々流転の生き方・運行が実施されているだけでしょう。私は、真の自然には、強者もなく、弱者もない、永遠の勝者もなく絶対の敗者もないというのが、実相だと思っています。

したがって自然淘汰が自然の掟と勘違いし、人類発達のためには、優勝劣敗を常道と信じ、兵力を蓄え、他に勝ち、生き残りのために努力するのも当然だとする考え方は許されません。他の生物界にはなくて、ただ人間界のみにある戦争というのは、自然界の本来あるべき姿でなく、単に思いあがった人知に出発した愚行にしかすぎないといえるでしょう。

いつでも、どこどこまでも戦争の正当性を理由づける根拠はないということです。

(3) 過去も現在も、人類の歴史は、つねに平和と戦争の間をさまよい、戦乱の恐怖に曝されていますが、戦争の引き金は、国家の利害、正邪、愛憎の総合的な判断の差異によって惹き起こされるでしょうが、貴方はこれら人間感情の正否の基準をどこにおいておられますか。

不変・不動で、世界に通用する善悪・正邪の判断の基準は、人知によって下さるべきものでなく、利害の対立といっても、人間は貧富を計る絶対的計りすらもっていないはずです。

最後の判定は、神の審判というか、自然の掟に従うしかないと思われるが、いかがでしょうか。

(4) 指導者の責任をどの様にお考えでしょうか。

平和は全世界の人々の願いでありながら、戦争は、常に指導者といわれる一部の人たちの思慮分別にゆだねられているというのが、歴史的事実でしょう。

一国の底辺にいる貧しい人々や愚かといわれる農民たちが、戦争を引きおこした例はありません。多くの人民は、指導者の深謀・分別に期待しているのですが、人間の分別知は、本来無明の知恵にすぎず、矛盾を解決する手段にはなりえないことを、貴方はお考えでしょうか。

人知を深めるにしたがって、ものごとが明白になってくるのではなく、謎を深め、混迷の度を増すだけのものでしょう。

指導者が、熟慮し、深謀、術策を弄するに従って混迷は深まり、疑惑の雲は広がり、疑惑は恐怖となり、恐怖は憎悪の感情にまで発展してゆくでしょう。

理性ある思慮、分別による会議など、これをいくら積み重ねてみても、歯には歯、目には目の感情、武器には武器をという果てしない競争心理の拡大を防止することができないのはそのためです。

人間は人知によって発達し、今人知によって滅亡しようとしていますが、この期になってもなお、人知にその救いを求めようとしています。

しかし救いは、その人知をすてる以外に道はないとはお考えになりませんか。

今ほど、人知を超えた仏陀の叡智、愛と憎しみを超えたキリストの大愛に生きるしかないと思われる秋《とき》はありません。

もう明日は人知では許れません。

指導者とは救世主でなければならない秋が近づいている様に思えてなりません。
(5) 物質文明の世の中になって、もう人間は経済生活の豊かさだけを求めて狂奔し、利害の対立だけにしのぎをけずっているとしか見えません。
もちろん、それは、物質的豊かさが、人間の歓びと直結していて、幸せの源泉になると確信しているからでしょう。

誰でも、死の商人となるよりは、平和の使徒となることを願うはずだのに、貴国はなぜ、歯止めなき兵器・核の開発に血道をあげ、全力投球するのでしょうか。無力な平和の使いとなるよりは、死の商人と結託してでも、力ある国家、覇者の道を願うからでしょうか。とすれば、それは人間にとって、まったく危険なカケとなるでしょう。

人間の真の歓びは、物質から湧き出るものではなく、幸せは外から与えられるものでもないからです。むしろ、神から遠ざかる道に他ならないからです。

心驕れば宮殿の山海の珍味も味気なく、ソロモンの栄華も一茎の百合の花に及ばないことは古来から聖賢によって説かれている所で、一物もなくても、野に花あり、鳥鳴けば、幸せは十分といえるでしょう。

むしろ、富国・強兵の思想こそ、真の歓び・幸せを国民から奪う最大の敵というべきでしょう。国が富めば、民は驕って堕落し、兵が強くなれば権力をもって、国民の自由を奪うだけでしょう。真の賢者や勇気ある者は、富や兵を必要としないというのが本当で、心が豊かでなければ、いくら富を蓄えても、城を高くしても安眠はできないでしょう。

国を守れば守るほど、国は弱くなり、敵を求めて攻撃すればするほど、敵は強大になり、平和と自由は遠ざかるばかりでしょう。

(6)　政治の要を貴方はどのようにお考えでしょうか。東洋の聖は、中庸の道とも言っています。不動の中心に立つということだといってよいでしょう。

この世を相対界と見る西洋哲学や宗教観からすれば、この世は矛盾の世であり、その矛盾を解くカギは、左右両者のバランスをとりながら、その中央を歩むことだと考えているのではないでしょうか。そのため、西欧ではよく論議《ディスカッション》し、調和を図り、合議に達することを目ざしているように見えます。

しかし、この弁証法的思考から導き出される中央の道は、東洋人の言う中道ではなく、中途半端以外の何ものでもありません。

なぜなら、東洋哲学では、この世の実相は、相対界ではなくて、時間と空間を超越して存在する絶対的無我の世界であって、本来、右もなく左もない、いわゆる時空を超越した真空の立場に立った者のみが知る絶対普遍の立場、強いて言えば、神の立場こそ、政治の大道となりうるものと考えているからです。

相対的立場から、対話・提携の道をさぐろうとすれば、道は不可能に近い遠い路のりになるでしょう。

しかし、まず己れから、神の立場に立ち、心を開けば、合議も対話も、最早必要ないでしょう。ローマにも、ロンドンにも、自然に開かれているシーレーンを自ら手で閉ざす愚はしないでしょう。武器でおどすより、むしろ北の国、南の国の人民すべての人々を、一度米国に招待してみたらどうでしょう。

イワンの馬鹿も、ガンジーも、アメリカの農民も本来一体であることが証明されるでしょう。敵と思うのは、我が身の幻影であり、矛盾は、一枚の紙の表裏に過ぎなかったことが悟れるでしょう。

悪鬼の剣も、赤子の手には立ち向かえません。裸の子供に刃物はかえって危険です。素手こそ最大の武器といえるでしょう。

欧米では今、バターか大砲かの選択が迫られているのではなく、キリストの心に従い、人は何で生きるかを、真剣に考えねばならぬ秋《とき》が来ているのではないでしょうか。

(7) 私は、今、非常な不安にかられています。というのは、物質万能・科学過信の時代に突入して、急速に人間が、精巧なコンピューター機械に変身しつつある現状です。

生命科学者は、生命の根源が遺伝因子のなかにあると見て、それを解析することで、人間を単なる情報の伝達機関にすぎないと見だしたということです。

子供の偏向教育を親や先生が心配する時代はまだよいでしょう。今度は、心配ごとはすべて、コンピューター・ロボットが人間に代って処理しようとしているのです。

核兵器のボタンを最初に押す勇気をもった人が、今いるでしょうか。あらゆる情報を統括し、誤りのない判断を下せる能力は、もはや人間にはない。とすれば、その責任を、コンピューター・ロボットの手にゆだねるしかないでしょう。このとき機械は、人間以上の判断を下すでしょうか。コンピューターは、所詮プログラムした主人の忠実な番犬以上のものにはなりえないはずです。それにもかかわらず、コンピューターによって処理され、放出される情報の束は、単なる情報の受信装置となった人間の頭脳に、ストレートに浸透し、コンピューターが人間に命令を出し、操るようになるということです。

さらに問題は、生物工学《バイオテクノロジー》の急激な発達です。人間の生命の真の意味も、人間の目的も知らない生命科学者の手によって、生命のコンピューター・プログラム化が進められている点にあります。

コンピューター情報や、遺伝子工学によって造られる新生物が、なぜ人間の禍いの基になると、私が断定しうるかといえば、それは次の理由によるものです。

カントは、人間の思考や、様々な基本的概念は、すべて時間と空間という先験的基本形式（概念）の上に組み立てられるといっていますが、コンピューターも当然時間と空間の概念の上に組み立てられたものにすぎません。ということは、時空を超えた立場で判断する神の判断・目的とは根本的に異なった、錯誤の判断を下す機械にすぎないといえるわけです。

また、遺伝子組替えなどによって、生物学者がどんなに優れた生物を造ったとしても、それは効率第一の生物であったりして、広大無辺な神の立場を超えた完全な生物が創造できるわけがありません。

今、科学者は、神に代って万物の造物主になりうるように錯覚していますが、どんなにもがいても、人間が造った超人や新生物は、どこまでも、時空の概念の領域の中に閉じこめられた不完全な生物であることを免れることができないでしょう。

私の心配は、もし万一貴方が、情報の洪水に沈没して、死の商人の手から脱出することもできず、科学の暴走に歯止めもかけられなかったら、人々は誰に救いを求めたらよいのかということです。

神を自ら見捨てた人間は、もう神の下にも復帰できません。このまま宇宙の孤児に転落してゆくのでしょうか……。

私の心配は杞憂に過ぎないのでしょうか。私の考え方は間違っているのでしょうか。お教え願えたら、望外の喜びです。

この手紙は、まだ続くのですが、誰か翻訳して送ってくれませんかね。私は、ペンの空しさを知りながら、麦刈りの合い間にこのメッセージを書き続けているのです。

第四章　日本の自然と農業の崩壊

一　松枯れにみる自然の崩壊

——この五年か十年ほどの間に、日本の松枯れが、全土に広がりました。昔、赤松亡国論がありましたね。松が生えると土が痩せるという説です。今、松が枯れて、広葉樹林に代わる時期が来ているのだから心配することはないというういわゆる「植物遷移説」をとなえる学者もいるそうですが、本当に大丈夫なんでしょうか。

自然が正常で自然に遷移したのであればいいのだが、日本の急激な松枯れは、単なる一病虫害の被害というような現象でなくて、全く異常な自然の狂いとしか言えないような事態だと私には思えます。

私は、今地球的規模で自然は狂い、土壌微生物界に異変がおき、菌根菌の松茸が死滅してしまい、そのため松は生理的異常となり、病虫害に侵されやすくなり、あっという間に全滅するという事態になったのではないかと思っています。

私は、六、七年前、みかん山の周囲の松がばたばた枯れる異常な光景に、いたたまれない気になり、老人の冷や水と知りながら、「昔とった杵柄《きねづか》」と、古い顕微鏡をもち出し、山小屋をにわか研究室にして、試験管やペトリ皿を集め、殺菌器はセイロ、室温器はコタツを利用、病原菌の純粋分離も培養もいろり辺でというふうで研究したのです。

――科学を否定している福岡さんが、なぜ、そういう研究をされたんですか。

そうですね。三ヵ年間は、朝起きて日が暮れるまでは、顕微鏡とにらめっこ、昼食も食べたり食べなかったり、夜は自宅に帰り、三時から起きて、文献しらべなど、いやはや今思うと、なんであんなに夢中でやったのかと思います。

松枯れの研究をして青年たちに叱られててれている著者

しまいには、山の青年たちの中にも不平がでて、「私たちは自然農法を学びにきたのに心外です。松を切ったり、根を掘ったりの手伝いばかりでは」と言う娘さんもいましたよ。

――その時、どう答えられたんですか。

宮沢賢治じゃないが、病人がでたら見

舞いにゆく、稲やみかんに虫がつけば心配する、山の松が重態だから見舞っているだけだ、と弁解したりしましたが……。

幸い、手近に松の材料があるので、色々調べてはみましたが、山小屋の百姓実験には限界があります。

――それでも、『朝日グラフ』に載ったり、筑波大学の学会で報告もされたのでしょう。

「そんな説もあるのか、聞きおく」という程度で、一つの情報を提供しただけに終わりました。

――その後研究は中止しているのですか。

そうです。プッツリと。私の役目は最初から研究が目的でなく、病気見舞いにすぎず、一つの警告を出せたらもう十分です。第一もう手遅れでしょう。

――松枯れ問題が終わっているとは思えません。松枯れが、砂漠化の前兆だとしたら、なおさら、再検討する必要があるのではないでしょうか。

じゃあ、次のレポートでもみて下さい。

日本の自然を守れ
松枯れは砂漠化の前兆
果たしてセンチュウのせいなのか？

原因説に多くの疑問

日本列島の松枯れは、ここ数年の間に激化して、惨状は目をおおわしめるものがある。もちろん、松枯れの原因や対策については、関係機関の研究も多く、万全を期しているはずである。しかし、松枯れが食い止められる見込みはほとんどなく、その根本的原因についても、疑問の余地がないとはいえない。

今松枯れの原因については、マダラカミキリ虫が松に産卵するために新梢に飛来して松の枝を食害する際、その体中に潜伏している材線虫（ネマトーダ）が松の体内に移動して急激に増殖し、短時日（約二十日）の間に松を枯死せしめるものとする説が支配的である。国では、この線虫説に従ってこの三ヵ年、特別立法で全国の山林にカミキリ虫駆除用のスミチオン剤を六月に空中散布して防止に努めているが、松枯れ現象は停止せず、ますます猛威をふるっていて、このままでは日本の松の潰滅は時間の問題と思われる。

関係機関を信頼して傍観者であった私も、ついいたたまれない気になり、ささやかな調査をしてみた。何らかの参考になれば幸いである。

センチュウ侵入機構のナゾ

過去数十年間、松枯れはキクイムシによるとされていたのが、昭和四十五年に九州熊本林業試験場の徳重、清原氏によって、松枯れはセンチュウによってひき起こされるとの新説が出され、一挙に解決するかのようにみえた。

しかし、センチュウ説が出たときから今もナゾとして残るのは、センチュウを接種すると松は枯れるが、どのようにセンチュウが松の木質部に侵入し、何を食べて繁殖するのか、そのメカニズムがいまだに解明できない点である。特にセンチュウが侵入してからの十日間ほどがナゾであるということは、林野庁の伊藤氏の書に明記されており、また、私は一昨年秋、その跡をついで研究しておられる真宮氏及び清原氏と面談して、いまだにそのナゾが残ることを直接確かめることができた。問題は既往の研究で、虫は一日で一メートル上下移動し、十日もすれば数メートルの木の全身にはびこる状況が図示されている。

しかし、侵入経過は即日法で、直接検鏡〔顕微鏡検査〕確認された事実ではなく、いわゆる据え置き法で、供試材料を放置しておいて、後に誘出法でセンチュウの存在を確認したのである。

これは、いわば間接的な状況判断で、清原氏も直接的には一センチの侵入が認められるくらいだといわれている。

生体木材や殺菌木材を培地（飼料源）としても、センチュウが増殖しないことなどからみても、センチュウ侵入の根拠には、なお疑問の余地があると思われる。

センチュウの食飼源のナゾ

一般にセンチュウは、糸状菌を食べて繁殖するが、マツノザイセンチュウは何を食べて繁殖しているのかが、まだ不鮮明といわねばならない。林野庁の研究室では、センチュウは、最初木材の仮導管の柔細胞を食べて生きるようだと説明しておられたが、まだ確証は得られていない。同小林氏らの報告誌では、健全松の材中にセンチュウのえさになるペスタロチア、ボトリチス、ペニシリウムなどがすでに侵入していて、センチュウのエサになる可能性があるといわれているが、私が純粋分離を試みた結果では、真に健全な松材の中は無菌状態であった。すなわちセンチュウが健全な松材中に侵入しても、短期間に激増するに必要な飼料源はみつからなかった。

センチュウの系統と寄生力のナゾ

最近、マツノザイセンチュウに種々の系統があり、寄生力に強弱があるといわれだした。京都林業試験場や京大では寄生の強弱の二系統を、九州の清原氏はさらに多数の系統を検出されていた。こうなると既往のセンチュウ接種の成績も、再検討せねばならなくなる。寄生力の弱いセンチュウしかない所でも、松は激しく枯れるのである。

被害木調査

私は五十三年夏、愛媛県の伊予市内と松山市周辺の約百ヵ所の樹齢二十～三十年生の枯れ松百本と、多数の若齢木の各部の切片を、採取直後、検鏡により、また営林局で行なっているような誘出法によって多少のセンチュウを検出できたが、その成績は予想以上に不ぞろいであったことに疑問を持ち、次の調査をした。

昭和五十三年～五十四年の調査成績

場所＝伊予市大平堂ヶ谷。十六年生赤黒松林、約四十アール。この地域は、昨年、三十年生松に松枯れが発生し始めた所に隣接した所で、当年は急激に松枯れが起きた所である。

材料＝A地区百本、B地区六十本を伐採し、外見上健全なものと、わずかに先端の枝葉が枯れ始めたもの（一～三分枯れ）、黄変萎凋《いちょう》し始めたもの（四～六分枯れ）、褐変《かっぺん》枯死直前のもの（七～十分枯れ）に分類して、各根元、中央部、枝梢《ししょう》部の三ヵ所から材料を取り、検査した。

方法＝供試材の健全度を樹脂（松ヤニ）の浸出有無で計り、腐朽菌の病斑と、センチュウの有無を誘出法で調べた。その結果は第一表（一八八頁）の通りである。

考察＝① 外観上、まだ緑色を保っている健全木とみられるものの三〇％の木で、すでに樹脂の浸出がみられず、またその四〇％の木には腐朽菌がすでに侵入していた。また五％の木からセンチ

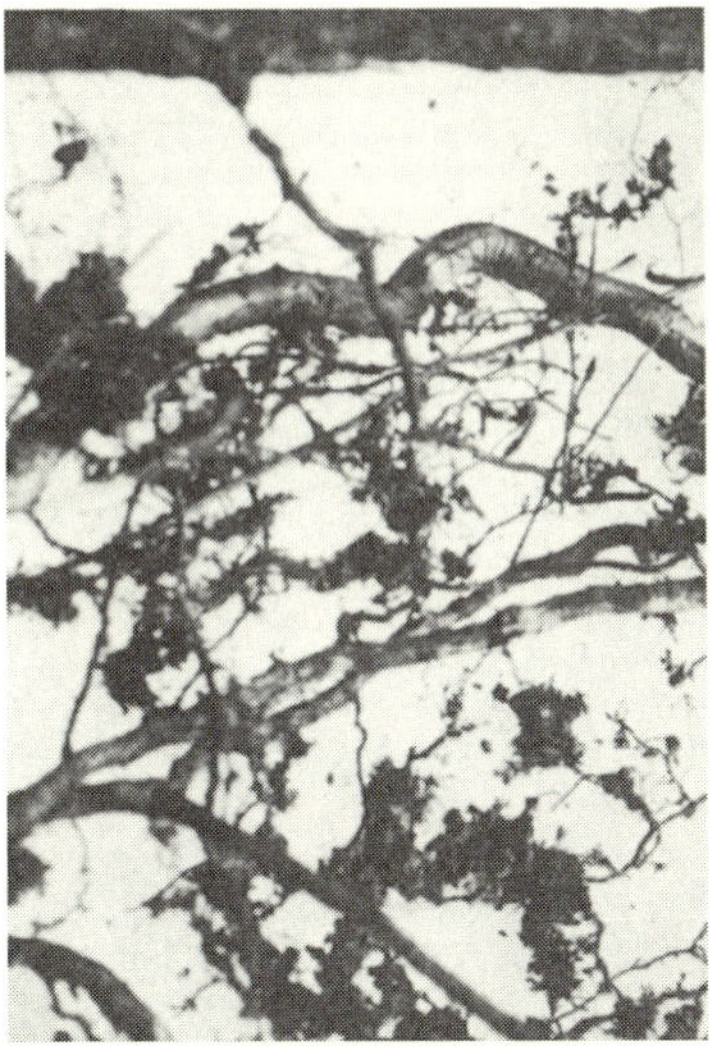

根腐れ菌でマツタケ菌は絶滅

松の根腐れ菌とマツタケ菌

虫を完全遮断しても松は枯れる

ュウが検出されたが、これは皮つきのままの材料を用いた場合で、外皮部をとり除いて再検査してみると、センチュウは検出できなかった。要するに、一見健全とみえる松の中で、三〇〜四〇％がすでに生理的に異常をきたし、腐朽菌の侵入しているものがあったということである。

② 松ヤニがなくなり、樹勢が低下するに従って、腐朽菌の被害率は増大している。

③ センチュウは、半枯れ以上の木から多く検出されたが、腐朽菌の被害菌の被害率より少なく、腐朽菌がいない木は、センチュウが単独でいることはまずない状態であった。

④ 以上の状況から判断すると、松枯れの最初の徴候は樹脂浸出停止であり、センチュウや菌の侵入前はこの異変が起きていない。次に腐朽菌の侵入、センチュウの寄生と続くものと考察される。

接種試験

① 人工接種

方法＝営林局で実施している方法に準じ、大木は五ヵ所、苗木は一ヵ所、数千匹以上のセンチュウを接種した。

結果＝接種木は外見上健全なものを選定したのであるが、試験地の木は、一ヵ年で急激に異変をきたし、標準区のものも枯死したため、センチュウ接種による枯死かどうか不明に終わった。山掘り苗木も同様、明らかな結果を得なかった。

根が健全で、旺盛な生育をしている山畑の庭木に接種した場合は、異変が全く起こらないことから、センチュウは真に健全な松には侵入しないものと考えられた。

② **自然接種**

枯死材に侵入加害、越冬しているキクイムシやカミキリムシが翌春、被害木から脱出して松に飛来し、食害、産卵する時にセンチュウが媒介されて侵入することを確かめるために、次の試験をした。

方法＝山畑にある五年生の庭松の間に、松枯れ材（センチュウと腐朽菌のいる材）の大木（径四十〜六十センチ）を半埋没し、その上からナイロン網で被覆した。

結果＝枯死が予想された網被覆の中の松は枯れず、無被覆区の二本が枯れた。この二本には、腐朽菌とセンチュウの寄生が認められたが、根の腐朽も激しく、枯死の第一原因が根にあることをうかがわせた。

小試験ではあるが、枯死木材が松枯れに関係することがわかった。しかし、カミキリムシがセンチュウを媒介して松を枯らすということは実証できなかった。

木材腐朽菌

センチュウの調査をしてみる時、衰弱した木や、枯死木を伐採して調べると、ほとんどの木に腐朽菌が蔓延《まんえん》している。すなわち、枯死前にすでに木の三分の一〜半分以上の部分が腐朽菌に侵されており、伐採直後の切り口には青黒色の放射状、または類似の斑紋がみられるのが普通である。

その病徴は、松の葉が赤変、褐変するまで外観的には異常がなく、ただ木材の材質部に病徴が現われる。すなわち、材質部が糸状菌に侵されて異変し、切り口では放射状の斑紋となり、板材にすると長い流動形の青変材となる。材質はきわめて軟弱となり、建築材としての価値がほとんどない点は、古くからあった青変材とは趣きが異なっている。

なお、切り口の腐朽斑が放射状になるのは、樹脂導管が放射状になっていて、黒変菌がこの部分に集中的に寄生しているからである。また、この樹脂導管に糸状菌を食べるセンチュウが集中してみられるのも当然であろう。

今まで、マツノザイセンチュウが樹脂導管に充満して繁殖するため、水分の上昇が阻止されて、松がしおれるといわれているが、これは腐朽菌が先行して、樹脂導管が破壊され、このカビを好餌《こうじ》として食べるセンチュウが、後から侵入し、寄生したと考えるのが妥当ではなかろうか。

腐朽菌の分離

前述のように、松枯れ地帯では、まだ健全木と思われる木において、すでに生理的異常があり、また材の切り口に黒変菌等がみられることから、腐朽菌がセンチュウのえさとして松枯れに関与するとともに、直接松枯れをひき起こすことも考えられたので、松枯れに関与すると思われる菌を分離した。

方法＝枯死直前または直後の木材の幹または枝及び根を採取し、その心材部及び辺材部から、主として夕マネギ煎汁寒天培養基を用い、純粋分離し、皮部や葉枝の表面部から分離されたものは省いた。

なお、細菌類や放射菌、キノコ類は直接松枯れを起こす可能性がないとみえるので捨て、糸状菌のみを分離し、接種試験を行ない、寄生能力を持つ可能性のあるものを重点的に調べた。

その結果は、第二表（一八八頁）の通りで、計十六種の糸状菌を分離できた。

病原菌

木材の腐朽菌として古くから知られる西門、山内両氏による青変菌類三系統の他に、日本では発表されていない菌が数多く分離されたので、まだ十分な調査ができていないが、これらの菌の中に寄生力の強いものがあるのではないかと追究中である。

ただ、従来の青変菌による被害木材と比べ、これらの菌による被害木は、その病徴に相異があり、特に材質を破壊することがはなはだしく、軟化して建築材とならないことから、病名を区別しておく方がよいと思われるので、一応レプトグラヒューム系のものを黒斑菌（病斑は旭状放射斑）、アルタナリア等によるものを黒変菌（線状放射斑）としておく。

腐朽菌の種類

木材から腐朽菌を分離してみると、古くから知られていた青変菌三種の他に、今までに日本で報告されていなかった数多くの菌が検出された。

第一表　供試材の健全度と腐朽菌（黒変菌）の有無

A区（16年生黒松、９月13日調査）

	健全松	1～3分枯れ	4～7分	8～10分	計
供試本数	38本	18本	12本	32本	100本
健全度	26（68%）	9（50%）	1（8%）	1（3%）	37（37%）
黒変菌	15（39）	15（83）	12（100）	31（96）	73（73）
センチュウ	0（0） 2※	2（11）	8（66）	18（56）	28（28）

※――皮部より検出

B区（16年生黒松、10月８日調査）

	健全松	1～3分枯れ	4～7分	8～10分	計
供試本数	5本	17本	15本	22本	59本
健全度	5（100%）	11（64%）	2（13%）	0（0%）	18（30%）
黒変菌	0（0）	4（23）	11（73）	22（100）	37（63）
センチュウ	0（0）	3（17）	9（60）	20（91）	30（52）

（注）　表中の数字はすべて供試本数の内数を示す。健全度は松ヤニの浸出で判断した。しかし、検鏡してみると黒変菌などを発見した。(　) 内は供試本数に対する割合。

第二表　松枯れに関与する糸状菌

分類		菌名	菌名		研究者	病原性
木材腐朽菌	子のう菌類	青変菌	1セシトシスチオ	イプス	西門、山内	寄生能力無
			2　〃	マイナー	〃	〃
			3　〃	ビスエ	〃	〃
			4　〃	コエルレア		〃
			⑤セシトシスチオ	プルリアンヌラタ		寄生力調査中
			⑥　〃	ミニリフォルミス		〃
			⑦　〃	NS. 長首菌	福岡	〃
		黒斑菌	⑧レプトグラヒュームジャポニカ		青島	〃
			⑨　〃	NS. イガグリ菌	福岡	〃
			⑩　〃	NS. 坊主菌	〃	〃
	不完全菌	黒変菌	⑪アルタナリア	NS.	福岡	寄生力調査中
			⑫無胞子菌			〃
			13ディプロディア	マクロフォーマ		二次寄生菌
			14ペスタロチア、ボトリチス、青カビ菌等			二次寄生腐朽菌
根腐れ病		根腐れ病	⑮セノコクム	グラミフォーラ		菌根菌腐朽菌
			⑯黒色菌			根腐れ菌

備考：①○印５～12，15～16は日本での記録がなく、外材から伝播、侵入したものと思われる。
⑤５～12の菌の活物寄生能力は弱いが、なお検討中である。
③ NS は新種の意。

青変菌類の中に二〜三種類があり、第二表の中の⑦は、子嚢殻《しのうかく》の首がろくろ首のように長く一〜二ミリもあり、いがぐり状のもの・坊主状のものなどがあり、これらの寄生力についても検討の余地があり、接種して観察中である。

黒斑菌類の中にも未調査の系統のものが数系統あり、寄生力について検討中である。黒変菌類の中では、アルタナリア菌と無胞子菌の一種が、松枯れと関係が深いようにみえる。

"黒線菌"に注目

黒変菌の一種、アルタナリアは腐朽部の菌糸や胞子から容易に分離培養ができる。ナシのコクハン病、野菜やカンショのコクテン病と類似のものであるが、胞子の大きさや寄生性からみて、別種のものと考えられるので、一応アルタナリア・ピヌスとし、和名を黒変菌としておくが、なおよく検討せねばならない。

松の腐朽菌としては、西門、山内氏による青変菌があり、病徴は似ているが、菌はセラストメラでマツクイムシの被害木から黒変菌同様に検出され、混生することも多い。

しかし、青変菌よりは黒変菌が先行しているように見えたので、くわしい調査はしなかったが、健全木に対する寄生力は少ないものと思える。

健全な松に菌を接種すると、傷口はただちに松脂（松ヤニ）が充満し、黒変菌の侵入を許すようにはみえなかったが、一ヵ月後には数センチの範囲に油浸状の斑紋ができて、わずかではあるが胞子の着生をみた。また、根部では外皮が黒変、コルク化していく。

本菌の寄生能力は活物寄生的には強いものではないが、衰弱木ではかなり急速に進展して、松を枯死に導くこともあるのではなかろうか。いわゆる任意寄生菌特有の性質を持ち、場合によっては恐ろしい病原菌となる危険性を持つ不確定性黒変病といえるようである。

現在のところでは、後記の根腐れが先行して生理的に異変となり、限界がくると、マツクイムシやセンチュウ、黒変菌などの集中攻撃を受け、夏の乾燥時に松がトン死することになると思われる。

菌の侵入部位

この腐朽菌の侵入部分を知るため、木材腐朽菌の病斑が立ち木のどの部分に多いかを知ろうと、松を玉切りして調べた。

供試本数八十二本中、病斑玉数を調べると元玉六十五本（うち二十五本下部のみ有斑）、中玉五十四本（うち十四本の中部にのみ有斑）、先玉四十四本（うち四本が先端のみ有斑）という結果だった。

元玉に病斑が多いことは、菌が下部または根から侵入したことをうかがわせる。

菌の接種試験（黒斑菌、黒変菌類）

寄生力を知るため、昭和五十三年九月から十五年生山林立木と五年生庭木および鉢植え苗（二、三年生）に各菌二～三本ずつ接種試験をした。その方法は、立ち木には打ち抜き器で一本五ヵ所に深さ一～二センチの穴をあけ、苗木は傷をつけ、培養菌糸と胞子を接種した。

結　果

立ち木と植木鉢苗の場合は、多少病斑を形成するものがあったが、半年後、松の異状または枯死するものはなかった。ところが、翌年の夏には急変してほとんどが枯死したが、その枯死は直接、菌によるものかどうか、疑問にみえる枯れ方であった。強剛な庭松の場合は、一ヵ年後も全く異変がないことから、これらの菌の活物寄生力は弱いが、生理的障害木には不確実病原菌に転化するものと考えられる。

マツタケ菌の崩壊ネグサレ病（菌根破壊菌）について

マツクイムシ被害樹の根を調べてみると、その汚損、腐朽がはなはだしい。すなわち、被害樹の根を掘り起こしてみると、上根がほとんどなく、細根（ひげ根）は褐変、黒変、腐朽して脱落して少ない。また、健全な松の根では共生している菌根菌のマツタケ菌が、死滅して少ないのが特徴である。太い根も、ところどころ黒変し、次第に炭化し乾枯して根に生気がない。

すなわち、健全な松は特有の細根を持ち、灰白色の菌根菌がそこに付いてマントを作っているものであるが、この菌套《きんとう》が病原菌の侵入を受けて、褐色から黒変し、さらにコルク化し、炭化して死滅するとともに、被害が次第に細根から太根まで及ぶもののようである。

この根腐れと菌根（マツタケ）破壊は、全国的規模のものと推測される。この約十年ほどの間に急激にマツタケが生えなくなったが、この菌根の破壊状況からみれば当然のことで、マツタケが生えなくなったことが松の健全な生育停止を意味し、これが松枯れの前ぶれ症状であったと思われるのである。

根腐れの主因と思われるこの黒線菌（仮称）については疑問点の多い菌で、一般の植物としては記載されていない菌である。私も最初は菌根菌に付く共生菌で、腐植を食べる雑菌の一種と考えたのであるが、次のような点から総合的に判断して、菌根を破壊する害菌としたのである。

本菌は根の先端細部に発生し繁茂が著しい時は、肉眼で灰黒色の羽毛状物（気中菌糸）が見える。菌根菌の中で繁殖すると、菌根は消滅して次第に黒化し、炭化してボロボロ崩れ、脱落しやすくなる。

この菌は胞子を作ることがなくて、気中菌糸が剛直な黒色の直線状の菌糸で、根の周囲にタワシ状の集落をつくる。菌糸のところどころに小さな不整形のコブ状隆起物を作るのが特徴で、また菌糸の基部が渦巻き状に旋回していることがある。またこの菌は、培養基上では繁殖しないが、菌根菌を培養したコロニーの中に混入しておくと、徐々ではあるが増殖する。

なお、松の菌根部や根部に黒線菌を接種してその寄生力を試しているが、なにぶん土壌中のことで観察が困難であり、明瞭でない。ただ水耕培養や砂糖培養した松苗の根に菌を接種すると、根の腐敗、枯死が早くなる。

とにかく、黒線菌によって、どの程度松の枯死、あるいは衰弱速度が早くなるものかはわからないが、松枯れの原因として、黒線菌が重要な役割を果たしていることは間違いないだろう。本菌は無胞子菌科のセノコクムの一種で、和名は黒線菌としておく。

黒線菌の接種

黒線菌は分離ができないので、黒線菌の付着した細根を松の根元に埋没して接触伝染をするかどうかを調べた。その結果、供試本数五本（十五年生木）のうち二本が一年後に枯死し、十本（幼木）のうち二年後にやや異常をみせたもの五本だった。

供試本数が少ないので判然としないが、二年以降になって根腐れが進行し、三年目には枯れるものが多くなるのではないか、と観察された。

松根の腐朽していく速度を知るため、伊予市周辺約百ヵ所の山林の根を調査してみた。初年度において全く健全と思われた松山の根が、二年目には著しく減少し、黒線菌の発生を見、三年目にはまったく腐朽して、松枯れをひき起こす場合があった。その速度は予想以上に早いと思わねばならないようである。

ネグサレ病蔓延《まんえん》の原因

従来、問題とされたことがなく、一見、地中の雑菌と思われる黒線菌や黒色菌が、なぜこのように広範囲にわたって同時に発生したのか不明であるが、大気汚染により、松の生理が異常になり、澱粉の生産量が減退したとすれば（米国の説）、根部の澱粉を消費して生長する菌根菌が、衰弱することは当然考えられる。この菌根の衰弱が誘因となり、黒線菌が急激に猛威をふるう結果になったものと思われる。

また、黒線菌は乾燥や湿気に耐える力が強く、農薬や大気汚染物質に対する抵抗性も強いようである。半面、松と共生する菌根菌は、環境の変化に対する対応性が弱いことから、環境破壊がこれら地中微生物のバランスを崩し、菌根の崩壊を早めたものと思われる。

高温乾燥が、根腐れを起こしている松の枯死を早めることは明白な事実であるが、土性も大きく関与するように思われる。最初大気汚染による酸性の雨で、土壌が酸性になり、根が障害を受けるのではないかと予想したので、調査した結果、予想以上に多くの被害地の土壌は強酸性で、PH《ペーハー》が3・2〜4・5であった。

土壌を石灰で中和して、土壌の中性化と消毒で、松枯れを防止することに一つの望みを得て試験中であるが、根腐れについては黒線菌の純粋培養ができず、マツタケ菌の研究が困難なことと相まって、容易ではない（根の腐朽菌として別の黒色菌があるが、これについては省略する）。

要約

一般に、マツクイムシの害といわれる松枯れは、枝梢《ししょう》部から侵入するザイセンチュウの害といわれているが、その前に地下部の根が著しく腐朽していることを重視せねばならない。
❶すなわち、松根には広く腐朽菌の黒線菌が蔓延《まんえん》していて、まず菌根菌が破壊されて、マツタケが生えなくなり、細根が黒変、腐朽して消失し、さらに黒色菌の侵入により太根が損壊するに至って松は著しく衰弱する。

❷この根腐れ後幹や枝に数種の新病原菌の侵入がみられる。この木材腐朽菌の大部分は、日本在来のものではなく、外材に付着して侵入したと思われる。詳細な研究をしていないので、予断は許されないが、この中の数種が松枯れに重要な関係を持つように見える（一九七九年渡米して、米国にこれらの菌やセンチュウがいることを確かめた）。

❸松の異常が、カミキリムシやキクイムシ類によって察知される時期になって、これら害虫の産卵が始まり、その食害傷口から黒斑菌や黒変菌等の腐朽菌が侵入する。同時にザイセンチュウも侵入し、これら腐朽菌を食糧として繁殖し、害菌とともに樹脂導管を破壊する。このため松は急激な萎凋《いちょう》症状を呈して、高温、乾燥する夏、トン死するものと考えられる。

松枯れは、ザイセンチュウが媒介侵入する数年または二、三年前ころ、すでに根が腐朽し始めており、生理的障害を起こし、樹脂の浸出低下が見られるが、この時期には、まだ外観は、松の葉が緑色を保っており、人間には気付かれない。

❹松枯れに関与する菌類が、急激に蔓延激化するには、㋑素因として日本の松の抵抗性が弱いこと、㋺松が菌根植物であり、菌根菌は環境の変化や公害物質によって死滅しやすいこと、㋩反対に害菌は大気汚染や農薬に強いものが多い。従って、見方によれば大気汚染や農薬が松枯れの引きがねになる誘因といえるわけで、抜本的にはこれらのことも考慮せねばならなくなる。

❺防除対策

(1) 先ず土壌に石灰（または木灰）を施用して土性をPH5程度に調整する。松と松茸菌糸の繁殖の好条件を与えるためである。

(2) 根腐れ防止のため土壌消毒剤（一例オーソサイドの粉末）を多量の水で薄めて灌注する。山林では豪雨の見込まれるときは粉末のまま豪雨の直前に散布しておいてもよい。小庭園木の場合はオキシフルゼクロールピクリンを用いるとよい。掘り取り可能な株は根を露出せしめてオキシフルを噴霧して消毒する（アルコールやホルマリンも有効である）。

最後に土中の消毒剤が消却された後に純粋培養した多量の菌根菌（松茸菌糸）を根に接種して新株の発生をうながす（松茸菌後記）。

要するに、松枯れ現象は日本列島の植物と動物と微生物のバランスの崩壊にもとづく砂漠化の前駆的症状としてとらえるべきものと思われる。

従って、その対策も病虫害駆除を目的とする小面積の応急処置とともに、遠大な抜本的対策の樹立を願うものである。でなければ、私の観察した根の腐朽状況からみて、東京以西の日本の松は、ここ五年以内にほとんど致命的打撃を受け、日本の自然の急激な崩壊が始まるものと推定されるであろう。

一昨年の七〜八月、私はアメリカを訪れ、アメリカでもひどい松枯れの現象に出くわした。カリフォルニア大学やカリフォルニア州第一営林局長などから、日本とアメリカの松枯れ原因についての差を知らされた。アメリカではマツノザイセンチュウは問題にしていず、「ジェット機（大気汚染）と乾燥による」と話していた。また、私がこの論文中に指摘した黒変菌の存在やセンチュウも、米材の中に確認できた。

ただ、アメリカでは大気汚染が原因というだけで、対策研究については手をつけていないし、日本ではセンチュウだけに固執している現状は何としても理解できない。ぜひ専門研究者の積極的な研究を願いたい。

雑感

松の赤枯れが自然現象で、自然の摂理にかなうものであるとか、天災であれば放置も許されようが、人災であれば、元の自然まで復元せしめる責任が人間にある。

私は、急造即席の実験を山小屋で行ない、ちょっと松の根の先の微生物界をのぞいてみたが、今さらに一度壊された自然の生態系の復活ということの難しさ、守るとか生かすということの科学的限界、空しさを知らされた思いである。

日本列島の砂漠化は、海に、山に、目には見えないところですでに始まっており、もはや救いようのないところまで来ているのではないだろうか。

その前兆が、小さな秋、マツタケの喪失であり、急激な松枯れが地中微生物の異変を告げる警告であるとみるべきであろう。

日本の自然を守ろう

地球上の微生物界の最初の異変は、最も微生物が集中して多く有機的に結びついた高度な生物社会を形成している菌根菌に起こるのが当然であった。起こるべきところに起こったともいえる。松が最強の植物であり得たのは、微生物（菌根）によって最強に守られていたからである。

人類が崩壊する時は、最初の異変が、高度に発達した過密社会の大都会に起こるであろう。菌根に守られた松は最強（砂漠や砂浜でも生える）の植物であり、菌根と共生しない松は最も弱いデリケートな植物であった。この外生菌根植物の松が壊滅すれば、次は他の内生菌根植物、ヒノキ、スギ、ケヤキ、果樹、稲にまで波及していく危険がないとはいえない気がする。私の取り越し苦労でなければ幸いだが、旧東京都内には赤松、杉は、すでに一本もない。次は黒松、ケヤキの順で枯れることが予想される。京都の神社や寺の松も今年が防除の最後の機会になるのではないかとさえ思える現状である。

その意味では、松が守れるか、守れないかは、日本の自然が守れるか守れないかの問題につらなる。日本の自然がなくては、日本民族もないのだ。

後記

私は、松枯れ防止策についても、これら誘因、遠因に重点をおいた方法で実験を続け、ようやくある程度の成果を得ることができた。しかし、私の主張はまだ学界で認められていることでもなく、特に防除方法は、簡単な記述では誤用されたり悪用される恐れもあるので、この稿では割愛させていただきたい。

(日本CI協会『新しき世界へ』一九八一年六月号掲載のものを改稿)

松茸の人工培養(野菜で松茸ができる)

――松枯れの研究と並行して松茸の研究をしておられると聞きましたが、そちらはまだ公開できないのですか。

今日は松茸人工栽培の夢を初公開しましょうか。

松枯れの研究をしていて、松の復活は松茸の復活からという結論になり、松茸菌の純粋培養を始め、ひょんなことから瓢簞から駒がでないかと期待されるようになったのが、私の松茸の人工培養法なんです。

――どんなことから、ひょんな結果がでたのですか。

いろりの端で、木材病原菌や松茸菌の純粋分離をやるとき、材料をアルコール消毒するより、いろりの火にかざした火焔消毒のほうが確実なので、いつもそうしていたのですが、松茸（子実体は菌糸のかたまり）の傘などから菌を純粋に分離しようとして、松茸を消毒するかわりに焼いていたのです。材料の残りは醤油をつけて食べていました。いつもいろりの自在鉤につるした鍋でご飯を炊き、一汁一菜のおかずを作りながら食事をするのですが、もちろん三ヵ年は食事の間も研究の手を休めませんでした。

焼松茸を醤油につけて、「うまい」と思ったとき、ふと思ったのは、人間がうまいと思うものは松茸菌にもうまいのではなかろうかということでした。醤油を材料にした培養基で菌を培養してみるということです。松茸菌が好んで食べてくれる食餌（培養基）は何か、それから手当り次第、といっても、私が山小屋で食べる御馳走を材料にした培養基を作って、松茸菌を培養してみたんです。

今まで松茸菌の培養は、京大の浜田先生や林試の小川真先生が開発した培養基が最良とされているのですが、化学薬品が手に入りにくいのと、この培養基でも松茸菌の繁殖は実におそいのです。松茸の試験管培養に成功したのは四十年以上も前で、私が学生あがりで時々教えてもらった西門先生でしたが、それから今まで純粋培養ができていながら、ガラス瓶の中で松茸ができないのは、松茸菌ほど培養が難しい菌はないということが原因していたのです。

松茸菌ほど微生物の中で培養の難しいものはないというのは、松茸研究家がみな一様に嘆いていることなんです。

だから、私なんかが成功するはずはないのですが、ただ私が思ったのは、松茸をただの糸状菌と思わず、人間並みの動物と考えたらどうかということです。松茸の傘やあしから菌糸の一片をとり出したとき、どうも松茸は実質的に異常になっている、松の根から分離した菌と違ってくる、機嫌がとりにくい謎の微生物です。

とにかく四苦八苦しながら、松枯れ病原菌の培養などと並行して、いつの間にか瓶の中で作る松茸栽培の夢もふくらませていました。

いろいろやってみたんですが、結局は、松茸は茶碗むしが一番お好みだったんです。これで松茸の機嫌がとれだしたのです。

松茸の純粋培養なんていうと、台所の主婦では手が出ないことになるのですが、うまい茶碗むしならできる。これに松茸の傘をのせておく、落とした胞子が繁殖して、半年すると、真白な菌が茶碗の中一ぱいになり、摂氏十六度の所に置いておくと、小さな松茸がニョキニョキ出来るという寸法です。

他のしいたけや、しめじなんかのきのこ類は、もちろん簡単に素人でもできます。

私は、最初に一リットル入りの瓶の中で、小さな松茸が四コ生えたとき、本当に驚喜しました。「やった、出来た」と。早速写真に撮っておこうと野外の日の当たるところに持ち出し、撮ったのはよかったが、松茸菌糸は高温に弱い、摂氏三十度で一時間で死ぬることをつい忘れていた。せっかくの松茸菌を枯らしてしまいました。それほど松茸菌は御機嫌がとりにくいのですが、やり方次第でとれないことはなかったのです。

私は、この培養基に「天然培養基」と名づけました。実験的に成功しても実用化にはまだまだです。家庭の皆さんの挑戦に期待して詳細はしばらく秘密にしておきましょう。そのほうが皆さんも興味が湧くでしょう。台所で松茸ができる、盆栽松茸ができる可能性は十分あるのです。

と一応は皆さんをけしかけますが、私の希いは、松茸は、日本の小さな秋であり、日本の山を森を守る森の精の小人だということを知って欲しいということです。私有すべきものじゃありません。

森の松茸を瓶の中で人工的に造るのは科学者の夢になりますが、森の小人を瓶の中に閉じこめる結果になると思ったとき、私の科学者としての熱意は、急に冷え切りました。それが当然でしょう。もう、顕微鏡は元の物置小屋に放りこまれたままになっています。

夢中だった三ヵ年、私はやはり、何もしてなかったのです。してはならなかったことです。

山の神秘は神秘としてそっとしておきたいというのが私の本音です。

イミテーションの自然を造ってはならない……。

二　果物実バエの侵入の恐怖

オーストラリアからの果物

突然ふって湧いたような、偶然といえば偶然ですが、運命のいたずらか、数個の果物が、オーストラリアから、私の家にもちこまれたことから、十日間、文字通りきりきり舞いさせられました。

私は昔、横浜税関の植物検査課に勤めていた経験から、アメリカのカリフォルニア州に、地中海実バエが発生したという小さな報道を見て驚き、横浜税関や農林省の関係者にお目にかかり、おせっかいにも次のような記事を新聞にのせたことがありました。

世界最悪の害虫
地中海実バエの侵入防げ
不安感じる防御ライン

私はこの数年間、農作業の片手間に松枯れ現象を研究している。松枯れが輸入材に端を発しているとも考えられることから、輸入材の検査がどうなっているかを知りたいと思っていた矢先、今夏初めの一部業界紙に「米国に果樹の害虫、地中海実バエが発生」という小さなニュースが報道された。

激毒剤にも生き残る

小さなニュースの中に大きなニュースが隠されているというが、正にその通りである。この小さなニュースは一般の目にはとまらなかったろうが実は日本の農民には重大なニュースだったのである。

「地中海実バエ」（以下略して実バエ）というのは、体長約五ミリの家バエより小さい、美しいハエであるが、幼虫（ウジ）が果実の中に入って食い荒らす世界最悪の害虫といえるものである。もし日本に上陸すれば、四月から十月まで繁殖し、その間数回世代を繰り返し、全土に蔓延《まんえん》する恐れがある。

雑食性で、日本の四十五科百四十三種の植物を害し、ミカン類をはじめモモ、スモモ、アンズ、リンゴ等ほとんどの果樹類や果菜類に致命的な打撃を与えるかも知れない。しかも激毒剤の散布、不妊虫放飼などの防除法を併用してなお撲滅ができない極めて悪質な害虫である。

心細い研究者の数

実バエは地中海沿岸の原産で、アフリカや南米に広がり、温帯、亜熱帯各地で恐れられている。もちろん実バエ発生国からの一切の果物類は輸入が禁止されている。日本の植物検疫法は大正三年から実施されてきたが、その時から南の国の実バエと北の国のコドリンガの侵入を防ぐのが最大眼目とされてきた。幸い六十年間税関の植防はその目的を達してきたのであるが、今アメリカ・カリフォルニア州に実バエが発生したという一報は、最悪の場合、同国産のオレンジ等、一切の生果物の輸入禁止にまで発展する可能性もあり、日米両国の農民にとって恐怖のニュースといわねばならぬのである。

私はかつて税関植物検査課にいた者として、また現在、果樹農民として強い関心をもたざるをえず、急ぎ横浜税関と農水省植防課を訪ね、その状況と対応策の現状を聞くことができた。その時の私の感想を述べてみると、税関ではアメリカ大使館からの通報で急ぎ警戒警報を出し、検査を厳重にしているとの国際課長の話を聞き、検査課の空気が緊張しているのは理解できた。しかし驚いたことに輸出入植物の激増とともに検査官は四十年前に比べて百倍に増加しているものの、その基礎となる調査課の研究技術官の人員は四十年前と同数で、昆虫（こんちゅう）課、病菌課各十人ほどとの由である。一人でこの問題に対処せねばならぬ昆虫課長の焦燥も察せられるというものである。

アメリカはカリブ海からの実バエの侵入を防ぐため、メキシコとグアテマラの国境沿いに五十万ヘクタールにわたる広大な〝防御ライン〟をしき、常に二機のヘリコプターで有機塩素剤を散布(日本では禁止薬)するなど絶滅作戦をとっているが、その管理や経費は膨大なものである。今回アメリカ政府からの報告では①ハワイ諸島からの旅行客によってもたらされたのではないか②ロサンゼルス郡とサンタクララ郡の庭園樹に発生し、商業果樹園には発生していないと思われる③完全な防除をしているから、日本向けの果実は心配ない――となっている。

しかし、私見を述べさせていただくならば、メキシコの〝防御ライン〟が突破された恐れが十分にあり、市街地や庭園樹に発生したとなると、嗜好《しこう》植物であるオレンジに及んでいないと断言できるはずはないように思われるのである。

輸入害虫の恐ろしさは過去の例をみても明らかである。ミカンのヤノネカイガラムシ、イセリヤ、ルビーロウカイガラムシの三大害虫とも明治末期に海外から侵入したもので、それ以来ミカンの消毒が欠かせないものになった。リンゴの害虫―ワタムシが大正時代に輸入された時から関西ではリンゴ栽培が困難になり、ワタムシ害の少ない北国で作られるようになった。アメリカシロヒトリが街路樹に発生して大騒ぎしたことは記憶に新しい。

外国産の害虫が侵入すれば、永く農民は泣かされる。アメリカの詳報を待って善処するのでは遅過ぎる。また微温的な糊塗《こと》策でながびかせては悔いを千載に残すことになろう。日米ともに実バエに対する認識の徹底を図り、警戒態勢を強めて、万全を期すことを躊躇してはならない。

上陸は時間の問題？

私は、日本の自然が松枯れを出発点としてなだれ的崩壊を始めているように見えてしようがないのである。自然が滅びては元も子もなくなる。国際分業論の下で食料品の輸出入拡大に狂奔する現況からみれば、実バエの日本上陸ももはや時間の問題といえるかも知れない。もし一匹の実バエが日本に上陸すれば、日本農民はさらに暗く長いトンネルに入るであろう。

この美しい一匹のハエについて昆虫学者、技術者の奮起に待つことは言うまでもないが、ことは日本の植物防疫の浮沈にかかわる問題であり、日本の農業の盛衰にかかわる問題であることを熟考して欲しい。日本上陸後の対策のための基礎研究を急ぐとともに、〝水際作戦〟よりも、むしろ米国政府がメキシコ政府と共同で行っているような大がかりな〝防御ライン〟の設定が望ましいように思われる。

杞憂《きゆう》に終われば幸いであるが、一農民に過ぎない私が、あえて一文を書いて世間に訴えざるを得ない苦衷を御賢察していただきたいと切願する次第である。

（『読売新聞』昭和五十五年九月十七日、文化欄）

その翌年から一、二年は、地中海実バエのことが、大きな話題になりましたが、まさかこの四国の片田舎の、私の家に、実バエの入った果物が舞いこむなどとは、夢にも思いつかないことでした。

今年の四月二十一日の全国の各紙に、〝世界最強・最悪の果物実バエ侵入〟のニュースが流されました。一匹のハエが侵入すれば、日本の農業は、実質的に崩壊するという危険性を孕んでいたのです。

ミバエ幼虫伊予で発見
旅行者の果実から数十匹

愛媛県伊予市大平の農家がオーストラリア人からもらった果実に、農作物に大被害を与えるおそれがあるミバエの幼虫がいるのを見つけ十九日、松山市にある農林水産省神戸植物防疫所松山出張所に届けた。農林水産省植物防疫課の調べでは、クインズランドミバエの幼虫らしい。外国産ミバエは、これまで国際空港、植物輸入指定港の植物防疫所などの水際で食い止められており、国内に持ち込まれて発見されたのは今回が初めて。事態を重視した神戸植物防疫所は二十日、防疫管理官を伊予市に派遣、愛媛県農業指導課と協力してモニター用のトラップ（捕虫器）約五十個を、このオーストラリア人がキャンプした山林を中心に果樹、家屋に取り付けるとともに、持ち込み経路の解明に全力を挙げている。

幼虫を発見したのは、伊予市で自然農法を実践している福岡正信さん（七二）。十七日に、知り合いのオーストラリア人男性が福岡さん方を訪れて、福岡さん所有の山中で一泊。十八日、土産として卵大のグァバ三個をくれた。後で切ってみると、三個とも中に体長一―二ミリの白い虫二十―三十四が入っていた。福岡さんは、かつて横浜税関植物検査課に勤務したことがあり、すぐミバエの幼虫と分かったという。このオーストラリア人は福岡さんに「持って来たのは三個だけ。いずれも自宅近くでとれた」と説明したというが、このほかに持ち込んでいないか、事情を聴くため農水省が行方を捜している。福岡さんには「九州方面へ行く」と言っていたという。

農水省横浜植物防疫所の話によると、オーストラリアに生息するのは地中海ミバエとクインズランドミバエ。いずれも果樹類などに与える被害は甚大。地中海ミバエは五十五年夏、米国カリフォルニア州で発見され、根絶まで二年間を要するなど大問題になった（まだ解決はしていない。筆者注）。

果実の輸入は植物防疫法で厳しく制限され、オーストラリア産品はパイナップルとココヤシ、未成熟バナナを除いて全面禁止。成田、羽田などの国際空港や全国八十数ヵ所の指定港でのみ、届け出にもとづく検疫を通過して初めて輸入が認められるが、今回のように旅行者が無届けで持ち込む場合はお手上げの状態という。

万一、日本国内でミバエが発生した場合、国内果実に与える被害のみでなく、国際防疫条約にもとづいて果実類の輸出ができなくなるなど影響は深刻だ。

愛媛県農業指導課などは今後、定期的に調査を続けるが、今回発見されたのは羽化する前の幼虫で、気温も低いシーズンであることから、成虫になって広がる可能性は小さいとしている。

国内上陸は初めて

農水省植物防疫課の話によると、クインズランドミバエはオーストラリア、パプアニューギニア、ニューカレドニアなどで発生している体長六ミリほどのハエの一種。かんきつ類をはじめ、ほとんどの果物に寄生して腐らせ、ひどい場合には収穫がゼロになる。このため、わが国はオーストラリアからの果物輸入は、ミバエが寄生しないパイナップルと青バナナを除いて禁止している。

果物や野菜の大害虫であるミカンコミバエ、ウリミバエ、地中海ミバエは、昨年一年間で成田空港や各地の港で、帰国した人の土産果実などから二百五十五回発見されており、いずれも水際で食い止められたが、国内にまで持ち込まれたのは今回が初めて。

（『朝日新聞』昭和五十九年四月二十一日）

私は、オーストラリアに招待するために来たという青年から、プレゼントと言って渡された果物を翌朝、調べて、一―二ミリの白い蛆虫がいるのを見たときは愕然としました。

被害果は早速、横浜と神戸の税関の植物検査課に、飛行機で届けられましたが、数時間もしない間に、実バエに間違いないとの電話があり、翌朝、ＮＨＫから〝実バエ侵入〟のニュースが流されたときから、さあ大変です。農林省植物防疫課の緊張した対応ぶりや、指示が全国に伝えられ、神戸税関の二人の課長さんは早速来松、松山の所長さんとともに、それから十日間は、全く不眠不休で、青年の行方を追って、必死の捜索をされたのです。

彼は小型のキャンピングカーで、自炊しながら旅行していたのです。他に果物をもっていないか、食べ散らしてはいなかったか、あと十日もして、幼虫が成虫の実バエになり飛びだせば処置なしになる危険があります。

私も数日間は、電話番で、彼についての情報が入るたびに、悩まされ、翻弄されました。幼虫が成虫になる時期ぎりぎりの十日目に、やっと、本人が下関税関に出頭してくれたので、やっと詳細がわかり、一応一件落着ということになったのですが、問題はこれからです。

実バエの侵入を防ぐ水際作戦が、完全でないことが判明したのですから、今後どうするかです。

ここで私が報告しておきたいことは、一度もちこまれた果物は、わずかでも、完全消毒が実際は極めて難しいということと、害虫発見のチャンスは極めて少ないということです。

不幸中の幸いだったことは、幼虫が、ちょうど発見しやすい二—三齢期だったことで、十日前の卵の時期だったらわからず、遅すぎて、十日後だったら、蛹やハエになっていて見つからなかったでしょう。

一匹のハエは、一ヵ月で千匹になり、二ヵ月後は一千万匹、三ヵ月後には、無限の数に増えるはずですから、ぞっとする話です。

実バエのいない国・日本

実バエさわぎが、一段落ついた後で、ある外人から、「日本人は自然を守る、生かすといっても、考えが甘すぎる」と指摘され、ギクッとしました。

日本人が実バエ一匹に大さわぎする報道に、外人たちは大変な驚きを示し、ワシントンやシドニーでも報道されたのですが、その驚きは、日本人と違って、日本が果物の中に蛆虫が一匹もいない国だと知っての驚きでした。日本はいい国だ、日本の百姓は幸せだとうらやんでいるというのです。ヨーロッパやアフリカ、オーストラリア、南米あたりからみれば、実バエのいない国がまだ地球上にあったのは奇蹟だと映ったわけです。

果物の中には、虫の幼虫がいるのが普通で、割って虫がいれば捨てる者もいるが、栄養になると食べる者も多いというのです。

自然が一ぱいあるようにみえるオーストラリアでさえも、実バエのため、法律で、農薬散布が強制されていて、薬づけになり、それが自然破壊のスタートになっていると嘆いているというのです。そして、「実バエのいない国で、なぜ農民は農薬を散布して自然を壊すのか、日本は法律で農薬散布が強制されてはいないのだろう」とまで言うのです。また、「オーストラリアの生果物一切は輸入禁止しながら、アメリカではカリフォルニアに発生しているのに、何故禁止しないのか。片手落ちでないか……」等々。日本人が甘いというのは、自然に対し、国の法律に対して、農民が自己の責任に対し厳しい姿勢がみられないということでした。

また、過去約六十年間、税関の植物検査課の努力で、果物実バエが、一匹も侵入していなかったという事実に対して、農民たちはどういう認識、感謝の心をもっているのだろうかといぶかる外人もいました。

今後の植防をどうするか、頭の痛い問題を彼らは残していったのです。

今の自然の姿はまったくバランスが崩れてしまっていて、不自然になっています。この不自然な状態をこれ以上狂わせない意味でも、現状では検疫制度は大きな働きをしているといえるでしょう。本来の自然に戻ったときには、検疫制度もいらなくなるだろうと、私は思っています。

三　農村哲学の衰え

毎日新聞社の富民協会から求められて、私が、農村に埋もれている哲学の発掘をということで書いたのが次の文です。

農村に哲学があったか

私は迂闊《うかつ》だったことに気付いた。私は平常、次のように考えていたからである。真理は一つしかない。哲学も一つである。新しいも古いもない。過去も未来もないと……私は今まで農村にだけ通用する哲学を考えたこともなく、いまそれを書くこともできない。

大体、農村に哲学があったのだろうか。人生を哲学する、真理を探究する、人間の生きる目的を尋ね、道を求めて歩むなどというのは都会の知識人のいうことである。人間はなぜ、どうして地上に生まれ、どのように生きてゆくべきかなどと考えながら生きてきた百姓はなかったといえる。なぜなら百姓は、生まれた瞬間から生を疑うすべを知らなかった。人生の目標を尋ねねばならぬほど日々の生活は空虚でなく、迷うタネもなかった。

生を知らず、死を知らずして、知っていたから迷いとは無縁で、憂いがないから学問をする必要もなかった。生死に迷い道を求めて思想的遍歴をするなどというのは、都市の閑人のことと思っていたのである。

無知、無学で平凡な生活に終始する、それでよかった。哲学をするために哲学をするヒマなどは百姓にはなかった。しかし農村に哲学がなかったわけではない。むしろ、たいへんな哲学があったというべきであろう。それは哲学は無用であるという哲学であった。哲学無用の哲人社会、それが農村の真の姿であり、百姓の土性骨を永くささえてきたのは、いっさい無用であるという無の思想であり、哲学であったと思うのである。

昔からの農村をふりかえってみよう。昔の農民は心身ともに貧困であったか？

昔の百姓は貧しく、うだつがあがらなかったといわれる。社会階層のなかでは、百姓はいつの時代もしいたげられ、下積みの生活を余儀なくされていたのは事実であろう。しかしそれは百姓のせいではなかったが、いまここでは、そのことについてはふれないで、それよりもその貧困のなかを耐えぬく力がどこから百姓にわいてくるのか、それは何であったかを問題にしてみたい。

ひっそりと木曾の峡谷に生きる百姓、南海の孤島で独り暮らす百姓、北国の雪深い僻地にしがみついて生きてきた百姓は、みな大自然のなかに独立自給、孤高の生活を楽しんでいたといえるのである。僻地に生まれ、そして名もなく無言で死んでいった人びとが、世間と隔絶した世界に居住して、なんの不安もなかったのは、孤独にみえて孤独ではなかった。彼らは大自然の一員であり、神（大自然）の側近として神の園を耕す喜びと誇りの日々があったからである。

日出でて野良で働き、日暮れて憩いのねぐらに帰る日々是好日の日々は無限の一日であり、その一日は永遠の生命のなかの一コマにすぎなかった。村から出て出世した利口者に対し、表面は先生先生とたたえていても、まさかのときは「先生先生、クソくらえ」と、百姓は居直るのである。百姓は一文の銭をおしむが、どん欲な守銭奴であり、百億の金には無関心な富者でもある。すなわち農村は貧者の住む寒村であり、そのままで超俗の世界に住む隠者の里でもあったのである。老子のいう小域寡民の里、独立独歩、自給自足の生活のなかに人間の大道があることを知らずして、知っているのが昔ながらの百姓であった。

しかし、この三十年の近代農法の発達は、暮らしと思想に大きな変革をもたらした。戦後の日本ほど急激に変ぼうした国家はなかったのであろうか。あの瓦礫《がれき》のなかから、経済大国が忽然として出現したのである。しかしその裏面には、かつて民族の苗代といわれ、終戦時国民の八〇％以上を占めた農民が二〇％以下に急減していた。器用で勤勉な農民の参加がなければ、とうてい都市の高層ビルも、高速道路も地下鉄も存在しなかったと思えるのである。ひと口にいえば、現在の日本の繁栄は農民の総土方化による都市文明への奉仕によってもたらされた、あだ花といえそうである。

戦後日本の高度成長は、幸運な機会に恵まれ、賢明な政治家や実業家のリードによってもたらされたと思われているが、下積みの農民の側からみれば、農民の意識の変革に順応して農法が変わり省力化され、あり余る農村労働が都市に流出して都市文明の繁栄がもたらされたとみえるのである。

戦後農村の盛衰

具体的にその経過をさぐってみよう。戦後の農民に衝撃を与えた最初の言葉は「農業に運搬ということを見付けたり」という農機会社の社長の宣言であった。農村に動力のついた運搬車テイラーが導入されたときから、日本農業は一大転換をとげた。急速に自動三輪車、トラックが導入され索道、モノレール、舗装道路があっという間に農村のすみずみまでゆき渡った。

省力化の波にのって牛耕は耕耘機に、トラクターに変身し、動力噴霧機からヘリ散布へと消毒、施肥方法もエスカレートした。当然、有畜農業は敬遠され、化学肥料、農薬多投の農法に移行していった。農業機械の躍進が機械工業の復活勃興の口火となり、農薬、化学肥料、農用資材用石油製品の躍進が重化学工業の発達の基礎を築いた。すなわち農民の近代化への意欲、農法の革新が敗戦で潰滅した兵器産業や工業界に新しい転身の道を開いたのは事実である。食糧の窮乏から食糧確保運動となり、ひたむきな増産運動の努力が、そのまま産業界に活力となったのである。これが昭和三十年ごろであった。

ところが昭和四十年代ごろから情勢は一変した。一応、食糧の確保ができて経済界が活気に満ち、工業立国の見通しがつき始めたころから政治家や実業家は、数多くの農民をどう活用するかに腐心し始めたのである。

食糧が余りはじめると、もう農民は政府の重荷になる。食糧確保のために設けられた食管制度がかえって自分の首をしめるようにみえだしたのである。農業基本法が制定されたのは日本農業の位置、方向を明確にするためである。しかし、この制度は農民に基盤を与えるというよりは、むしろ農民を規制し、その基盤を百姓の手から引き離すことに役立ったようである。

農地を食糧生産の基盤としておくよりも工業用地としたり、住宅用地とするほうが使用価値が高く国民のためになると多くの人が思い始めると、土地にしがみつく農民の姿も都市民からみれば羨望の土地を独占する亡者にみえ、農民の追い出し作戦として、宅地並課税が課せられるようになった。

農民の食糧増産努力は、政府に弓ひく反逆者のごとく映り、日本人の穀物自給率が三割を割っても百姓は何もいえず、減反政策が強行されるようになった。土地も、作物を選択する自由もいつの間にか百姓の手から失われていた。農民はただ時代の流れに素直に順応してきただけであったが……。

激動の農村で何が変革されたか

どうして農村は、こんな絶望的事態に急落したのか。この三十年間に経験した日本農民の体験は有史以来のことであり、過去、未来を通じ最も深刻な問題を提起していたといえるのである。なぜか!

もう一度この間の農法の変遷の跡をみてみよう。牛耕が機械による耕耘にかわり、自然の有機物肥料に代わり化学肥料が使われだしたことは、単に農法の省力化の第一歩にみえるが、これは従来の自然のなかでの自然の力による農法から、百姓が自然の手から離れ、人知・人為による農法へ転換したという意味で重大な出来事であった。

農学者は自然の土地生産力には限界がある、大地をすて、人知による科学的資材に依存すれば、無限の生産が可能になると考えた。これは自然による自然食生産農業から一転して、石油資材による農作物の生産、いわば石油加工業者に一大転換することであった。これは当然自然と手を組んでいた百姓が、工業生産業者の下請け食品生産業者に転落する道であった。このときから農業生産手段が実業家の手に移行することになったのは当然であった。

同時にこの事柄は生産品の質的変化をもたらした。青空の下での自然食は一種の石油合成食品になり、虚偽虚構の模造食品がはんらんしだすのも当然の運命であった。昔の米は水田で作られたが、いまの米は油田の米といわれるほど質的革命が惹起されたのである。かつて生命の糧を作り神の側近といわれた農民が、虚構の栄養食品をつくり、油売りの商人になっていたのである。

また重大なことは、工業社会で通用する分業による生産方式が自然栽培の農業にも適用されたことの是非である。一見、生産性の向上に役立つようにみえるが、これは農民の就労時間の短縮に役立ち、農民の失業率を増大することに役立っただけで、実質的にはエネルギー多投の農業に転落したにすぎなかった。一人当たりの労働生産性が向上したと思ったとき、機械、肥料、農薬多投のとがめで土地の生産性は低下してきて、エネルギー収益性は逓減していったのである。終戦時には水田に投下されたエネルギーに対し四倍のエネルギーが収穫された。十年後、小型機械が導入されたころからエネルギー効率は半減し、さらに十年後にエネルギー収益がゼロとなり、近代大型化農法では投下したエネルギーに対し、収穫エネルギーが半分という状態になっている。

農業はもう第一次エネルギー生産事業ではなく、エネルギー消費の産業になっていたのである。農業が第一次産業であるうちは、最後の食糧は農民の手の内にあるという安心感もあったが、農業が消費産業に転落してしまえば、損益生殺与奪の権利は商人の手ににぎられ、百姓は意のままに翻《ほん》弄《ろう》されることになる。

施設園芸の野菜はかつての野菜ではなく、四季春秋を無視した全く石油と計りがえの食品に変質している。飼料を外国の穀物や草に依存する畜産事業も同じことである。畜産は元来、肉牛カロリーの生産事業でなくてエネルギーの七分の一減産産業である。しかも飼料を外国に依存していて、企業農業の尖兵を信じる多頭飼育に突入しているが、巨大資本や流通機構のワク組みのなかで、もうける農業とはなりえないで、身動きできないというのが実情であろう。もういまの農民には、かつてのような独立独歩、自立自給の農業を営む自由などは全くない。

潰滅していく日本農業

時の流れに棹《さお》さすことも知らず、指導者の意図するままに流転してきた農業の裏面史を眺めてみるとき、農民として激怒せざるを得ないものがあるのである。専業農家とか中核農家の育成ということで農業後継者が大切にされるという言葉の裏面には、零細農の切りすて、農民の安楽死がとなえられていたのである。

農業の近代化、生産性の向上がはなばなしく唱えられ経営規模の拡大が叫ばれていたとき、裏面ではナベのなかのドジョウ説が流れていた。五反（五十アール）百姓から一町（一ヘクタール）百姓へ、二町（二ヘクタール）百姓へと百姓が必死で這《は》い登っているとき、指導者の目は四―五町ヘクタールでダメ、秋田県大潟村の四十ヘクタール農場をめざしていたのである。これではいくら百姓が規模拡大をめざして這い登っても、努力しても百姓同士の自然淘汰は進み、あすはわが身、ともに焼き殺される運命であったのである。

国際分業論を唱える経済界からみれば、農民のしぶとい食糧生産使命感は、憎悪の対象でしかなかった。商社にとってみれば食品の移転、輸出入が激しくなることが、繁栄の根本策であるからである。消費者にむかっては、うまい安い米を買う権利があると放送すれば、消費者は無条件に正論だと信ずる。うまい米は原則的には弱い米であり農薬多投の公害米を作ることであり、農民の負担は増大し、消費者は実際にはまずい米を食べる結果になり、喜んでもうけるのは商人になるということを知るよしもない。安い米というが、米価は昔から百姓がつけているのではない。生産費は百姓の手によって算出されるのではない。昨今の米価は、農機具再生産米価であったり、石油米価である。

昨夏私がみた米国内マーケットの米価はどこでも六十キロ、約一万二千円で日本徳用米なみの米価であった。このときのガソリン価が一リットル六十円であったことからみると、外国から三分の一〜四分の一の安い米が安易に入るような情報の根拠は全く理解できなかった。米は余るから食管赤字になり、麦は不足するから赤字にならないというのも不思議である。というのは私の作る米の生産費は麦とほとんど同じである。しかもどちらも輸入ものより安くできるからである。

いまの農民は四面楚歌の状態である。百姓は過保護だ、補助金が多すぎる、余分の米を作って食管赤字を増大させ、国民の税負担を重くしている等々の声が都市から流される。だからこれらの説は、実態を知らない者の微視的視野に立った皮相論でしかない。複雑怪奇な社会機構のカラクリが産み出す虚報といいたい。かつて六戸の農家が一人の役人をまかなっているという。いまは農家後継者一人に対し、農林関係の役人が一人いるという世のなかである。この一事からみても農業の予算赤字は果たして農民のせいであろうか。米国農民は設備の二倍の補助金を受けているのである。

いまや農民は自然や作物には露ほどの愛情もない。流通機構のコンピュータがはじきだす数字や為政者の机上プランに盲従して作物を作る。土地に相談するでなく、作物に聞くでなく、ただ換金作物を追いかけて時と所を選ばず、適地適作を無視して作物を作るしかないのである。為政者の目には外国産の穀物と国内産の穀物は同価値である。短期作物であろうが、長期作物であろうが区別はない。一作物を作るために百姓がどれほど熟考し、どれほど苦労するかなど考慮することもないまま、きょうは野菜を、あすは果物を作れと指示するのである。しかし一片の通達で処理し解決されると思うほど、自然生態系のなかでの農業生産は単純ではない。対策が常に後手後手に回るのは当然であろう。

百姓が母なる大地を忘れて我欲の徒となったとき、消費者が生命の糧を単なる栄養食品と区別しなくなったとき、為政者が百姓をさげすみ、実業家が自然を冷笑したとき、大地は死をもって解答にかえるであろう。自然はこのような人間に警告を与えるほど親切ではない。

自然農法の可能性

私はここでは近代農法の実態をただ暴露し攻撃することはさしおいて、禍根の西欧哲学の誤りを指摘し、東洋の無の哲学の実践であった過去の自給自足農業を追慕しながら、さらに自然農法という未来の農法の確立をめざし、その普及の可能性をさぐりたかったのである。京大の坂本教授は「自然農法が農業の大道になるだろう」といっておられる。

しかし自然農法が未来の農法となりうるか否かはその根底にある思想が、世間で是認されるか否かにかかるだろう。だがその思想をここで述べることは容易なことではないというのは、自然農法の基盤となる哲学は無であり、この哲学は人間の自然観、人生観、社会観、さらに宇宙観を統括する壮大な哲理であるからだ。ここで詳述することはできない。

ただ無の立場からみた次の時代の農業について少し推測してみよう。私はすでに三十年前に、人間の物欲拡大にともなう物質的遠心的拡大の時代、近代科学暴走の時代はすぎ、精神的生活の向上をめざす求心的収斂の時代がくると予測したのであるが、その期待ははずれたようである。公害問題をきっかけにして、花開くかにみえた有機農法は一時のはどめ、一服の清涼剤的役目を果たすにとどまるだろう。

というのは、もともと有機農法は過去の有畜農業の焼き直しであり、本来が科学農法の一部であるがゆえに、巨大化した科学農法やその体制に、のみ込まれてしまうということである。私は過去の自給自足の農業や、自然生態系を生かそうとするこれら農法の台頭が口火になって、本来農の大道であった自然農法志向まで、日本人の思想が昇華することを願っていたのであるが、現状は絶望的である。

人知の独断、独走態勢

もう人類社会は自然から遠離した人間、人知の独断、独走態勢に入ったとみるべきであろう。実例をあげてみる。

自然科学者は最初自然を知ろうとして、一枚の葉っぱを研究しはじめた。それが分子、原子、原子核、素粒子に及ぶに従って最早、科学者の眼には最初の一葉などは眼中になくなる。原子核の破壊や融合技術の開発が先端の学問となり、いままた生物の遺伝子組み替え工学の発達から、人間は意のままに生物を変異せしめる力を得るようになったのである。これは人間が創造主の代理者になり、魔法の杖、孫悟空の如意棒、打出の小槌を入手したことである。

人間は何をこれから始めるか、農業面での活躍を眺めてみよう。異種植物間の遺伝子組み替えによって珍妙な植物をつくることから出発するだろう。稲のおばけ品種をつくることはやさしい。文字どおり木に竹をつぎ、瓜の蔓《つる》にナスを成らせる。果樹にトマトを実らせることも可能になる。豆科植物の遺伝子をトマトに移すことで、空中窒素を固定する能力をもったトマトができるはずである。窒素肥料無用のトマトや稲ができれば百姓は争ってこれを作るだろう。

だが、自然はこんな遺伝子工学のお世話にならないでもっと上手でスマートな方法でその目的を達しているのである。

遺伝子の組み替えは昆虫にも応用されるだろう。ハチとハエの合の子がつくられたり、チョウとトンボの両性をもった虫がつくられたら人間は益虫か害虫かの判断もつかなくなるだろうが、そんなことはおかまいなく、女王バチが働きバチばかりつくるように、人間は人間のために役立つものなら、どんな昆虫でも動物でもつくりはじめるだろう。

やがて動物園用にはキツネとタヌキの合の子がつくられ、会社用には労働専門用の植物人間や機械人間をつくる可能性もでてくる。ばかばかしいと思われるようなことも、最初それが医療用に開発されたといえば、立派に世間に通用するのである。

先端技術は大自然の目からみれば末梢技術でしかないのである。

科学者の夢と百姓

試験管ベビーに始まり、培養基のなかで人間を増殖し、優秀な人材の遺伝因子を移した七色の人種をつくることを夢みるだろう。人間を生かし育てることに苦労はしない。人造タンパク食品や人造ビタミン支給装置つきの完全保育器のなかで人間を飼育するだろう。

もちろん、このような食品は石油合成による、まずいタンパク肉などでなくて、植物タンパク源の大豆などの遺伝子に牛馬の遺伝因子を組みこませてつくった、牛肉に近く、美味しく安いタンパク食品などが支給されるようになるだろう。このような科学者の夢が実現される日は、もう目の前に迫っているのであるが、こんな時代が来たとき、農民の役割は何であろうか。

天日を仰いでの田畑の仕事などはもう夢物語になり、密閉されたコンクリート工場のなかで、科学者の手助けをする一労働者になっているかもしれない。しかし彼らの勤める工場は、人手間を駆逐するための利口で力のある人造人間を多量につくるのが目的の科学工場であったりする。

でも、このような悲劇も科学者の目には一時的な犠牲としかうつらないだろう。人知は不完全であっても、いつかは完全になり、使用方法さえ間違わねば人知は役立つものだという確信はゆるがないで、果てしなく空《むな》しい可能性に向かって挑戦していくのである。

だが、このような科学者の夢は蜃気楼《しんきろう》でしかない。科学者の活躍はどこまでも釈迦の掌中の乱舞でしかない。地上の生物、無生物を意のままに変え、新しい生命を創造したとしても、人知の所産、創造物は、どこまでも人知の領域を超えることができず、人知に出発した人為はすべて大自然の目からみれば、すべて徒労に終わるという運命を免れることはできない。

すべては相対界における人間の虚想から出発した独断的虚妄にすぎないからである。彼らは何を知りえたのでも何を為しえたのでもなかった。自然を制御するつもりで自然を破壊し、自らを玩具にして損い、地球を潰滅の淵に追い込むだけである。彼らに追従し手をかすもの、農民も例外ではない。それが明日の農民の姿であるとすれば悲劇というしかない。しかし百姓に一縷《る》の望みがないわけではない。農村に埋もれる哲学が発掘されれば、大逆転の可能性がないわけではない。自然は完全無欠な神であることを実証するのが百姓の使命でもある。

（毎日新聞社・富民協会『農業と経済』昭和五十六年一月号に掲載のものを改稿）

四　自然農法の体験と哲理

はじめに

私は岐阜高農を出て、二十五歳のときに横浜税関の植物検査課につとめました。最初は植物病理を研究し、税関の植物防疫の仕事をしていたのですが、そのあと病気をし、急性肺炎に罹ったときから、人生に疑いをもつようになり、懊悩の末、ふとした契機から、考えが変わってしまいました。その頃から私は、科学というものがどうも変じゃないかということを考えたのです。顕微鏡をのぞいていて、顕微鏡からのぞき得る世界、小さなカビの極微の世界、バクテリアの世界が非常に大きな宇宙の天体の世界と共通している点がある。ああいう小さなカビの中にも男性があり、女性がある。その頃、私は、黴菌の交配をやっていたのですが、構造も似ているし、やっていることすべてがよく似ている。そこらあたりに驚異というか疑問をもって、追究しているうちにからだをこわしてしまって、あるときフッと、回心というか一つの転機に遭遇しました。

そこのところは省略しますが、そのときから科学というものがとんでもない化け物だという気がしてきたのです。一切が無意味に思えてきて、結局税関をやめ、田舎へ帰りました。田舎へ帰るまでにあちこち回りましたけれど、そのときに自然農法というようなことも考えて、一度山へ入ったのですが、結局戦争が激しくなってきて、ぶらぶらして山の中でひとり暮らすということもできなくなりました。そのうちにまたどこかにつとめようということになり、高知の農事試験場につとめ、病虫害のほうを担当して終戦の日を迎えたわけです。そして、終戦でやっと解放され、念願の百姓をやることになりました。試験場におりましたとき、科学的な農法を研究して、一般にどうしたら米ができるのだ、麦ができるのだ、芋ができるのだということを、あのころは食糧増産時期でしたから、そういうことで走り回って、そういう指導もしてきたのです。

ところが、その頃、私の脳裏に自然農法という考え方があって、そして科学的な研究をするとともに、自然農法の研究も実はしておったのです。終戦直後になりましてから、自分でそれをいろいろ独りで実践してみたのです。

さて、それから昭和三十五年頃からでしたか、救世教の榊原さん、露木さん、あるいは吉岡さんあたりとおつき合いをするようになりました。その三人の方はよくお見えにもなったりしておった。私は現在でもそうですが、終戦の日からずっと三十年間ただの百姓で通してきました。百姓になりたくて百姓になっただけでございます。だからあらゆる団体、あらゆるグループの人たちと接触はしておりますけれど、別にどこにも所属していないフリーの一匹狼の立場をとっていたわけです。ですが、自分の考えております自然農法、それは、この救世教の教理も方法も今、違っています。

ここのは、実質は有機農法ですが、自分ははっきり言って結論は同じでなければならないと思っているのです。

一口に言えば、私は若い時、何もしない農法があるのだということを発見した。ところが、何もしない農法があるといいましても、どうしたらそれが実現できるかということが最初はわかっていなかった。方法がわかっていない。その方法を探るために三十年百姓をやってきたわけです。そのうち、ある程度のことがわかってきた。京都大学の坂本慶一先生などが私のやり方の理解者だったのでここに招かれたのです。

何もしない農法は可能か

現在、私がどんな生活をしているかというと、瀬戸内海を見下ろす山の上で、ミカン山を経営しております。たんぼが六反、米づくり、麦づくり、ミカン園三町歩をやっています。その山小屋には、ここ数年五、六〜十名ぐらいの青年がやってきて手伝ってくれております。うちの山はただの百姓屋で、その青年たちにお手伝いしてもらってるだけです。共同体という名もついておりません。自然農園だと言ってるけど、自然農園という看板をかけておるわけでもないのです。

うちへ来るのは自然食の人たち、山岸会の人たち、あるいはほかの共同体の方、救世教の方たち、いろんな宗教団体の方々ですが、宗教団体で言えば神道の方もいる、キリスト教の方もいる、大本教の方もいる、さまざまで、青年たちもヒッピーもおりますし、博徒、無頼の人間もおります。大学生もおります。家出した娘さんもおる。だれが来ても勝手に来て、勝手に泊まっていって、勝手に出ていくというのが現状です。で、何をやっているのか。さっき言った米づくり、麦づくり、ミカンづくりをやっておりますが、その中で終戦後何をいちばん重点にやってきたかと言えば、自分は米づくりをやってきたわけです。その米づくりはどういう米づくりをやってきたかといいますと、結論は最初に出ていた通りです。何もしない農法です。

何もしないでよい農法があるという結論に到達したのは、どういうことかといえば、まず思想的理論的に私はそうならざるをえなかったのです。私の思想は、わかっているのじゃない、認識は不可能であるということが第一です。第二はいかなるものにも、どんなものにもものに価値があるのじゃないということです。第三点目は、人間の知恵でやったことはあらゆる一切のものが無価値になってしまう。無用である、無駄である。役に立たないということが結論なのです。一口に言えば一切無用である。

そういう結論に私がなってみたら、何がほんとうか嘘かという規準がなくなってしまった。お釈迦さんの『般若心経』の中にも、「色即是空、空即是色、一切が無」ということを言っておられる。簡単に言えば、それをストレートに信ずれば、一切無用になると私は見ます。生きているのでもない、死んでいるのでもない、育っているのでもないというようにお釈迦さんは言っている。そんなでたらめがあるだろうか、そんなふうに思うのが普通であります。この机上の花は明らかに生きている。枯れもせず死んでもいない。お釈迦さんは、これを死んでいるのでもない、生きているのでもないというふうにおっしゃっている。

自分たちは肉体のみならず、心もあると思っている。肉体というのは心の働きで把握したものだ。

その心というのも肉体からでたものでしかない、そしてどちらもない、色も心も一切空であると言ってる。これほどはっきりあるじゃないかと思われるものについて、それはないと断言しているのです。どうしてないなんていうことが言えるのだということが一つの問題になりますが、とにかくストレートに解釈し、何も本当に認識しえているのじゃないという観点に立ってみると、一切の具象も心の象も何もないということになってしまう。私がその考えをもって、それを他人に言ってみても、どうしてみても一切そんなことは通用しない。通用しないが、自分は自分でそれを実証してみたかった。百姓をしながらそれを確かめてみようとしたのです。人に話すために米づくりをしたのじゃない。百姓をしたのじゃなかった。その何もしなくてもいいという考え方が正しくないか、正しいか。お釈迦さんの言ってる『般若心経』にある言葉がほんとうか嘘かを試してみたかった。何もしなくて米ができるかどうかということを試してみようとしたにすぎなかった。

農事試験場におるときには、ああしたらいい、こうしたらいいということをどんどんやってもみた。ところがああすればいい、こうすればいいということをやれば、当然人間は忙しくなり、百姓は苦しくなるばかりです。どうでもしなきゃいけない。ああしなきゃいけない、こうしなきゃいけないという思案では、人間は楽にはなれない。それを、終戦後、百姓になってからどうしてきたかというと、ああしなくてもよかったのじゃないか、こうしなくてもよかったのじゃないかという追究をしてきたわけです。田を鋤かなきゃいけないということがほんとうだったのだろうか。田植えをしなきゃいけないということが、ほんとうなのだろうか。肥料をやらなければいけないというのがほんとうだったのだろうか。それを追究してきたわけです。

科学農法のパラドックス

ところが、やっぱり何もしなくてもよかったのです。科学的な真理は真理のように見えるが、科学的には真理であるけれど絶対真理ではなかった。何かものに価値があるように見えるが、それは必ず人間がそのものに価値があるように見えるような前提をまず実施している。

例えば、田を鋤かなきゃいけないというのは、田を鋤かなきゃいけない条件をこしらえておいて、田を鋤いて、それが価値があるように思ったにしかすぎなかったのだ。田は六月水を入れて、手を入れて耕耘機を入れて鋤いて練って壁土のようにしてしまう。微生物も死んでしまう。空気がなくなって追い出されて無くなってしまう。土を練って土の粒子を小さく破壊してしまう。そうすれば、いやおうなしに作物を栽培していくためには空気を入れなきゃいけないから耕耘し、深耕する。除草し、中耕して攪拌する作業が必要になってくる。毎年鋤かなきゃいけないという条件を人間がまず造っている。

初めからほっておいてみたらどうだったのでしょう。ほっておくのは放任ですが、放任じゃなくて、ほんとうの自然の状態にしておけば山林と同じで、山林の土は何も耕しもしないし、打ちもしないが年々そういうふうにして何千年の間には肥沃な土が出てくる。

人間は土を殺しておいて、破壊しておいて、そしてその土をこういうポットに持ってきて、試験場の中へ持ってきて入れて、そこで試験してみる。そうすると一寸耕しておるより二寸耕したほうが一石米がよけいとれた、三寸にすればもっと米がとれたという結論を出す。死んだ土を自然でない条件の所へ持ってきて試験すれば当然そうなってくる。だから、松本五楼さんあたりは、一寸耕せば一石とれる。二寸耕せば二石の米ができる。三尺耕せばそれ以上とれるじゃないか。よけいとれるのじゃないかという結論を出している。事実そうなのです。深耕してもとれる。中国のように三尺耕して深く耕して多肥料でやれば、それはとれる方法もあります。

しかし、それはそうしなきゃいけなかったということを前提としてそういうことをしたからそうなったのにすぎない。むしろ、それより鋤かない方法というのがあるのだったら、それをやったほうがよかったのじゃないか。化学肥料をやらなきゃいけないというのは、水をたっぷりためて、稲の根を腐らしてしまって、稲が弱ってしまってる状態において、根が腐っているから、即効性の化学肥料をやらなかったらしょうがない状態になっているから、化学肥料をやれば効果がある。化学肥料が必要という条件をこしらえておいて、そこに稲を植えといて、片一方に肥料を入れ、片一方に肥料を入れないで試験したら、当然肥料を入れたほうが太るのです。だから、それは米の多収穫ができるとそう思った。

ところが、ポットを持ってきて移したときに、自然の土ではない。土が死んでしまっていた。そして水をためて稲をつくり、そのために稲が自然でなくなってるからして、有機質を入れたぐらいではきかない。即効性のものでなければいけない。人間が弱ってくれば病人食が必要になってくるというのと同じことです。病人食の代わりの化学肥料が必要になってきたわけです。だから、土を生かし、健全な稲をつくっておれば、化学肥料は必要じゃなかったのです。ところが、そういう科学技術の開発のしかたをしたから土地を鋤かなきゃいけないということが生まれてくる。そして、軟弱徒長の稲づくりから、薬をかけなかったら病虫害が発生するから、薬をかけるということになってきた。だから、自然にほっておいて、土地が肥える方法を開発すればよかったのです。健全な稲をつくるつもりで品種改良をするのじゃなくて、そういう非自然的な人工的な栽培方法に合った品種改良をしてきたから、改良してきたつもりが改善したのじゃなくて、改悪したにしかすぎなかった。うまい米づくり運動として弱い稲をつくっておいて、薬をかけねばならぬ稲をつくり、そして薬をかけたら効果があったという結論を出したにしかすぎない。だから、自分は反対に、天の邪鬼じゃないが、反対に何もしないように、何もしないようにした。しかし放任は自然じゃない。その自然と放任とを区別し、自然とは何ぞやということだけを追究してきた。

自然農法でとれた稲

きのうから持って回ってる間に、皆が籾をむしってしまって減ってしまいましたが、これが今年つくった稲です。ほんとうに急いで持ってきたものですが、いま見てみたら、この中に病気の斑点が一つもない。病気がついてない。稲熱病や菌核病もついてなければ、葉に胡麻葉枯病もない。わずかにイナゴが食ったあとがある。こちらのほうが冬蒔いた稲です。正月が来る前に蒔いておるのです。こちらが六月に蒔いた同じ品種ですが、ちょっと違っているのです。片一方が十二〜十三本、片一方が十七〜十八本でしたか、それぐらい分蘖《ぶんけつ》しておる。五寸間隔で一本ずつ蒔いた稲です。これに差があるから数えてもらってみたらわかると思うのです。いちばん小さいので百二十粒ぐらいで、大きいほうは二百六十〜二百七十粒ついておる。自分がつくった稲は最高十二本に分蘖していて、二百五十粒平均、大きい穂は三百粒以上ついていたのです。普通の稲と穂数は大差がないのです。見た目には茎数は普通です。ところが、粒数が二百五十粒平均ついていると、幾らの稲の収量になってるか、計算してご覧になったら皆さんはわかるはずです。何べん計算してみても間違いじゃないかというふうな粒数がでる。オーバーな言い方をしますと十石できる稲になっておる。これは完全な粒数が入っていたとしたら十石できるのです。科学農法でやった稲よりも最高数量になってしまって、いまの太陽の下でつくる米づくりの理論的収量が十石とか十四石とかいう数字が出てるので、それに近い数字になってしまう。

これをどういうふうにしてつくったのか。二十二、三年田を全然鋤いておりません。化学肥料は一切やっておりません。農薬はかけておりません。それでこの稲がとれます。この品種は何かというたら昔の品種なのです。いつごろかはっきりわかりませんが、モチ米ですが（その後この品種は改良され、何種類ものウルチ米やモチ米になっています）、何でそんなものをつくったかというたら、品種改良した新しい多収穫の稲じゃなくて昔の稲でも収量がとれるかどうかを試してみた。うまくないかどうかを試してみたのです。

昔の徳川時代であると思うのですが、こういうものをつくった。このモチ米というのを何でつくったかというと、昔の侍が黒いモチ米の玄米を食うていたという話を聞いたからつくった。百姓は芋、ヒエを食っていたが、上のほうの侍さんはモチ米を玄米にして食ってきた。だから、小さな馬に乗って鎧かぶとを着て、大太刀をふって、戦争ができたのは、これを食ってるからかもわからない。うまかったか、うまくなかったかも探ってみたのです。玄米で食ったらけっこうおいしい。白米で食うとうまくないという感じもする。胃袋の強い、山小屋に生活する青年に食わしてみると、これがいちばんうまいと言うのです。こうなると、品種改良してうまい米をつくったというのは、ほんとうだったのか嘘だったのかわからない。多収穫の稲をつくってきたというのが、ほんとうか嘘かということになる。それを実証してみた。

結局、田を鋤かず、耕耘機は要らない、トラクターも要らない、化学肥料も要らない、農薬は要らないというたら、皆さん、どうなります。日本の化学工業の基幹産業というのが皆つぶれてしまうことになってしまう。だから、なかなかそんな農法を信用してくれたり、やる人はない。出てこない。大学の試験場が全国にこれだけあって、そして何を研究してきたか。ああやったらいい、こうやったらいいという技術が開発されてきたために、百姓は苦しくなるばかりだった。省力栽培、省力栽培というて、百姓の首つり農法を開発してきただけにしかすぎなかった。百姓を減少させていくことになる。農業が盛んになって、農業を滅ぼす薬品や肥料が開発されてきたにしかすぎない。企業家が、もうける材料をこしらえてきたにすぎない。百姓不在の農学が盛んになって、百姓を苦しめる農法で、百姓の首つり農法がずっとやられてきたわけです。

現代農学は穴蔵の知恵

大学は何をするところか。根本的に大学というのは、迷わない人間をつくる、本当の賢人をつくる目標だったはずです。何も疑問がない、迷いのない人間をつくる。そのためにものを習うのだ。昔は何も知る必要がないような人間をつくるために勉強したと思うのです。いまの大学はそうじゃない。あらゆることを分析し、専門化して調べていき、調べれば調べるほど世の中がわからなくなってくるような学問をしてるにしかすぎないのです。一滴の水を見て、一本の稲を見て、これは何だということに疑問を持って解釈してるのです。それを研究するのに、一つの斑点があれば病理部がするのです。虫がいれば病虫部でする。肥料のほうは肥料部が研究する。栽培学の者は栽培部へ持っていって、バラバラにしてしまって研究する。こうすれば一つの稲というものを人間は知ることができるようになるかという点です。元来、この自然というものを人間は知ることができるかというと、それは知ることができないというべきです。大学で学生に最初に〝自然がわかる〟ということが人間にできるのかと聞いたら、三分の一ぐらいの学生がわかるといって手をあげた。三分の一は自然はわからないといった。あとの三分の一は黙っとったのです。ほんとうにわかるということがわかるか。人間は自然を分解することができない。わかったという人は、わかってないのです。わかるということはどういうことかわかっていない。

わかったら、ものがほどけていって、自ずから明白な解釈ができるはずです。稲というものを見てわかってきたのだったら、稲についての学問はもう必要でなくなってくるのだ。それを、研究してもつれさせて、もつれさせていったのが現在の大学なのです。

ここに一本の稲が生えている。その稲を追究するためには、この稲を凝視していたらいいのです。いや疑って視るのではなく、稲を信じて稲になって視るのです。つくってさえいたらいいのに、これを見るのに葉っぱと茎と根とに分解して調べている。人間の知恵というのは、僕は穴蔵の知恵だというのです。地下の穴蔵を拡大しているというのです。このお日さんの下にある稲を見てればいいのに、これを顕微鏡の下で見てみたり、暗い教室へ持って帰ってそこで研究するのです。あるいは、鉢植えに植えた稲を調べる。そして、稲とは何ぞや、植物病理学的にはこういうものだ、栽培学から言えばこういうものだという研究をするのです。そうすると、ここで稲の知恵はふくらんでくる。稲がわかったというのも、病理部の者は病理的に研究しています。肥料部は肥料部で研究して、肥料学の対象としての稲を見ている。経済部の者は経済学から見た稲というものは何かを研究している。この穴蔵の知恵が広がってくれば広がってくるほど、周囲の無明の暗闇は大きく広がってくる。一つ知ったら二つの疑問が出てくる。二つの疑問を解決したら四つの疑問が出てくる。わかったというのはわかったのじゃない。大学でわかったというのは、分解して無明な闇の中に迷い込んだにすぎない。

無明の農学、迷いの医学

この赤と白とはどういうものか。赤に対してそうでないものを白だと解釈したのにすぎない。白というのは何だと言ったら、赤の反対だと答えたにすぎない。赤の反対が白で、白の反対が赤だというようなことをいっているだけです。そして知ったと思っている。その白い花を知ったのでも何でもありゃしない。この花を見て、これがわかったという人はこの中に一人もいないはず。花とは何ぞやというたら、花が何だかわかった人は一人もいないはずなのです。この花が何を言ってるのか、どのような意志をもっているのか、何を人間に伝えているのか、話しかけているのか、何も考えていないのか、人間に対してどういう存在であったか、それが実在するのか、実在しないのかということをわかっている人は一人もいない。

それにもかかわらず分解して分析して、これはどういう花である、何という花であるということを知ったら、植物学者は植物学的な解釈で満足している。カメラマンはカメラをもってこれを写して、白黒で写したら白黒の花を花と確信し、白だ黒だといっている。カラー写真を撮った者はそのカラーの花を確かな花と信じているにしかすぎない。だから、自分の主観で見たものをキャッチしているだけでしかないのです。写した被写体そのものをキャッチしたのじゃなくて、その自分の頭で解釈したものを写して喜んでいるにすぎないのに、それをほんとうにわかったような気になってしまっている。だから、それはわかった接近ではなくて、わかるから遠ざかる疑問をふやしてきただけにすぎないという結果になってしまうのです。だから迷いがますます深くなってくる。訳のわからないままに穴蔵を掘って、そこに無明の灯火をつけ、間違いのない明るい文化の地下街が出来たと喜んでいるようなかっこうです。

だから、大学は疑問を開発し提供しているところだと思います。疑問をどんどんふやすから、それをほどくためにまた別の教室をこしらえていかなければならない。また大学の先生を増員する。学問が発達すればするほどどんどん大学は大きく発達する。マンモス大学ができる。世界中に氾濫するほどの大学をこしらえている。これだけ世の中が複雑になって、むずかしくなって、わけがわからなくなってきたからこれだけ太ってきた。大学が太ってるということは疑問がふえてきたということです。人間の迷いがふえてきたということだ。人間の迷いを少なくするためにあった大学がますます膨張している。

お医者さんがふえて病院が繁盛している。お医者さんが病人を治しているつもりでいる。病体に人間をつくっておいて、そして病理学を研究して、どんどん人間のからだを弱体化しておけば研究課題はどんどん拡大し学問は進展し、医者は儲かる。うまいものを食べさしたりなんかしておいても歯医者さんがいれば安心です。いくら甘いものを子供に食べさしたって平気でおられるから、母親は出来るだけ甘い菓子を我が子に食べさして、虫歯をこしらえて、そしてお医者さんが入れ歯でもこしらえてくれたら、それで治った治ったと、甘いものを多く食べただけ我が子は得をした幸せな子だと。そういうようなことで病院が大きくなったら、医学が発達したから人間はだいじょうぶだ、寿命が延びた、人間の幸せは増大したと喜んでいる。植物老人ばかりできてきて、若い者の数が少なくなっただけのことにしかすぎないのに、医学が発達したから、日本人の寿命が延びたなんて喜んでいる。医学が発達し、病院がたくさんできただけ人間のからだが弱っているのです。病院の発達は人間の崩壊のバロメーターにしかすぎない。

農学が発達したのは、稲が病体化して不健全になって、収量が低下しているのを、農学によって消極的に救っていただけにしかすぎないのです。自然農法は二十俵も三十俵もとるだけの力を持っていて育てていたのに、人間が土を破壊し、稲を破壊し、品種改良して改悪したために収量が逓減してきた。農学が発達しなければ昔の実収はとれないようなことにしていたにすぎないのです。多収穫の研究をしているつもりで、多収穫の研究をしてたのじゃなくて、減産防止の技術を開発していたにすぎなかった。農学を支配する諸法則だなんていっているものも、みんなほんとうは人間がまず不自然な不完全な状況を作っておいて、それを回復する手段としての学問、技術というものをこしらえて、これを振り回していただけにしかすぎなかったのだと言えるわけです。

米麦不耕起連続直播――自然農法の展開

今、農業試験場あたりではどうなってるか。中国、四国の県立の農業の試験場あたりが五〜六年前から取り上げてやってきた。そして、その結論は、米麦連続の不耕起直播で差しつかえないという事が現在出ております。

例えば、岡山の試験場あたりですと、二、三年前に、米麦不耕起直播というので『農業及び園芸』という雑誌その他に出ておりますが、その論文は、自分が十年前に書いた『緑の哲学』という本の中にも出ている……あれは『農業及び園芸』という雑誌に発表したのをそのまま写しているのですが、十年前に書いた私の結論と比較してみていただきたい。ほとんど違っていやしない。どこが違っているか。田を鋤かない。米と麦を続けて直播する作り方は全部同じ。どこが違うのかといえば、自然農法でしてみて、その上にやっぱり農薬をちょっとかけた方が多少は多くとれるのじゃないか。化学肥料を使ったほうが便利じゃないか、そういう言葉を書き加えているだけなのです。自然農法を骨格にして、化学農法の衣を着たものが岡山県などで急速に発展してきた。この数年前までは十町、二十町のたんぼだったのが急発展して、おそらくあの中国筋は何千町歩という田になるでしょう。僕はもう十年前に、田植は無用だ、どんな転換がきても無用だということを指摘しておいた。

現在になってみて、ここ数年もしたら、田植は半減するのじゃないかと思っています。全国的に見ても自分の直播栽培に変わるだろうという見通しは、少なくとも原則的には間違いでないと思っています。田植機械が出て一応ちょっと後退したように見えますけれど、それは一時的なものだ。いま農機具会社がボロもうけしておりますが、それも長くないと思っています。どんなにしても収量が田植栽培より直播の方が上になっているからです。その事実を技術者は全く知らないのじゃない。知っているのです。ただそれを口に出すということを恐ろしがったり、いろんなことから躊躇しているにしかすぎないのです。いずれ直播栽培になる。今のところ直播栽培で田を浅く鋤くか、全く鋤かないかが技術者の間での一つの論点となっているだけです。試験場には長年不耕起直播を続けた実績がないだけなのです。データが出来るまで一時的な耕起直播もいいでしょう。しかし、やっぱり何もしない全く耕さないほうが楽なのです、得なのですから。自分は結局その方向へ向かって不耕起直播の時代がくると思ってるわけです。その不耕起直播が伸びるときが、自然農法を表に出す一つのチャンスになっている。その時期がボツボツきたのじゃないでしょうか。

昨年、一昨年の愛媛県の農事試験場では、たんぼで一番最高収量をあげたのはどのつくり方だろうか。不耕起直播なのです。しかも冬蒔き栽培なのです。十月、十二月に種を蒔いているわけです。麦と米とを一緒にバラ蒔いてつくるやり方、これは自分が昭和三十六年に発表したやり方に近いものです。それを愛知と愛媛の試験場が遅ればせながらやったというだけです。将来非常に多収穫の栽培方法になるだろうということを十年ほど前にいったことが、それがやっと日の目を見てきだした。

私の自然農法のやり方

自分はどういうつくり方をしたかと言ったら、稲がある十月の初めに、クローバー種を、二、三合でいい、これだけを持っていって指の先でつまんではパッとふるのです。すると、二、三メートルぐらいの幅を飛びますから、一時間あったら一反歩の面積にまけます。現在そのクローバーが二～三センチに伸びているわけです。それから、稲を刈る一週間前から二週間前に今度は麦を持っていって、二、三升から四、五升ぐらいの麦をザルに入れていってバラ蒔く。それが一時間。そして、稲を脱穀するのにそのワラをふりまく。長いままで切ってはいけないのです。長いままでバラバラにふる。むちゃくちゃにふればふるほどいいのです。ワラをふれと言って、それだけの説明をしたら、鳥取大学の藤井先生が切ってワラをきれいに並べたのです。そうしたら発芽しなかった。どうして発芽しなかったか聞いてみたら、並べたからです。並べて束にしたり、稲ワラを切ったらそれはダメなんです。バラバラにしなきゃいけない。すき間があるから下から出てくるのです。厚みはこれぐらい、出来たワラは全部ふってかまいません。この試験場にすれば、百キロぐらいふったらよかろうと言ったら、おそるおそる百キロふったのではダメです。できたやつは全部ふったほうがいいのです。二百キロあろうが三百キロあろうが、たくさんふればふるほどいいと思ってもらったらいい。麦の上からワラをふりかける。

そしてもう一つ、変わったことをやりたい人は、十一月の半ばから一月でも種もみをまたザルに入れてふる。クローバーがある。そこに麦がある。稲があるというか、もみを蒔いているのです。

そして麦を刈るまでは、たんぼへ入ってはいけない。種を一時間蒔いたら、ワラを踏むのが二時間、三時間あったら麦蒔きは終わってしまうのです。刈るまでは入ってはいけないのです。冗談じゃなくてそれだけでいいのです。その間に入るとすれば、十俵以上とろうという場合は、鶏ふんを五十〜六十貫おきなさい。救世教は鶏ふんを施肥してはいけないということです。実際いまの鶏ふんは薬をつかっているので危ないのです。使いたくないのです。人糞も汚いからやりたくないのですが、スズメも飛んでくる、モグラもやってくる、自然の中にはいろいろな鳥の糞も入ってる。人間の糞もあるわけなのです。先般、救世教の吉岡さんに熱海で会って話したのですが、「心配せずにあんまりかたいことを言わずに鶏ふんをおやりなさい。そのうちに鶏が本物の鶏になったり、烏になったり、いずれ自分がいまの白色レグホンなんていう鶏廃止運動をやりますから。昔のキジかハトなどに帰る運動を始めるから、そうなったら安心して使えるようになるから、それまでの辛抱と思って鶏の糞もお使いなさい」と。十俵以上とるのだったら、それが肥料といえば肥料です。それ以外のものは一切要らない。たんぼから麦と穂をとって帰るぐらいで一切のもみだろうが、麦、ワラ一本も持ち出してはいけない。

　そのワラを一本ふるという簡単なことが試験場や、大学の手にかかるとむずかしくなってしまうのです。長いワラをふっていいと言ったのは十五年前なのです。ところが、愛媛試験場で、そんな乱暴なことができるかと皆さんはお笑いになった。そしてカッターで切るのです。カッターで切ったら発動機が要る、カッター機械が要る。それをもってきて切って細かにしてザルに入れてふってたら、一日かかってしまうのです。その必要はないが、それをやってみなければ気が済まなければおやりなさい。皆さん、そうすると、三年かかるのです、短く切る必要がなかったという事がわかるまでに。そして、愛媛試験場は三年目に、「福岡さん、ああは言ったが、三つ切り程度にやったのでいいようだ」と言って、そういう奨励をしているのです。ワラを三つに切っておきなさい。それが三年だと、やっぱり大したことはなかった。長ワラでよかったという具合にして、九年目になってわかった。

病虫害の研究をしている人がワラをふってはダメだという。自分も病虫害が専門でしたからあの戦争前ごろに、北海道で、ワラには病原菌がついている、イモチ菌があるからワラを焼いてしまわなければいけないというので、稲ワラを全部焼いてしまったことがあるのです。なぜかというと、病虫害の巣窟だと思っていた。イモチ菌、菌核病の種が振りまかれるから、焼いて捨てるか、持って帰って堆肥にしておやりなさい。堆肥を作るといえば奨励金もつきました。毎月品評会をやりました。そういう審査にも試験場の者がいきました。ワラ百貫のものを持って帰って堆肥にしたら二百貫の重さになるのです。家の中に入れといて、堆肥をつくるのには六回切り返さなければならない。あの高熱地獄のような堆肥の熱が出た中で、フォークをふるって小さな部屋で堆肥をつくってごらんなさい。いまの若い者は絶対にそんなことはできません。地獄の仕事です。それを一生懸命やった。

僕は、「生ワラをふったのでいいのだ」、その一言を言うため十年、二十年かかったが、それを言って試験場の人が納得するはずがないのです。それに病原菌がついているのじゃない。ついてるか、ついていないか吟味してごらんなさい。僕はその病理をやってきて、地に落ちている葉っぱの中からイモチ菌やその他の伝染病の病原菌を分離しようと思ってずいぶんやった、どうしても分離ができない。病原菌を取り出すのは得意だった自分ができなかったから、それは死んでいるのだという結論になる。死んでいるのだったらやってもいいじゃないかということになってきたからやったのです。だから、またほかの病理学者が研究して、ワラをふっても変わらないという結論を出すのにまた五年かかる。ワラをふっただけ、表面にふっただけで堆肥をしき込む必要があると言っていたのに、それが必要でなかったという、ことを証明するのに土壌肥料の人がまた五年十年は見る間にたってしまった。そして十年たってみて、病理部のもの、肥料部のもの、栽培部のものが寄って相談して実験してみて総合してみたら、やっぱりとれるじゃないか。田植する必要がなかったということがわかってきたのがようやく七年。その間自分は待ってたわけです。救世教の人の中でそういうことを実験してやられたら、それでも結構だ。現状の中から自分がやらなくてもそういう人が出てくれたらよかった。ところが、試験場の方面には、大学の中にはそういう研究はしていない。反対の研究ばかりやってる。

すべてが小よりは大がいいのだ。昔はひとりの者が病理も植物も土壌肥料も全部考えてきたけれど、いまはそれを分けてしまう。バラバラにしてしまう。分解して分散して、こういう研究をしてきた。総合したらわかるじゃないか、総合農学という部門があるじゃないかといってるけど、分解してみたものを寄せ集めたら元のものができるかといえば、実際はできはしない。この花を知るために分解して、葉茎を分けてしまってバラバラにしておいて、病理学者、植物学者が、それを寄せ集めて元の花にできるかというとできやしない。それをやるような研究をしているのだから、もの

247 第4章 日本の自然と農業の崩壊

の本体から外れてしまう、自然から外れてしまう。

農学の人が一生懸命農学のためにやっている百姓のための農学ならいいのだけど、いまの大学の中、建物を見ただけで、あれだけの講座があって、どこに百姓がいるのです。百姓の行く所は一つもありはしません。相談に行く所は一つもありません。まだ昔の大学だったら農場に行って、どうしてつくったらいいか尋ねに行けた。しかし今の大学は稲の葉っぱを持って、どこへ行くかウロウロしなければいけない。

無公害の薬品なんて一つもありはしない。いまの農民が散布している薬、低毒性といいます。ちょっと人間の目にはすぐはわからないというだけの毒性なのです。低毒性というのは少ないのじゃないのです。微生物的に見ても人間の化学的な分析でちょっとわかりにくいという意味です。ごまかしがきく薬であるわけです。だから、むしろ悪質になっていって、そういう薬をどんどん開発している。むずかしくするのです。公害問題を普通の人が回避ができないような薬を開発した人がいちばんすぐれた化学者なのです。片一方で人をなぐっておいて、片一方で人を助けている。一つの大学の中に両方がある。うちの大学はこういう方針だ、うちの大学はこうだとバラバラなのです。収拾がつかなくなってきている。それを収拾するのはだれなのか。どの方向か。僕は、はっきり言って科学と哲学・宗教との対決の時代に入ったと思っているのです。

自然農法は自然を師とした科学的農法

現在、農法の中で日本有機農業研究会の一楽会長のもとで、有機農法が研究されています。それが創立されたときに、「有機農法」という言葉は私にはちょっと気にいらない、「自然農法」でよいのではないかといったのですが、仏国で使われている有機農法にした。それは、イギリス、フランスからはやってきた有機農法です。これは、西洋農法に対する同じ次元の東洋農法なのです。これは、いままでの農事試験場や大学でもやってきた農法です。今、土地が死んだから有機物をやれと盛んに言っている。ただ有機物をやれというだけだったら、昔の原始農法に帰るだけなのです。よく似ているが、よく腹を決めて考えてもらいたいということは、自分は二十年、三十年かかって生ワラをふれということを言った。ワラ一本ふったということは、堆肥化無用論です。一千年昔の農法は田を耕さない、畑を鋤かなかった農法だ。この鋤かなかった農法が徳川時代になって浅く耕す農法になった。明治から大正にかけて西洋農法が入ってきて深く耕す農法になった。私は耕さなくてもいい農法に帰りつつある。昔に戻ったのじゃないかといえないこともないが、単に昔に帰ったのではない。

私は田は鋤かないけれど、クローバーを蒔いておる。これは米づくりで一番簡単な方法になる。クローバーを蒔いておいて、春になったら急に繁ってくる。その中に籾種をバラ蒔く。そうしといて水を溜めてやる。クローバーは枯れてくるのです。弱ってクタクタになる。そうしたら水を落して放っとけばいいのです。そうすると、米麦やクローバー、そういうものが土地を生物的に耕してくれているのだ。鋤かないけれどワラは表面に敷かれている。ワラとクローバーそういうものが大型のトラクター以上に土地の地力増強を果たしてくれている。だから昔の原始農法ではない。耕さないという言葉だけにひっかかると原始農法に見えるが、大型機械よりも植物や動物を使った農業をしており、生物学的農法である。微生物を使った地力増強策であり、植物の根を使って田を耕しているのだと考えたら、最も科学の先端をいった科学になってくるわけです。自然農法は科学の一歩先を行ってる農法だ。その証拠がこの二十年の間に自分は一人で、誰の本も読みはしないで、しかもいつも稲作の先端を走っていたといえるでしょう。それが嘘だと思う人は自分が最初に書いた『緑の哲学』を見て下さい。あれは皆さんに出すのだったら書き方があったのですが、あれは試験場の技術者なんかを相手にして書いているから、科学的な書き方になっている。十年前の私の発表した事実と、その後にどこの試験場でどういうことをやっていたかを比べて見てもらったらわかる。十年前一人の百姓がやったことを、今多くの県の試験場でやってる。同じような結論ができている。しかも遅れている。私は、自慢話をしているのではない。私は、近道をいつも歩いているということを考えてもらいたいからです。ということはどういうことか。僕のお師匠さんは自然だった。学問じゃないのです。分別、分解しない自然からいつも学んだ。その自然は、完全で最高の師匠である。いろんな場合でも、いつも完璧である。私はよい師匠についていた。ほかの人は、自然を分解して局部的な一部分を、小部分を見たにしかすぎないのです。だからいつも不完全なものを学ぶしかできない。いつも師匠が悪いから、勉強し努力する割に収穫が劣るということ。科学はいつも人間の心象にすぎない虚像の自然の真似をするだけであるから、いつも不完全で劣っている偽物しか摑まえることができない。人間が科学的な知恵でつくったりしたものは、必ず自然に劣るという結論は、はっきりここで断言できるのです。自然というものがどんなに素晴しいものであるかを把握したら、それに頭を下げざるを得ない。頭を下げ、自己を捨てた時、自己は自然の中に同化され、自然が、自己を生かしてくれる。小さな自己が大きな力を発揮することもできる。そういう道を知って日々歩むだけでいい。

（於京都大学農学部　昭和五十年一月十六日、世界救世教会館　昭和五十年一月八日講演）

注　本文中の『緑の哲学』は昭和四十六年に私家版として出したもの。

五　自然農園の姿と心

自然農園の現状

――昭和五十年の京都での講話で、福岡さんが、自然農法を提唱された動機や、自然農法の概要なども大体わかりましたが、その後の変化はないのでしょうか。

あいも変わらずです。五年後の自然農園の寸描を、新聞記事で推察して下さい。

文明問い直す自然農法

科学や人間の知恵を否定

松山から南へ車で約二十分、道後平野が四国山脈にさえぎられて尽きるあたり――ミカン山の点在する愛媛県伊予市大平の丘陵地帯に、福岡正信さん（六七）の〝経営〟する自然農園があった。〝経営〟という言葉は適切ではない。それは、近代農法を含め文明とは何か、を根底から問い直す〝実験場〟なのだ。

この自然農園にはさまざまな人々が訪れ、滞在する。都会に、機械文明に絶望した若者たち、各府県の農業技術者、お役人、ジャーナリスト、高名な学者や評論家……。ついこの前はインディアンと白人との混血児、黒人ミュージシャンと白人ファッションモデルの夫婦と一風変わった外人が足をとどめた。

「四十年前、一瞬頭にひらめいた思想、哲学の正しさを実証するために、自然農法を始めたわけです」――白髪、白いあごひげに覆われ、〝哲人〟の風ぼうを持つ福岡さんは、もの静かな口調で語る。そして、この〝実験〟はみごとに結実した。

瀬戸内海を見はるかす小高い山に登る。小道が隠れるほど密生した雑草とクローバーの茂みからたくましく幹をのばしたミカンや山桃、モリシマアカシアの木々。ゴボウ、白菜、カブ、大根、高菜などの野菜。放し飼いの鶏がエをついばむ。季節が来れば、たわわに実る温州ミカン、甘夏、山桃、ウリ。果樹園でもない。畑でもない。それらが渾然《こんぜん》一体となった、まさしく自然農園である。

山のあちこちに「哲学道場」とか「小心庵」とかの看板を掲げた、文字通りの山小屋が散在し、福岡さんや若者たちの共同生活が営まれている。電気も、ガスも、水道も無く、労働が終われば、イロリを囲み、夜はロウソクに頼る。若者たちは寡黙だが、大地を踏みしめた人間の精気が伝わってくるようだ。

実証した〝無の哲学〟

四十年前の多感な青年期、懐疑と絶望のどん底で福岡さんの頭を占領し、その後の生き方を決定した思想、哲学とは、一口に言うと〝無の哲学〟である。

「この世には何も無い。一切無だ。人間は何でも知り得ると思っているが、実は何一つ知ってはいない。人間が考え出したあらゆることは、無価値で無意味である。ただ自然に従って生きてゆけばよい。自分の今までのものは、一切が虚像で、幻であった。その虚妄《きょもう》を捨て去ってみれば、そこに宇宙の実体というものが厳然としてあった」ということである。形而上《けいじ》的で非常に難しい。分かったような、分からないような。福岡さんは、「説明すればするほど、誤解の材料を提供しているような、むなしい気がしてくるんです」と謙虚に告白するのだが……。

とまれ、今度は山を下り、田んぼを見学してみよう。田んぼと言っても、普通の水田というイメージにはほど遠い。苗が十五センチほどに伸びた時期であったが、水は引いていない。ワラが一面に敷いてあるだけ。福岡さんは、自分の田畑の農法を〈米麦、連続不耕起直播《はん》〉と名付けている。わかりやすく言うと、耕さず、田植えをせず、直接モミや種をまいて、米と麦の二毛作をすることだ。さらに化学肥料も施さず、除草作業もせず、農薬も使わない。「世界でこれほど簡単な農法は無い。五分で説明がつきます」

麦刈りの二週間前の五月初めにモミをまく。発芽して五―十センチに伸びたところを〝苗踏み〟

しながら麦刈り。出来たワラを一面に敷いてから六月末か七月初め、鶏フンをまく。麦作りも米作と全く同じで、十月の稲刈り前に麦とクローバーの種をばらまく。麦踏みしながら、稲刈り……。ワラが〝生命線〟である。肥料になり、スズメ・雑草対策になるからだ。クローバーは、雑草を抑える役を果たす。水を入れるのは、盛夏から秋にかけて、五メートル間隔の溝《みぞ》に時々水を走らせるだけだ。

周辺農家では、一反（約十アール）当たり七、八俵だが、自然農園では十俵、部分的には十五俵の多収穫を上げる。学者や技術者の中には、「福岡さんの農法は非科学的に見えて、最も科学的ですねえ」との感想を述べる人が多い。福岡さんには、不本意な評である。

「人知とか人為とかを否定した所が、私の出発点です。他人が〝ああすればよい、こうすればよい〟というのを、私は〝ああしなくてもいいのではないか、こうしなくてもいいのではないか〟というやり方で四十年間続けてきました」。即物的な側面を見て、科学的な解釈を下されると困るのである。

「自然農法は、青年時代かいま見た哲理を実証したものです。私にとって、自然農法は哲学であり、宗教です。いわゆる〝文明〟を問い直すすべての道に通じています。つまり、人間の生き方を変える革命です」

内外から注目される

自然農法は、いま国の内外から熱っぽいまなざしをあびている。アメリカのある雑誌は、表紙に福岡さんの顔写真を掲げ、〝エデンの園への復活〟と紹介した。福岡さんの著書〈わら一本の革命〉は、英訳され、英訳本の方が部数が多い(現在は、伊、仏、独語版も出ている。筆者注)。しかし、見学者の多くは、自然農法のハウツーについては共鳴し、感嘆するが、その根底に流れる思想、哲学については「正直言って分からない」「非現実的だ」ともらす。福岡さんの〝無の哲学〟に関しては、次回紙面で詳しく紹介することにして、ここでは同書から次の一節を引用しておくにとどめる。

田を耕すこともなく
肥料も施さず
農薬もつかわず
草もとらず
しかも多収穫
自然にできた
この一株の稲は
科学の力を否定し

人間の知恵の無用を示す
稲の中に全てがあった

（『読売新聞』昭和五十五年七月八日）

――現在はどうですか。

一昨年から、山小屋に研修生をおくことは止め、隠退、いわば独りでの隠修生活に入っています。息子夫婦は三ヘクタールのミカン作りに専念し、私は別の三ヘクタール果樹園と五十アールの水田を受け持ち、好きなことをやっています。

果樹園は、今、見方によれば、雑然としていますが、あと三年ぐらいで次第に一つの体系をもった自然農園に姿を変えていくだろうと楽しみにしています。

水田は、ここ三十年、一貫して緑肥草生、米麦連続不耕起直播ですが、ここ数年で、内容は一変したといえるかもしれません。というのは、一般に、どこでも、誰でもやれるということに眼目をおいた方法がはっきりしてきたからです。

――研修生をおかない、独りでと言われますが、秘密があるのでしょうか。公開はしないのですか。

新品種で、緑肥の種類もかえ、面白い結果がでると思われるこの夏まで、そっとしておいて欲しいだけです。八月いっぱい公開し、十分検討して欲しいと思っています。石油が一滴もなくても、米も麦も十分できることが、納得していただけるだけの作ができると、私は確信しているのです。

——では、この夏現地での八月一日～十日のサマーキャンプの話を楽しみにしましょう。

ところで、ちょっと確かめさせていただきたいことがあるのです。それは、自然、自然と言われるわけですが、福岡さんの言われる「自然」とは一体何かということです。

自然とは何か（知りえない自然）

自然とは何かと尋ねられると、正直いって、私は答えられない気がするのです。皆さんは、いつでも、どこでも、いとも簡単に自然という言葉を使いますが……。

私も、自然の姿・心などと偉そうに言っていますが、内心は、自然の姿だとか、心だとか、そういう言葉で、自然を表現すること自体が、すでに間違いの元になる気がします。

自然には、姿も心も無いというほうが、むしろ自然に接近した表現になるかも知れません。自然とは何かと問われたら、緑がいっぱいある野や山を連想したり、天体的な宇宙や大自然に思いをはせる場合もあるでしょう。宗教家などは、『創世記』にあるような天地万物を自然の本体だと想像するかもしれません。

一般には、自然科学的に捉えた自然現象を自然と信じ、植物学者は、植物学的に見た植物が、自然そのものだと信じているわけです。文学的に、「おのがじし」というような言葉も使い、自然に流転しているあるがままの状態を自然と言っている場合もあるでしょう。

ところが、自然の本当の本体というか、真相とは何かと言ったら、私は、言いようがないというのが本当ではないかと思うんです。

どんな言葉を使ってみても、植物学的自然が対象になったり、宇宙観からみた自然の姿を表現できるだけで、直接自然の本体に触れることはできず、その周辺をぐるぐる回って、連想するだけにとどまります。

人間の立場から見た放任みたいな、おのれがそのままあるがままの姿というものを連想することも、すでに不自然な人知・人為の中でのことです。むしろ、そういう一切の人間が見たり考えたりする自然というものを超えた、一切の観念を棄てたときに浮かぶ白紙の状態が、自然に近いのですが……。

ところが、「白紙の状態」と言ったら、それは白紙でないものの反対の白紙にすぎないから、そういう表現をしてみても、それは何にもならない。自然そのままの自然は表現のしようがない自然で、強いて言えば、一遍さんではないが、人間の考えからすべてのものを捨てて、捨てて、捨てきってしまって、後で心に浮かぶもの、芭蕉の「あらとうと　青葉若葉の日の光」というその光さえももはや超えてしまったような状態でキャッチしたものが、自然と言えば自然だと言えるでしょう。そう言うしかないと思うんです。

そうなってくると、自然という言葉の解釈をしろということが、大体、無理だということもわかるでしょう。にもかかわらず、一般にはこれと反対で、自然というものは、あらゆる面から追究し、博物学者が知った自然、宗教家が知った自然、芸術家が見た自然、哲学者が考えた自然というものを、総合判断してゆけば、しまいには自然がわかると思っているのです。本当の自然というものは、分解したり、分析したり、また組み立てて、総合判断して捉えることはできないものです。分析と判断でものがわかるのではない。自然の姿は、いろいろの立場から分解され、総合判断によって把握できるものと考えられていますが、そうではない。神もいろいろの顔を見せるが、人間が分別し解説した瞬間から神は神でなくなるのと同様で、自然は、絵にかいたときから不自然になり、観念的に分別されて、引き裂かれ、遠ざかって、別個のものになる。当然、自然や人間は神から離れたものになってしまって、ふたたびもとの自然に還ることはできない。神から人間が離れていった（神から追放されたとも言える）のと同じことです。知ろうとする意識が深まるほど、自然から人間は遠ざかります。

人間の分別、相対的な考えを超えたところの自然が、本当の「自然」と言えるものなんですが、その相対界を超えたら、もう人間の言葉ではとどかないでしょう。

意識してもダメ、無意識でも自然は把握できないのですが、無意識を超えたいわば無分別の立場から観た自然が、本当の自然であり、神であると言ってみても、その立場には人は立ちえない。そのため、残念ながら、人間は、この超えた自然や神を知っているのではないということになるんです。結局、自然を説明しようとしても、自然は解説できないものであることを説明するしかないのです。

山越え谷越えでは超えられない

山を知るためには山に登らねばならないと思って、登山家は山に登ります。しかし、真の山を知るためには、山を超えた立場から山を見るという達観した立場から見なければならない。山登りをしても、山の頂上には立つことができるけれど、山を超えた立場までは、人間は登れない。だから、やっぱり、山の全貌というものはキャッチできなくて、山の一部を見ただけで満足して、山から下りてくるだけのことになってしまうわけです。

山登りをするのも、海へ行くのも、小鳥の声を聴くのも、それこそ、一つの自然をキャッチする手段にはなるように見えます。だが、そういう遊びをいくら寄せ集めたからといって、自然が本当につかめるわけではない。自然科学的自然という観念的な概念などがふくらんでくるだけです。分別知の集積は混迷を深めるだけで、自然から遠ざかり、自然がわからなくなるだけです。山を超えた山ということになると、もう言いようがない。しかし、自然はどこまでも、無分別の心で把握するしかない。山は山を超え、空は空を超え、達観して初めてそこに出現する空の世界から山を観なければならないわけです。山登りをした人が見た山の上からの景色ではなくて、簡単に言うと、アルプスの上に登って見た雲海とか、麓も連峰もみんな下界なんです。超えた天上界から見れば、雲の上も、はやすでに空の下だというわけです。やはり空の上の空を超えられていない。意識界はつねに逆もどりし、意識界から無意識界に超えられない。だから、何もわからない空しい世界になってしまうわけです。

――放任というのも自然に近いわけではないのですね。

もちろんです。放任は、自然に一度人間の手が加えられたり、破壊された後で、人間が放りだした状態をさすわけです。したがって、本当の自然がわからないとなると、放置された自然が、自然の元の姿に還るものか逆に反自然の方向へますます遠ざかり、転落して行くのか、わからないということにもなるのです。

自然も、反自然も、何も、人間にはわかっているのではないということに気付くことが、せめてもの自然に近づく唯一の道といえるかもしれません。

無知の自然(子供の無知)

――自然は知ることができないということと、福岡さんのよく言われる知る必要もない、「一切無用」ということは、当然つながっていると思うんですが、具体的にはどういうことか話していただけませんか。「なるべく何も考えないで」とおっしゃるんですが、例えば、クローバーとカタバミとは違うというようなことは、やっぱり、知識でしょう。それを知らないと自然農法はできないと思うんです。例えば、今が、何月の何日ごろで、水を入れるべきか、引くべきか、ワラを振るべき時期か、振るべき時期ではないか。例えば、ひとつダイコンをとっても、「サヤのなかの種を取らないで、サヤのままで一緒に蒔けばいいんだ」と言っておられましたが、それは、もう、科学知識ではないでしょうか。

科学知識以前の自然発生的智と言うべきでしょうね。自然が自然にやっていることを真似してみたり、下手な解説をしているだけなんです。科学から知恵を学ぶのでなく、自然を学ぶ（真似する）だけでいいんです。クローバーとダイコンの種を混ぜてみたり、こんなダイコンが無肥料でも緑肥栽培すれば出来るんだ、という説明をするでしょう。そういう説明をするのが、痛しかゆしなんです。それをすると、緑肥のクローバーは役に立つが、クローバーに似たカタバミは雑草である、クローバーにもいろいろな種類がある、ああいう種類があるなんていうことを知らなければいけないと思ってしまう。ところが、どっこい、それは、神や仏を知るのにいろいろの顔を知っておらねばならない、お経をよく知っておらねば神仏にはなれないと思うのと同じです。お経一冊知らなくても仏にはなれるのと同様に、植物学の知識が自然農法をやるのに絶対必要だとは言えないんです。神仏がどんなものか説明するのにお経を使うのと同じで、自然農法を説明する材料として、あなたが植物を知っているから、植物学的知識で説明しただけです。神仏を解説するには知識は便利なようですが、真人になり、覚者になるには、むしろ邪魔になるんです。

例えば、子供が来たとすると、子供には、「これはカタバミで、外国のクローバーに似ているけれど違うんだ」という説明は必要ないわけです。そういう科学的な、植物学的な知識は子供には通じないし、またいらないんです。「クローバーは緑肥で、ツメクサは糖尿の薬草だ」と教えると、子供はこれらの草の真の存在理由を見失う結果になる。すべてのものは生えてくる理由があって存在しています。子供をミクロの科学的な小さい知識で縛るとき、子供はマクロの叡智を自らの手で獲得する自由を失っていきます。子供は科学を超えた世界で自由に遊ばせておけば、自ずから自然農法を開拓していくものです。ツメクサとクローバーを区別する知識はなかったほうがよかったんです。

自然農法はいつも未完成なんです。私の自然農法などもまだ入り口で、小さな農場で、ある場合にはカタバミは邪魔になる、クローバーに変えなさいと言っているだけで、もっとマクロ的な大自然農法が確立されたときは、カタバミでもなんでもいいようなことになっていることでしょう。世の中に無用のものなど一つもないというところまで行かなければならないんです。

子供を見てごらんなさい。この前も四、五十人、幼稚園の生徒がウチに来て、キャーキャー言って、遊んでいました。適当に、その辺の大きな木のようなゴボウの茎についた種を見つけて、ほかの子の服にくっつけたり、投げつけたりして、喜んでいるんです。それが、小鳥や風がモミジの種を運ぶように、人間の子が遊んでいるのがそのまま、ゴボウの種蒔きになっているんです。そこの自然・野菜畑の一員になっているわけですね。例えば、知的に問題のあるような青年でも山に放り込んでおいたら、結構うまくやっていくものです。そこで生きる生き方を知っているということですよ。大人は、クローバーと雑草を区別しないと自然農法をやれないが、彼らは、自然のあるがままの姿のなかで食べ物を作り、あるいは探しだしていきます。科学的な知識が必要だと思うけれど、それが必要なのは、自然農法が未熟で、科学農法の領域から脱出できていない間だけです。

ミクロな農学の知識などなくても、自然農法はできるんだということを説明するために、マクロの科学的な説明をしようとしたのが、私の自然農法の本だとも言えます。例えば、技術者は、「肥料がいる。農薬がいる。耕耘機がいる」と言っているけれど、こういうふうにやってみたら、いらないではないですか。何もなくても作物が出来るというのにも、理屈がないのではない。科学的に説明すれば、こういうわけです。機械的には鋤かないけれど、地中の小動物や植物の根が生物的に鋤いている。その生物学的耕耘のほうが、本当は、土地を深く耕しているんですよ。いくら耕耘機で耕しても、日本のだったら、十五センチまででしょう。アメリカの大型機械だって、三十センチ以上は耕しはしない。それよりは、稲の根や、麦の根のほうが、あるいは、モグラモチのほうが深く耕しますよと。それで、放っておいても深くなり、土地は自然に肥えてくる。あなたが機械的に耕しても、土地を殺すだけで、耕すが耕すになっていないのではないか、結果的にはダメになっているではないかということを説明すると、「なるほど、『不耕起直播』という自然農法のほうが、本当は土地を肥やす近道になっているんだということがわかります」と言うんです。

しかし、この説明で科学は無用だということがわかったかというと、やっぱり、そうではありません。「福岡さん、昔の百姓がやった原始農業をもとに、科学的知識を駆使してより高度の自然農法を組み立てたんじゃないか」と考え込むんです。

ところが、自然農法は無知の昔に還る農法でもなく、科学的知識をもとに発達してきた農法でもありません。私は、いつも言うけれど、四十五年前に自然農法は、突然誕生しているわけです。耕さなくともよい、肥料もやらなくてもよかった、草取りをしなくてもよかったという結論は、最初から出ている。それは、農学の知識の上に出た結論ではなくて、宗教的な一切無用論から出発した結論なんです。一切無用論、人知を否定する、物や人為の価値を否定する、この哲学が出発点になっているんです。したがって、今はもちろん未完成ですが、徐々に科学を否定する方向に向かって発達していく、いかなければならないんです。自然農法は子供の無知から出発したんです。無知の子供だけが新しい自然農法を開いていくでしょうね。

――福岡さんは、一切の知恵は無用というばかりか、一切の物に価値はないとも言われますね。物と見える自然は無価値でしょうか。

人間の目に映る自然は物と言えるでしょうか。その物・自然は、やっぱり無価値と言わざるを得ないのです。人間の幸せとは無縁のものと言えるからです。

京大の坂本慶一先生に最初に会ったときに私が言ったのは、「先生、無の経済学を樹立してください。私は百姓だから、百姓の方で、一切無用論を実証してみただけなんです」ということでした。「先生は、経済原論の先生だから、物に価値があることを出発点にした、今の経済学を否定して、物に価値がないという立場に立った経済学を立ててください。マルクスの経済学、『資本論』や近代経済学に対しても、徹底的にそれを否定する経済学は立てられるはずでしょう」と、私は、十年、二十年前に言ってるんですよ。あの先生は、初めは半信半疑のようなところがありましたが、今ではそちらを向いて少しずつ前進しているようです。物の価値を完全に否定するところまでいくのは大変でしょうが……。

無の経済学を立てようとするときに、一番のスタートで問題になるのは何かと言ったら、物に価値があるのではないということ、物を必要とする条件や前提が真に人間に必要だったかどうか、でしょう。さっきも言ったけれど、このコップの水に価値があると思うのは、価値がある条件の場合、例えば、砂漠のなかで価値が出てきただけで、これが、洪水で水浸しになっているような状態だったら、まったく、水は価値がない。雨が降る一時間の後先で、大変な価値ができてみたり、消えたり、増えたりするような、物の価値というのは、本来、何かという問題です。真実の自然という物に価値があるのか、物のなかの自然に人間が価値を見出しているのか、両者の関係でできるのか、本当の水の価値というものは、何によって決定されるのか。私は、そこから出発した幸せの経済学を、経済学者は早く立てるべきだと思うんです。

ギリシャの昔の哲人が、光と風と火と水と土、五元素を知ったらいいと言ったといいますが、その意味は、本当を言ったら、五元素すらも否定したかったのではないかと私は思います。まして五元素以上のもの、さらに四百の素粒子まで研究し、獲得する必要があったとはとうてい思えません。現在は、科学に価値を認めているけれど、その価値というものは、どういう価値か。人間の本当の幸せにはなんの関係もない、無縁の世界のなかでの、四百、五百の元素をもてあそぶ結果になっているのでないかという気がするんです。

例えば、湯川さんがやった素粒子の研究は、ノーベル賞をもらったかもしれないけれど、ああいう研究が、人間の幸せにどれだけ役に立ったか、疑問だということを言いたいんです。湯川さんは、微小の世界へ入っていって、入っていって、大きな世界を見たとも言えます。本当を言ったら、素粒子や中間子のところまで行って、小宇宙の世界を知り、その極点を見つめることで、大宇宙を知りうるだろうと期待されたのでしょう。しかし、実際には、大の中に大はなく小の中に小もないということがわかり、行き詰まりをきたしたから、湯川さんは、仏教の世界に救いを求めるようになってきたのでしょう。科学で大小はわからないということが、湯川さんにはわかってきたのでしょう。

ここでは、自然のなかの物には本来価値がなく、研究する必要もないと言うのは、人間の幸不幸と物は直結しているように見えて、真実の幸せは物から発生しているのではないということを言うにとどめておきましょう。人間の見ている自然は真の自然でないから、偽物の自然物体に真の価値はないと言っているのだと理解してもらってよいのです。

無心の自然へ（裸身を洗う）

――ところで、無心・無為自然でいいということを徹底すると、科学だけではなく坐禅などもしなくていいということになりますね。

私は、「禅をやれ」なんて言わないこともないんですが、ウチに外人が来たとき、「どうせ来たんだから、道後の温泉へ行ってみたらいい。観光もいいけれど、道後の風呂へ入って、一日のんびりしろ。せっかく二ヵ月も無駄にしているんだろうから、帰るときには、風呂へ入って、心を洗え」と言うんです。道後は、日本で最古の温泉なんです。大国主命が開発した風呂で、聖徳太子から、天皇さんたちもたくさん来ておられるし、俳人連中でも、一茶だの、芭蕉だの、子規だの、みな来ているでしょう。近代作家を代表する夏目漱石、坊さんでは、空海、一遍、空也、盤珪、木食などが来ていますし、日本を代表するような思想家がみな入っている。だから、温泉に入って、二階で、そういう思想家の伝記を読んでみたり、この風呂のなかで、彼らがどんなことを考えたかということを想像するのも、おもしろいと思うんです。

それよりも、第一、私は、道後温泉の風呂の御影石の床の上に寝転ぶのが大好きなんですよ。石の上ですからね、石風呂のように背中が温かくなってきて、気持ちがよくなるんです。手足を伸ばして寝ていると、何とも言えず気持ちよくなり、いわゆる、体がほどけてくるんです。ちょうど、別府の砂場に入っているような感じです。そうすると、体がほどける。ほどけるということは、解放するということで、肉体がほどけて、楽になり、自由になるわけです。心をほどく、自由になる、フリーになる、リラックスする、結局、自由奔放になるというわけです。そのほどくことが、結局、ほどけた体即仏になる道筋で、仏に近づく近道だと思うんです。だから、「坐禅をするのもいいが、温泉で寝転んで、無念無想になる禅もある」と、理屈を立てて、いつでも、風呂へ入って寝転んでいるんです。

一生懸命で畳の上で坐禅をするのもいいけれど、百姓をして、草を刈るんだって、結果は同じことなんですよ。手足を組んでじっとしていたら、じっとしていることになるか、静止することになるかというと、むしろ、手でも足でも動かしていれば、これに気を取られて、頭が空っぽになり、静座しているのと同じになります。だから、むしろ、それが、禅の一つの手段になるとも言えると思うんです。「じっと座りこんで坐禅して、壁の方を向いて、無念無想になれ」なんて言ってみても、なれはしない。人間は、「考えるな」と言ったら言うほど、考え込んでしまうんです。だから、仕方がないから、禅では、「一、二、三、と数でも数えていろ」ということにもなってくるんです。数えていたらいいかと言うと、数えると、また数えることに縛られてしまうんです。それでは、続かない。数えることに無駄なエネルギーが使われて、疲れる。数えるということに頭を使ってもダメ、ぼんやりして数えることを忘れてもダメ、どう努力してみても、努力すればするほど、ダメになる。

だから、坐禅をする意識、坐禅しようというこの心に、自分自身が縛られて身動きができなくなる。むしろ、百九十円で、温泉に入って寝転ぶぐらいだったら、あまり縛られないんです。気楽にやれるからね。気楽な坐禅ということで、私は、それをすすめるんです。自分も、坐禅が悪いとも言わないし、強いてやれとも言わない。第一、そんなことをやったことがないんです。まあ、道後の風呂に入って、寝転んで、それで、「寝てどうか」と言われたら、「気持ちがよかった」ぐらいしか言えない。それ以上には、やっぱり、いかないということです。

だけど、人間が心掛けてやったらいいと言えるのはそのくらいのことでしょう。人間は、気楽に、楽しく生き、極楽往生すればいいんだ。簡単に言うと、そうなんですね。それには自然体が一番です。

――この頃、瞑想といわれるものをどうお考えですか。

精神を集中して考えこむのが瞑想であれば、洗脳の一種でむしろ危険な道と思われます。禅は想念の世界から脱出する方向でしょう。霊魂や怨霊なんて本来ないものに縛られるのは愚かなことです。

自然の姿（自然体）

私がある会で会ったなかで、印象に残るというか、話が合ったのは、橋本敬三という、仙台の温古堂の整体学の先生ですね。その人はどんなことをするかというと、そう難しい理論や体の指圧みたいなことをするわけではないんですね。病人が来たら、ちょっと、そこへ寝かしておいて、足を引っ張ったり、手をちょっと引っ張ってみたりするぐらいのことで、一口に言うと、「とにかく、楽にすればいいんだ」と言うんですよ。「右手が上げて痛かったら、左手をその反対の方に振って、気持ちがいいようにして、逃げればいいんだ」というふうな言い方ですね。結局、リラックスすればいいということです。橋本先生は、「人間は気持ちよく生きて、気持ちよく死ねばいいんだ」と言い放ったけれど、名言ですね。

日大の体操の先生で、「こんにゃく体操」という名前を付けた、野口先生も同じで、「とにかく、ブラブラすればいいんだ」ということを言っていました。私は、この先生の身体に触ってみましたが、驚いたことに、何もしないで突っ立っているだけで、波を打つほど、体のなかは動いているんです。内臓が、自ら体操しているんですね。「人間の体はコンニャク同然で、皮袋に水を入れているようなものだ。振ったら、ザブザブ音がするくらいのものだ。手足でもなんでも、ブラブラしていればいい。だから、体は、力を入れて、ハードトレーニングみたいな体操をすることない」と、野口先生は言っていました。ムチのようにしなやかで強靭な体をつくれと言われていました。

とにかく、私に言わせたら、今、指圧とか、鍼とか、灸などの東洋医学なども、次第に統括されてきて、一元化、単純化されて、どうだこうだ言いながらも、やっぱり、何もしない方向に進んでいるという感じがするんですよ。「ハードトレーニングのスポーツをやって、人間の体を鍛えるなどと言っている、今日のスポーツは、邪道だ」と、私は言ってきたんです。

病は、すべて不自然から来る。精神的な不自然さで心が凝り、肉体の不自然な管理で肉体に凝りができる。それを我慢して無理をしているうちに重病になる。回復しようとするのなら、心を楽にし、楽な姿勢で生きればいい。無理さえしなければいい。一口に言えば、そういうことになるでしょう。何もしなくて、自然体の赤ん坊に帰ったら、よくなるんだということです。考えすぎてノイローゼになったんだったら、何も考えない赤ん坊に帰ったら、ノイローゼは治ってしまうのは、当然でしょう。しかし、「赤ん坊に帰れ」と言ったって、頭が帰れない。「馬鹿になれ」と言ったって、その馬鹿になるほど利口でもない。そんな時は、楽しくて夢中になれるような遊びをさせてみるか、誰もいない山にでも放り込んでおいてみるといいんです。そうすると、否応なしに馬鹿になる。往生するのです。ウチの山に来ても、初めの一日、二日我慢して、一週間いたら、そのうちボンヤリしてきて、「今日、何日だったろう」なんてことになるんですよ。まず、今日は何日か何曜日かを忘れてくる。そうなってきて、一週間いるつもりが、二週間、三週間となる。二週間いたら、二月、三月おれるようになる。二、三ヵ月いたら、一、二年いるのが、平気になってしまう。やっぱり、段階がありますね。

そういう形から入って、病気治しすることも、手は手なんですね。

六　自然農法の未来

無心に自然に還る外人たち

――今の世の中は、学問のあり方、政治のあり方、経済のあり方、あらゆる部分で、すべてが、神から遠ざかる、神を忘れる方向に進んでいるわけですが、それに対して、福岡さんの農場での暮しは、直接、神と一体になるということではないとしても、一番、神に近い道だと確信しておられるわけでしょうか。

それから、今の世の中の軌道に乗って、間違った方向に行っている人間たちを引き戻す必要があるのではないかと思うんですが、福岡さんが、間違った生活のスタイルから、一番神に近づく道である自然農法と、その生活のスタイルに引き戻そうとする、そういうふうな呼び掛けをなされればいいと思うんですが……。

それを、永年実践してきましたが、普及という点では、この頃、むしろ絶望的です。自然食だの有機農法なんて言って、世の中では賑やかで、日本では、ますます自然に還る運動も盛んになってきたように見えるでしょう。しかし、自分の眼から見ると、三十五年前に比べても、人は自然からますます遠ざかる一方で、ますます実質的に崩壊しつつあります。この頃、絶望的だというのは、日本人は、どうも、「自然に還る」と口でだけは言っているんだけれど、実際はそうではない。

それに対して、教えられるのは、外国人は案外素直に、「還る」と言ったら還る。例えば、この前も、イギリス人が、ウチの雑然とした放任農園の山小屋に来て、「日本のどこへ行っても心が安まらなかったが、ここへ来て、やっと、ホッとしたという気がする」という言い方をするわけです。自然農法の技術のことを何も聞きもしない、何もしない。それでも、外国人はそれで満足して帰るんです。で、帰って何をするかというと、実行をするんです。だから、『わら一本の革命』を一冊読んで、すぐに実行にかかる。素直にスッと入ってしまうのです。この数年、欧米に行って見たら、それを実行している人が多いんです。さっきも言ったことだけど、どうして、西洋人が実行できることを、日本人はできないのか。緻密で几帳面な箱庭式の農業をやってきて、自然を一番よく知っていて、自然に一番還りやすいように見える日本人が、実際は、この頃還れなくて、「自然に還る、還る」と言って都会から来ても、自然に還れない。落ち着かない。真似事をする程度で、お茶を濁して、結局、三年か四年、それ以上続かない。逃げ出してしまうという場合が多いのです。ところが、外国人は、案外やる。

話が飛ぶんだけど、このごろおもしろいのは、そのイギリス人なんかに、「サッチャーさんをどう思うか」と言うと、「ノー・サンキュー」という言い方をするわけです。それで、「なんとか、イギリスのなかでうまくやろうとしても、イギリスの文化・文明は絶望的で、立て直しようがない」という言い方をするんです。それで、どうするのかというと、ウチへ来て、ちょっと様子を見て、これでいいという確信を持ったら、こんどはオーストラリアへ行って、百姓をやるんです。ウチを経由して、オーストラリアやニュージーランドへ行ってやろう、という百姓が案外多いんです。もう、欧州はダメだというわけですね。

——なるほど。しかし、海外から来る人は、最初から自然農法に強い関心を持っていて、なんとなく来る日本人とは、質が違うということではないのですか。

だけど、日本人も、東京などの大都会から、「都市文明に嫌気がさして、脱出して、自然に還る」と言って来ます。自然に還るという気持ちは同じなんです。動機から見ると、大体似ているんです。ところが、どうして西洋人はスッとやれるのだろうか。強いて言えば、西洋人は西洋哲学の間違いみたいなものを、徹底的に、骨身で知っている点があるように思われるんですね。日本人は、東洋哲学・仏教をやっていて、知っているけれど、観念的になってしまって、忘れているのではないかという感じがするんです。西洋人は、西洋哲学に絶望して、西洋の文明に疑問を持って、それで、「これは止めた。こんどは、東洋の思想や東洋の仏教に還ろうではないか」というところまで行っているから、サッと入れるのではないかと思うんです。日本人は、日本の文化だの昔の美しい自然のなかにまだ、ドップリつかっていて、脱出する気がないのではないかと思えます。

——外国では、そういう人たちが、福岡先生の農場などを見て、自分もやろうと思えば、すぐ入りやすい状況にあるのではないでしょうか。

それもあると思うんですね。

――我々が、お話を伺って、「これはいい、やろう」と思っても、なかなかできないですね。世間がうるさくて、思うようにはいかない。「農協の指導に反する」とか、「政府はこうだから無理だ」とか……。ところが、オーストラリアあたりの話を聞いてみると、どうも土地が百分の一安い。自然人を目ざす青年が、「一年、内職で金を貯めて、オーストラリアで土地を買って、それで百姓をやる」と言って、昨年の秋出発しましたが、これなんかでも、聞いてみると、土地が安いんです。

――ものすごく安いらしいですね。だから、入りやすいわけですね。

土地が安いから、やって収量が多少落ちようが、半作になろうが、そんなことは心配ないと、やれるでしょう。日本人は、ちょっとでも収量が落ちると、周囲の百姓から笑われる、無農薬でやったりしたら、人の迷惑になるのではないか、なんやかんやと、そんなことばかりに気くばりし、いわゆる農村の封建性というやつですね、これに縛られてしまうわけです。しかし、根本的には、今の日本人には、ちょっと覚悟が足りない。素直さがないのではないかと思うんです。

――確かにそうですね。しかし、他方、状況が悪いことも確かだと思うんです。ですから、自然農法に関しても、もっと具体的に、どうしたらいいかを教えていただくといいのではないかと思うんですが、外国人は、くわしく話さなくても、わかるわけですか。

話ができないのが、かえってプラスになっているんです。日本人は、自然農園へ来るというと、すぐに、自然農法を学ぶという気持ちが態度に出るんです。自分が知恵をもってきて、その上に、他人の意見を参考にし、知恵をつけて、自然農法をやろうという考えで来ているのです。西洋人は、『わら一本の革命』だけを読んで来るんです。そうすると、あれには、「知恵はいらない、役に立たない」ということが書いてある。「知恵は役に立たない、それを捨てろ」と書いている本を読んで来る人間は、すでに知恵を捨てるために来たんだという考え方がある。頭を馬鹿にする、空にする、仏教で言う、身を捨てるという方法ね。身を捨てに来ているんだから、学ぶという行動はとらないわけです。頭を働かさないんです。ところが、日本人は、すぐにそれを働かすでしょう。「福岡さん、何か教えてください」と言う。鵜の目鷹の目で、「自然農法のダイコンの味はどうだ」「ダイコンは仏か自然か」という議論を、ふきかけてくるのはまだよい。「クローバーの種はどこで買うか、どのくらいいるか」と尋ね、それだけで自然農法ができると思う者がいます。それが、西洋人との違いだと思うんです。だから、西洋人は、『わら一本の革命』の本を読んでも、それを信じて、わざわざヨーロッパやアメリカ、カナダ、メキシコ、オーストリアなんかから来るでしょう。遠方から来たのは、「この本が正しいと思ったから」と言うんです。正しいということは、これが本当だと思って来ているわけなんです。本当だと思っているということは、「知恵を捨てろ」と書いてあったら、知恵を捨てるのが本当だと割り切ってしまっているわけです。だから、初めから、白紙になって、白紙でおれるわけです。だから、山小屋で、清水を飲んで、囲炉裏の生活をして、これがやっぱり最高だ、ということを体験して、「これでよかった」と、サッと帰ってしまうんです。純粋さがあるわけなんです。

――やはり、動機が違うんじゃないでしょうか。西洋人たちは、最初から、いわば禅に対して求めるような気持ちで、来ている。日本人が来るときには、有機農法の一つだろうが、それで金もうけができるか、という感じで来る。だから、「そこを学びたい」という感じですね。ただ、都会を捨てて行くという点では、やはり、勉強したいということだけではないという気もしますが……。

捨て方が違いますね。「捨てた」と言って、すぐ「自然農法とは何か」とか反転して尋ねる。この春、「天台教壇」というところの青年が来ましたが、「これはおかしい。自分は教祖に祭り上げられていたけれど、お筆先というデコになっていただけだ」ということに気が付いて、脱退して、ウチへ来て、「福岡先生の自然農法を手伝って、自然農法を広めたい」と言うんです。それで、私は、「『捨てて、白紙になった』と言うんだったら、白紙になりなさい。ただの百姓でいいではないか。『福岡さんの自然農法を手伝って、自然農法を広めたい』という言葉が気に入らない。『捨てた、捨てた』と言いながら、西洋人のように捨てていないではないか。捨てたんだったら、すべてを捨てて来なさいよ。あんた、十人、二十人、信者を引き連れて来ているではないか。なんで、そんな金魚の糞みたいな者を連れてくるのか。白紙で、独りで来たらよい。あんたは、自然農法を手伝うと言うけれど、百姓の手伝いができるのか。百姓のむつかしさがわかってないのじゃないか。百姓をしたことないんじゃないか」と聞くと、「してない」と言うんです。「してないものが、なんで、手伝えて、しかも自然農法を広められるか。私は、四十年、五十年もかかって自然農法をやったけれど、まだ教えることができず、一人の弟子もつくれないのに、あんたが来て、『お手伝い致しましょう。広めてあげましょう』と言われると、有難がる前にムカッ腹が立つ」と言ったわけです。でも、さすがに多くの信者を指導してきた青年だけあって、わかりが早い。「北海道へ帰って、ただの百姓から出発し直します」と言って、帰りましたが……。

彼が反転する動機になったのは、私の『無』の中の次の一節だったと言うのです。

神は語りえざるをもって語らず、
　人は語りえずして語る。
人は真言を知らずして万学をとき、
　神は万象に通じて、一言を説かず。
神は無為にして万事をなすも
　人は万事を為して、一事を為しえず。

自然農法はなぜ日本で普及しないか

――話は変わるんですが、そういうお考えで、もう三十五年も四十年もやってこられたとしたら、近隣の方々も、「福岡さんのあのやり方こそ、本当の生き方だ」と、どんどん変わるような気がするんですが、どうして、変わらなかったんでしょうか。

百姓は同じことを毎年繰り返しやっているから、四、五十年はあっという間のような気がします。長い間やってきたという気は、私もしないが、隣り近所の人もほとんど同じ感じでしょう。お互いに、こんな無駄話を、畦端で、五分、十分話し合う暇もなかったというのが実際です。私は、村で講演したことなど一回もないんです。隣りの人も、朝、「今日は暑いな」「寒いな」と言って通るだけでしょう。それで、横目でちょっと見たら、ウチの田圃は、いつも草が生えていたり、凸凹で高低があったり、水が入っていなかったり、ムチャクチャに見える。出来た稲も、不揃いで各種各様の育ち方をしていたのは事実です。近所の人は、気の毒がって、見ても見ぬふりして通るくらいのものだったんです。私は、毎年、新しいことを試し、変わった稲作りをしていたから、平穏無事を大切にする農民から見れば、異端者で困った存在でしかなかったんです。私の真似をして変える者は一人もなかった、というより、何をどう真似たらいいかすらわからないというのが実際でしょう。いつも変化し、一度も同じ作をしたことがなかったから……。まだ村の人を感化するだけの実績は何もあげてないのですよ。

――しかし、自然農法のことは、しばしば、テレビやラジオで紹介されたのではありませんか。

話題としては見ているでしょうし、知ってもいるんでしょうが、「不耕起、無化学肥料、無消毒なんて、そんなことができるわけがない。自分たちは、何十年、何百年やってきて、知っている」

という自負がありますから、無消毒のミカンの下でダイコンが生えている写真を見ても、自然に出来たとは思えない。自然に出来たとしても、偶然だと思う。村の人で、ウチの山へ行って、あすこにあんなダイコンが生えていることを知っているのは、一人もいないでしょう。ウチの近所の人は誰も、見ていて見ていないんですね。鳥が鳴いているのに鳥の鳴き声が耳に入らないのと同じですね。近くになればなるほど、いつも見ているんだからわかっているという気がして、見もせず、話してもいないが、聞こうという気も起こらないというのが実際でしょう。

だから、稲でも麦でも、多少でも普及しているのは、むしろ遠方で、見学も、ウチの村の者が見学に来たことはないんです。来るのは、沖縄だの北海道だの、遠方の者がむしろ多い。このごろは外国のほうが多いくらいです。

やっぱり、欠点が見えすぎるんですよ。百姓というものは、確実に、完全な農法を一生懸命追究していくんです。揃っている、見た目にきれいな農法でなくて、凸凹があってみたり、草が生えていたら、見向きもしないというのが普通です。村の人が自然農法のきびしさを一番よく知っているともいえます。

――でも、収穫は、同じあるいはそれ以上になっているのではないんですか。

毎年、同じ作り方をしているつもりでも、状況はいつも違って、様々な出来になっていて、実際はいいところもあるけど、悪いところもあったんです。一般の農民から見れば、一部分でも悪い所があれば不安定だと見てやらない。百姓は、一年失敗したら、二年も三年も苦労する。あるいは、一遍つまずいたら、借金が払えない。そういう恐怖観念が、三百年、四百年つちかわれているわけですから、不揃いを一番嫌います。百姓ぐらい堅い几帳面な人間はないというのは、そこなんです。私は、反対に各種各様の不揃い作を試みていたのですから、すれ違いに終わるのは当然でしょう。

第一、村では、どんな小さな技術でも、革命というか、変革するには、最小限十年かかるというのは、技術者はみな知っているんです。百姓のことは、「こうしたらいい」なんて言ったって、試験場が試してみて、県庁がそれを推薦して、農業改良普及員が百姓の所を説いて回って、十年かかる。

だから、例えば、私が提唱した平蒔きの麦作りがやっと全国でまがりなりにもひとつの軌道に乗るために、十年も二十年もかかったのは、当然だったんです。

ところが、なぜ変わったかというと、私が自然農法の「けずり蒔き」と言っているうちは普及せず、試験場の人が試験して、機械化して「全層蒔き」と言ったら、サッと広まったんです。それまで、ぜんぜん知らないのではない、見てないのでもない、見て、なお、試験場の人がどう言うだろうか、県庁の人がどういうふうな指導に出てくるか、それを待っているわけなんです。百姓くらい、隣りの人を見ていないようで見ている者はないし、研究していないようで研究している者はいない。しかし、あらゆる機関、あらゆる指導書が言い出したときにやったら間違いはない、他人より一歩でも先にやったら、必ずつまはじきになる、脱落する、除け者になる、と思っているわけなんです。

今の農民は、農協が、「エンドウならエンドウ、ソラマメならソラマメを蒔くときには、この薬とこの肥料を抱き合せてやって、何回消毒して、何回こうしなさい」と、一から十まで、コンピューターではじき出したようなシステムに乗った指導をして、それに乗って、毎日のスケジュールをぜんぶ決めているわけですよね。それをやっていれば、間違いなくて、出来た物を取ってくれて、しかも、金も自動的にコンピューターで自分の口座のなかへ放り込んでくれたりする。だから、金の計算をするでなくて、取りに行くではなくて、何をしなくても、ぜんぶ済むようになっているんです。金をもらって、言われたとおりにしていれば、すべて一日中の仕事も、円満にいくんです。もしも、ちょっとでもムラ気を起こして、無農薬でやってみましょうなんて野心を起こして、一遍でも、ナスに四日ごとに薬をかけなければならないのに、一回とばしてやったりするというと、ナスがちょっと色が黄色くなる、三割不良品を作るというと、没収どころではなくて、「あなた、作るのを止めてくれ」と、こうなるんです。そこまで、農協システムのなかに組み込まれているということを、都会の人は知らないんです。

——ただ、一年や二年ではなくて、十年も二十年も、周りの人は福岡さんの農法を見ているわけですね。放ったらかしで、あまり手数をかけない。それで、収穫も上げてやっているとしたら、どうして注目しないんでしょうね。

いや、百姓は、テストぐらい嫌いなものはないんです。やらないんです。人と変わったことをテストすると、道楽者ということになるんです。それをやるのは、試験場です。だから、東京から西の試験場で、自然農法に目を向けていない試験場はないぐらいの気がするんです。試験場はみな、昔から検討はしてくれているわけです。約三年か、五年はどこでもやっているんです。中国、四国あるいは九州の試験場あたりは、「福岡式」とは言わないけれど、科学的やり方を加えて、やり始めているんです。そして、試験場の成績が、今、やっとそろいかけたところなんです。

——自然農法が一般的に評価されれば、みんなも、それに従ってくるということですか。

そうです。試験場の成績が出そろうまで、一般には、話をしてもムダだと思うんです。自分も試験場のことはよく知っているから、個人指導をしたことは一回もないというのは、そこなんです。だから、今度の夏が、ある意味で言ったら、最初で最後になるかわからないぐらいの重要なスタートに、ひょっとするとなるかもしれません。これから、米の新品種のことと、草生のことが片付いたから、積極的に、「こういうやり方でやりなさい」と言うかもしれません。

私は、これまでは、ある修道院へ行って助言したことはありますが、それ以外の所で直接指導したことはなかったのですが……。

ただ、二十年ほど前に、一度、松山市近郊で、一年指導したことがあるんです。それは、そこにいた改良普及所長が、自分のことを知らずに、兵庫の試験場で「不耕起直播」というのをやるというので習いに行って、行ったら、「これは、愛媛の福岡さんがやっているんだ」と言われて、それでびっくりして、逆戻りしてきて、私に「手伝え」と言うものだから、五、六ヵ町村で直播栽培を手伝ってみたんです。その時、みなも初めは反対していたけれど、結局、しまいには喜んで一緒にやるようになって、最後に品評会してみたら、自然農法でやったのが一等だったんです。二等が科学農法で従来どおりやったものでした。三等が自然農法でやったもの。そういう格好で、五分五分というような格好で、まあ、自然農法でもいいし、どちらでも結構だということになりました。

ところが、所長が県庁へ替っていかれました。そうしたら、技術員一人では指導できないし、私のところに、毎日、相談の電話が掛かりっ放しになるんです。「水は入れていいのか。自分は入れないが、入れなかったら、嫁が入れた。嫁が入れたら、それを入れてはいけないと言って、オヤジが落とした。家のなかで、親と嫁と自分のケンカになった。どうしてくれるか」というような話ばかりですね。とにかく、朝から晩まで、どうにもこうにもならないんです。

やっぱり、県と試験場と技術員と指導員、こういう人たちが一体にならなかったら、農業指導はできないということを痛感しました。それで手を引いたわけです。一年やったけれども、二、三年で消えましたね。

そのころ、兵庫県、岡山県、広島県の一部、四国では愛媛県、香川県、それから佐賀県、大分県、このあたりで始めて、今年は十町、次は百町、次は千町と、十倍程度で増えていったから、私は、この調子だったら、自然農法の普及は速いとも思ったんです。

ところが、農林省が、「大型機械で近代農法を」ということで、「田植えの機械化をやれ」と、強力に進めだしたために、自分の「機械はいらない。肥料はやらない」というやり方は、スタートについたところで、消されてしまったわけです。それで、今まで、黙っているわけなんです。

だけど、あと五年もしたら、あの麦の普及速度から考えたら、自然農法と科学農法の折衷方式なら、米作も広がっていくだろうと思っています。それと今までのやり方は簡単だがきびしく、誰でも、特に素人ではむつかしい点がありましたが、その点は改善されました。

――福岡さんは、「まねるのが上手な日本人は、転換も速い。自分の知恵の足しに何か学び取ろうとして来るだけで、私の考えを十分に理解しないで、自分の都合のよい点だけ取り入れるので、自己流になってしまう。そういう点で、日本の若者たちと外国の若者たちには大きな違いがある」と言われましたが、それはどんなところから出てきたのでしょうか。

それから、アメリカなりヨーロッパに行ってこられて、日本の自然と向こうの自然と比較されて、「向こうの自然は、やっぱり、作られた自然だ。イミテーションの緑だ」と言われ、それに対して、「日本の自然とか緑とかは、日本の農民が、何千年にもわたって作ってきた。自然に仕えて、物を作りながら、なおかつ、土を掘りかえして壊したりすることなく、豊かな土を守って、自然を育ててきた。そこに日本の農民のすばらしさがあるんだ」と言われたわけです。それが、今の若者たちに受け継がれていないということですね。ちょうど、西洋と日本の現象としては逆になってしまった。それは、どのあたりから逆転したとお考えでしょうか。

まず、一つには、戦後の社会状況が急変して、昔の百姓の、自然に没入するとか、仕事をするとかいう観念が捨てられてしまったということです。昔気質の百姓がその心を若者に伝えている暇がなかったんですね。

二つには、日本の農村の若者に自然を愛するという気持ちができないうちに、科学的な知識と方法の近代農業が急展開して、そのはなやかさに幻惑されてしまったんですね。

三つには、近代科学による自然収奪農法で経済的効果があがるような余地が、大地にあったわけです。どんどん壊しても、今までは、まだ壊す余地があったということです。壊しても、まだ、米でも麦でも出来ましたから、薬さえやっておけば、肥料さえ使えば、出来るから、まだ当分は自然に甘えて壊してもいい、これで儲けられればいいじゃないかという考えできているというのが現状でしょう。

しかし、西洋のほうは、甘える自然がなくなっているんです。外観はきれいだけれど、土地が固くなり、痩せているから、化学肥料に頼らざるを得ない。地力が低下して、今では、化学肥料に頼っていると、投資したエネルギーよりも収穫するエネルギーのほうが小さいということも起こってくる。だから、経済的基盤が不安定で、儲からないのは当然でしょう。その結果、ヨーロッパの農民は、日本の約十倍、アメリカなど百〜二百倍もの面積を耕さなければ、やっていけなくなっているんです。そして、やってみても、苦労するだけで、一向に生きられない。そういう結果が当然出てくる。それで、今までのやり方ではダメだということからスタートするから、「善い悪いではない。とにかく、行く道がないから、帰る所がないから、自然農法でやってみよう」ということになるんです。

日本は、今までやってきて、科学で殺したり、土地をいじめても、なんとかまだやっていけるし、これからも、やれるのではないかという気があります。食品公害が騒がれだして、心配になってきたから、自然農法をやってみる。だから、日本人は、公害問題から、物が食えないので、自然食品をやりたいという人が、極めて多いんです。しかし、そういう観点からスタートしたのは、私は、ほとんどダメだと言うんです。

西洋人は、不自然食による肉体の欠陥にも気付き、生命の維持についての確信が消え、向こうの自然にも甘えられなくなってきて、自分で生きていかなければいけないところから出発しているから、そういう点で、善い悪いではない、もう、行く所がないから、これをやるんです。「西洋の農法と自然とこの体ではダメだから、この新しい道でやるんだ」と言って来るんです。

西洋人は、三段跳びで言えば、ホップ、ステップのところまで来ていて、あとは、ジャンプするだけというところまで来てから、私の農場に来ています。それにひきかえ、日本人は、まだ、助走路の前でうろうろしている状態です。

日本人は「西洋がいいか、東洋のほうがいいか」と、秤にかけたり、「日本流でやってきたけれど、これからは、西洋のやり方も取り入れてやったら、よかろう。両方かけ合わせたなら、なおよかろう」などと考えているんです。西洋人は、絶望して、別の道を行きかけている。日本人は、まだ、西洋人が失敗した道を、後から駆け足で追いかけているだけのことなんです。今になってみると、西洋人が、すれちがって反対の方向に行っているということなんです。

――そうすると、日本の緑というものも、いまや徹底的に破壊されて、人間の手で作られた、イミテーションの緑になってきているということでしょうか。

そうです。そして、まだ、それに気付いていないということです。その一番象徴的なのが、松枯れ現象です。松の崩壊の速度が、そのまま日本の自然の崩壊の速度と見て、差支えないと思います。

――すでに壊れてしまった西洋の自然を生き返らせる方法が、日本の伝統的な農民の土に対する接し方にあると考えておられますか。

そんな感じです。だから、日本の農民の精神を、もう一遍生かさなければいけないが、しかし、その精神は失われてきているし、方法もそれでいいかと言うと、田植を裸足で這い回ってやれと言っても、もう誰もやらないでしょう。

『朝日新聞』の「心の頁」（昭和五十八年六月十四日）に、私は、次のように書きました。

幾千年の昔から、先祖が営々と積みあげてきた千枚田は、日本農業の縮版である。

高い石垣にへばりついて草むしりする百姓の姿の中に、東洋の神秘があり、階段状（テラス）の水田に世界最高の肥沃《ひよく》な土壌が、蓄積されるという老練な技術が、かくされていたのである。

今、田毎《たごと》に映る月も、見る人により千々に乱れ、千差万別になる。しかし中空に澄む月は一つである。神と自然と人の心は異なるように見えて一つであり、過去も未来も人の生きる道はほかにない。無目標にみえる一生。一切の名利を捨てて捨てきって、自然と共に生きるしかないのである。

悲しみは、田毎の月に流せばよい。人間に必要な五元素（光風火水土）は茅屋《ぼうおく》の炉辺にあってすでに十分である。炉辺即宇宙、無一物即無尽蔵、文化も法灯も絢爛《けんらん》華麗な都市や寺社にあるのではない。

欧米の農村の大地は、自然と人を分離した間違った西欧哲学に基づく近代科学農法に毒されて衰亡し、緑も食も偽《イミテーシヨン》物化した。

農耕法《カルチヤー》は即文化《カルチヤー》の根源である。農耕法が間違えば食生活も文化も狂い、民族も滅ぶ。

自然と人為が調和した最高傑作が千枚田である。その千枚田に宿る心と自然即神が、今全国で滅びようとしている。シルクロードの遺跡は滅びても、滅ぼしてならないのは千枚田である。

自然農法（不耕起、無肥料、無農薬）を確立し、悪条件の千枚田でこれを実施するのが私の最終目標であったが、今やっとその目安がついた気がする。

そういう日本の農民の昔の精神、それから東洋の思想、そしてその手段と、三つが噛み合って初めて、日本の自然を昔のとおり守りながら、さらに豊かな、楽な、時間的に余裕ある農業が創られてくるのではないかと思うんです。それが、ある意味では、私たちの夢です。

七　ブッシュマンの原始生活と理想郷

ブッシュマンの生き方と自然農法

――最近、ブッシュマンのことが話題になり、自然に生きる生き方の典型のように考えられていますが、ブッシュマンの生き方と、福岡さんが「自然農法」と言われるときの「自然」は同じでしょうか。

ブッシュマンについてどう思うかと言われても、私は、ブッシュマンの、あのコマーシャルを十秒か二十秒見ただけですが、あの姿から見ると、ブッシュマンそのものはいい。あの顔を見ただけで、底抜けの明るさ、それがどこから来ているかは、自分にはわかるような気がしたんです。彼が感じている喜びというものは、文明社会の人が冷やかそうが茶化そうが、そんなことには無関係で、自分一人の喜びのなかに没入できる自然人の顔だなと感じました。本当にブッシュマンの顔はすばらしい。たとえ彼が役者であったとしても。

だから、あれでいいのかというと、気に入らないのが、あの背景の自然です。私の見た限りでは、棒切れで、イモを掘っていたと思うんですが、探し回っている。それから、薪みたいな物を探すのにも、ずいぶん遠方まで行って、苦労していました。それは、自然が少ないということです。どうして豊富な自然がないかわからないけれど、ブッシュマンが、本当の原始生活をしていて、自然農法でもしていたら、もっと自然があるはずだと、私は思うんです。あれは、自然生活と言えるように見えて、自然生活ではない。背景になっている自然があまりにも貧困だから、むしろ不自然生活です。

ということは、ブッシュマンや、そこにいる動物など、そういうものと自然のバランスが、崩壊してしまっているんでしょう。

で、自然を破壊したのは、誰か、何かということをもうひとつ追究してみなければなりませんが、本当にそこにあるものが、自然であって、本当のアフリカの自然のなかであって、そこでブッシュマンが生まれ、自然の動物が住んで、植物が生えていたんだったら、おそらく、ああいう形を取らない。もっと豊かな余裕のある生活ができるはずだということは間違いないでしょう。とにかく、バックが気に入らないんです。

もう一つ、人間のほうで言うと、ブッシュマンは、底抜けに明るくて、いい顔をしているけれど、彼らが自然を知っていると言えるかというと、その証拠は見つからない。私が言いたいのは、原始人とか原始生活している人たちが自然人だと思うと、間違いをするということです。もしかすると、ブッシュマンの顔は、幼児と同じで、自然を知らず、神も忘れた顔かもしれません。今の人間は、自然から離れていって、自然を忘れてしまっているけれども、あの原始人とかブッシュマンという人たちも、自然を知らず、自然が死んで、放任された場所にいるだけかもしれません。自然を知らないことでは、今の現代人と同じかもしれないわけです。しかし、幸せなことに、自然や神から見放された世界に住んでいることすら知らない、彼らには、いわば「知らぬが仏」の幸せがあるということです。

私の理想は、神と共に住み、本当の自然を楽しむ生活をすることです。そのために大事なことは、本当の自然が何かがわからなければなりません。そして、本当の自然が回復されなければならないわけです。

――ブッシュマンの国は理想郷ではない。ある程度何かの原因で、不自然になってしまった生態系の中に、その生態系のバランスを崩さないような貧しい生活をしている、というのは決して自然ではないということになりますね。

自然ではない。不自然のなかで、苦労して生活しているだけのことでしょう。それは、放任状態にすぎないので、自然の荒廃に身をまかせているだけでしょう。貧困の世界でしかありません。

――放任の状態では、たとえ、生態系のバランスが、それなりにとれていても、それは……。

本当のバランスがとれていないのです。バランスはますます崩れていって、このままでは、貧しくなるばかりでしょう。バランスが本当にとれている場合は、自然も豊かになるし、人間の生活も豊かになってくるのが自然なんです。

豊かというのは、微生物が正常で、植物も繁茂し、土も肥えてくる。動物も殖えて、にぎやかになり、いわゆる繁盛している格好ですね。そういう格好になるはずなんです。それが、自然が貧しくなって、そのなかで消極的に、何もしないで、ほそぼそと生命をつないでいるブッシュマンの姿は、貧困のなかのあきらめでしかない。それこそ、心身の貧困であり、私は貧困を礼賛してはいないのです。

——先生のお考えだと、そうすると、ちょっと我々が今までもってきたイメージと違うんですが、自然というのは、本来、非常に豊かによくできているということですか。

その通り。自然というものは、本来完璧で、最高の真・善・美と豊かさがあるんだということです。精神的にみても、物質的にみても、最高の豊かさが充満しているのが自然です。

——だいぶわかってきたような気がするんですが、先生が「自然」とおっしゃるときには、我々が誤解していたかもしれないんですけれども、一種の清貧主義というか……。

花が咲き、鳥が鳴く。詩があり、歌があり、あらゆるものがあり、豊かな心をもった者が住む天国を、清貧と見ますか。

——それは本来の自然ですか。

それに向かって、どんどん自然は進んでいると言ってもいいんです。

——その〝自然は進んでいるんだ〟という言葉は、初めて伺ったような気がするんですが……。

その自然が進むという言葉は、どういう意味で言ったかというと、自然は一瞬一刻の遅滞もなく、無心に、天意のままに流転していることを指したのです。

私は、「自然には、進歩も退化もない」と言うこともあります。この二つの言葉は矛盾していると思われるでしょうが、時空を超えた自然の立場から見れば、同じことを言っているのです。

自然は、常に絶対・完全で、完全から完全に流転し、時に従い様態を変えているだけだから、不動と言っても差しつかえないのです。自然や神には優劣はなく、完全・不完全はないからです。科学的な相対的な、しかも近視的な目で自然を見れば、自然は、単純から複雑な方向へ、不完全から進歩して、発達し、完全に向かっているのだ（ダーウィンの進化論）とも見えるわけですが、これはもちろん自然の実相をさしているのではないのです。

——自然の実相や、神の真意がわからないままですが、人間の目で見れば、自然は、着々と、動植物を殖やし、豊かな方向に向かっていると見てよいのでしょうか。

形・姿だけに限って言うのであれば、そう言ってもいいでしょう。

私も、自然農法の目で、昆虫類が稲の新品種を創っているのを観て驚きましたが、この姿など、自然は無作為に、色々なものを創り出し、自然はどんどん豊かになっているという証拠になるでしょう。

また、アカシヤなども、年々土地を肥やす役目を果たすのみでなく、花が咲けば、蜜蜂のために、無限ともいえる花粉を提供し、ムダともみえるほどのおびただしい種実を、虫や小鳥の餌としてまき散らしています。この姿から見ても、自然は自ら繁栄の方向に向かっていると言えるでしょう。

——繁栄の自然があれば、衰えの自然もあっていいのではないですか……皮肉な言い方ですが。

自然の心は、衰えを望んでいないでしょう。自然が衰えたり、崩壊する場合は、すべて人間が原因であると言ってよいでしょう。

風水害などで山が崩れ、自然が崩壊した様に見える場合でも、巨視的に見れば、自然は自らを破壊しているのでなく、様々に姿を変えたに過ぎません。

本当に、自然が破壊されたと見える場合は、その前に人間が、自然の軌道を狂わしていて、自然崩壊の原因を造っているものです。

——化学肥料や農薬、機械で、土を殺して、虫や微生物のいない自然を造り、自然を疎外しておいて、特定の農作物だけを繁茂させて、豊かな稔りを得たと喜んでいるわけですね。

土の死滅が、自然の破壊であるとともに、人工的な作物の繁茂も自然の破壊になります。米がよく出来ていても、足下の土は痩せ衰えて、虫も蛙も棲まず、トンボも飛ばない。詩もなく歌もないでは、自然は死に、人は形も心も貧乏暮らしだと言えるでしょう。自然が本当に豊かであれば、人間も自然に豊かな暮らしができるはずです。施設園芸のビニールハウスの建ち並ぶ光景などこそ、私の目には貧困の世界と映ります。

私の計算では、アカシヤモリシマの種を、毎年一粒蒔くだけで、風流な山小屋位だったら、一生の間に何回でも、建て替えられます。風や地震がくれば、その都度新しい家になると言って、喜べるようになるのです。

一生宮仕えして、数千万円の金を貯え、一軒の家を建て、やれやれというのと、どちらが楽しいでしょうか。

——そうすると、福岡さんは、「自然にかえる」というふうな言い方もおっしゃいますけれども、必ずしも、いわゆる、古い原始的な自然に帰るというのではなくて……。

必ずしも、ではないのです。まったく昔に帰るのとは違うということです。強いて言えば、今に還るんです。過去に執着せず、未来に期待せず、ただ今の自然に生きるんです。

——今、自然が豊かになっていこうとしている方向に、自分も参加するということなんですね。

自然の流れに身をまかせるだけです。自然という大河の流れに乗っておれば、速い、遅いはもうないでしょう。自然の速度というものは、あってないのです。自然には、時間があってない。人は朝と晩との区別をしますが、自然には、夜もなく、昼もない。人も朝が来たら眼を覚まし、夜が来たら寝る心境になれば、時間はない。豊かか豊かでないかも、もう問題でなくなる。

夏目漱石じゃないが、流れに棹ささず、と言って流されもせず、鵜が鮎を漁る時のように、一瞬の今に、全力をかけて、生きておればよい。それが本当の豊かさというものでしょう。

——私は、最初、自然そのものは、むしろ清貧と見ていました。ヒッピーを、貧しい人と見ていたように。そのため、「自然に還れ」という言葉も、なんとなく、ブッシュマンに帰ったらいいんじゃないか、極端に言うと、そういうふうに考えていました。

ところが話をうかがっている内に、福岡さんは、自然を絶えず流動するものとしてとらえて、ますます豊かになっていくものとし、そういう豊かになっていく自然の動きに参画するんだという、そういう主張を持っておられると知り、意外に思ったわけです。

が、さらに、時空を超えた自然の流れに乗らねば、本当の豊かさを知り得ないと聞かされ、ちょっととまどう感じです。

自然は、驚倒すべき実在というか、神というか、本当の自然に触れたときには、腰が抜けるほどのものだということを、常に考えていなければならないでしょう。

やはり、「グレートスピリット」と呼ばざるをえないような感動の世界があるということです。

——精神的に見た自然ですね。

この山小屋へ、東京から出発し、北海道を回り、〃生存のための行進団〃という一行が、寒い大雪の日、夜も遅くなって、やっとたどりついたことがありました。

私が焚く囲炉裏の火に手をかざして、体を暖めている一行の中に、一人のアメリカのインディアンの娘さんがいました。

「何のため、ここまで歩いてきたのか」と尋ねました。

「自分をさがしているのです」と言うのです。私は何気なく、

「貴女はそこにいるじゃないですか」と言うと、びっくりした顔で、私をしばらく見つめていましたが……突然、

「オオ……グレートスピリット、グレートスピリット」と二度叫びました。

私はこの時初めて、「グレートスピリット」という言葉を聞いたのでした。

翌朝、彼女は、ここから九州に行くのを止めて、アメリカに帰ると言いだしました。みなは唖然としましたが、私にすがりついた彼女のそこぬけに明るい顔を見ては、誰も引きとめることはできませんでした。

別れの時、彼女の誰彼に抱きついて、大粒の涙を流す光景に、みな感動しました。まさに「紅涙を雪上に散ず」です。

あとで、私は、独り心の中で彼女に献ずる即興の詩を書きました、良い詩だったのですが。別れの時は、一同、「よかった、よかった」と祝福するのみでした。

自分の中にひそむある魂の古里というか、自然のふところに隠された神の心というか、そういう素晴らしいものに触れたとき、思わず飛び出す賛美の言葉が、「グレートスピリット」という言葉になったのでしょう。インディアンの偉大な魂と大自然の心の豊かさというか、広さというものに

接しえた私にとってもすばらしい一日でした。

——そうしたお話には非常に感動するのですが、現在、都市文明にどっぷりつかっている者からみると、どうしても自然農法や自然生活に還るには抵抗がありますね。

今の日本では、識者といわれる人たちほど、「自然農法、自然生活をすすめてもナンセンスだ。それは、遠い国のことだろう」と言われます。それは、自然の中味を誤解しているからだと思いますが。自分が「自然農法」なんていう言葉を使って、たたかれた話をしましょう。

自然農法なんてあるか——筑波大学でのケンカ

四年前に、筑波大学で、「創造学会」という会がありました。ヒマラヤ探検をされている川喜多先生が主催された学会での話です。変わり者ばかりが五、六人呼ばれて、パネル討議を二日間でやったんです。茶番劇みたいなものですけれどね。集まっているのが、一番端に岡本太郎氏、その隣りが西堀栄三郎氏、その隣りがジェットエンジンか何かの日本の最高権威者である五十嵐氏、その隣りが右翼の怪物だと言われる政治家の田中清玄氏、その隣りが自分でしょう。まったく畑違いの人間たちを集めたわけです。パネル討議の題は、「先輩おおいに怒る」で、「創造学会」なんて「学会」という名前はついていたけれども、あれは川喜多先生がうまいことを言っただけのことであって、本当は、ケンカをさせてみたかっただけでしょう。

そのときに、岡本太郎さんが、のっけから自分に噛みつきました。「福岡さんは、自然農法なんていう提示をしているけれど、とんでもない野郎だ」というふうな言い方で、「とにかく、自然なんていうのは、日本の国の耕地を見ても、何を見ても、ひとつもありはしない」と言うんです。そこは、よく見ているわけです。「これは、不自然極まるんだ。不自然極まる田畑を使って、自然農法がやっていけるか。しかも、自然農法というのは、危険至極だ」とか言って、噛みついてきたわけです。

そこで、私は、こう言ったんです。「自分も現在の自然が、本当の日本の自然と思っているわけではない。『自然農法』という言葉も、バイブルから取ったぐらいのことであって、過去も現在も未来も未完成で自然を追究するだけの農法に終わるでしょう。しかし、現在が不自然・不完全だからと言って、なお離れたほうがよいということにはならないでしょう。『自然農法というのはおこがましい。自然農法が危険だ』という言い方は、ちょっと、ひど過ぎる。自然も人も本来の自然から遠ざかっているから、自然に還そう還そうとして努力しているだけです。本当に自然がわからないから、その本当の自然を探り、本来の人間に復帰する手段として自然農法をやっているのです。この道を取っているんです」と。

で、岡本さんは、「基盤が自然から離れているから、自然から離れた方向で、人知・人為の科学的農学というものを積み重ねていくのが自然じゃないか。また、その方向に未来の希望もある」と言うわけです。私が、「壊れたと思ったら、壊れたものを復元するのが普通でしょう。自然が壊れた。それが自然で、なお、ぶち壊せというのでは、なお、ダメにしてしまうことにならないか。芸術だって、そうではないですか。自然が本物でなくなれば、もうそこに本当の美はない。自然が亡びたら、どこに美をさがしに行くのですか。本当の真善美が一体になった真の美は自然のなかにしかないと思われますが」と言ったら、岡本太郎さんが言うのには、「いや、芸術は壊せばいいんだ。既成の古い芸術観念を壊していけば、壊して、壊して、徹底的に捨てていったら、新しい芸術が生まれてくる」というんです。

「ほう、芸術に新しい古いがあるんですか。壊せば、新しい芸術の花が咲くと言われるんですか。奇術師のように、人を驚かせるような新しい美を、神が創造した美以外の美を人間が創造できるのですか。真の美は、どこから湧くと思っているんですか」と皮肉ると、「自然農法なんて、いい加減なことを言うな。福岡さんも、本当の自然を掴まえているはずがない」と、手厳しいのです。「掴まえているいないという議論は、幽霊はいる、いない、というのと同じで、こういう話は通じはしない。疑うか、信ずるしかないことでしょう。こんな話はやめましょう」ということで、岡本さんとの話は時間切れになりましたが……。私が言いたかったのは、農の道も、芸術の道も、自然を離れては存在しえないということがわかりながら、真の自然を求めて模索し、真の美を求めて彷徨せざるをえない人間の悲劇性でしたが……。

いずれにしても、私は、文明社会のなかで、自然を外から眺めて描くとか、人間感情を絵にする、彫るなどという芸術論を闘わせるのは、苦手です。

また、南極探検の隊長だった西堀栄三郎先生が、東京の宮城前に原発を造ればよいと提言され、それが冗談で言っているのではないことを知って、私もつい、「先生、人間は南極探検に出かけたりする必要はなかったのですよ」と噛みつくしまつで、まあ大変な学会（？）でした。

そんなことより、私には今、壊れた自然のなかでどう生きるかに苦闘しているブッシュマンのほうが、大事に思われるので、そちらに話をもどしましょう。

自然農法は未来の農法

ブッシュマンのような農耕生活は、単なる「原始農業」で、私は、「自然農法は原始農法ではない」と言いましたが、自然農法は、有機農法でも、過去の農法でもない。やっぱり、過去も未来もない、それを超越した、それこそ三千年の昔から、お釈迦さまのときから、ガンジーのときからあった農法だと思っています。ただ、具体的な形に現れなかった農法にすぎない。神の実在を知る人はあっても、一般には神や自然を知らず、神を認めなかった点では、今も昔も同じことだし、形の上では、ガンジーの農法みたいなものは残らないのが当然だと考えられます。とにかく、何もしないように、しないように努力していく農法があっていいはずだということです。本当に楽な農法を目指し、「鳥は啄むだけで、何も苦労していないじゃないか」というように、楽な農法が出来たら、新しい自然農法として残るんでしょうが……。

千枚田の作り方が苦しくて、「月を見て、いつも、千々に心が砕ける」というだけでは、やっぱり苦しい農法になって、残らない。「ああいうきびしいところで千枚田を作っていて、本当にそこに喜びがあると言えるのか。そういうところで生まれ、働いて、死んでいっただけの農民に価値があるのかないのか」と言われたときに、「価値がある。それで最高なんだ」と言えるまでに、農民も一般人も価値観が一変するとともに、農法も楽農に変わっていなければいけないと思っています。

ですから、自然農法は、どちらかというと、過去の農法ではなくて、未来の農法だとも言えるんです。田毎の月を見て、悠々自適ができるような楽しめる百姓になる。家庭菜園即自然農法即真人生活になるのが、私の理想です。

私は、法律を改正して、日本人がこんなに東京なら東京ばかりに集まらずに、日本には六百万ヘクタールあるんだから、日本人一億三千万のうち大人六千万人に、一人十アール一反ずつの面積はあるわけだから、みんなが分けて作って、機械を使わずに、そのなかに家も建て、もちろん、野菜から、果物、五穀を作って、周囲の防風林代りに、モリシマアカシアの種子を毎年一粒ずつ蒔くか、苗を一本植えておけば、十年後は石油が一滴もなくても、年間の家庭用燃料は十分間に合う。それだけの面積があるんだから、それだけで済むと言えば言えるわけです。あと何がいるか、あと、「あれがいる、これがいる、自動車がいる」と言うけれど、みんなが自動車で走り回るような文化生活を否定し、山荘生活を楽しむという気になれば、絶対の必需品は、すべて足元に出来ていて、何の不自由もなく高度の精神生活を楽しむこともできるのです。

――そうすると、先生の思い描かれている自然農法の、理想的なあり方は、具体的に言うと、今の福岡農法をみなが実践し、これがどんどん拡大した場合には、地域の村が自給自足の村になる、というふうな格好で考えられるわけですか。

小さな地域で、独立独歩の生活をするというか、そういう格好になることが理想だ、と言ってもいいでしょうね。家庭農園ですべての事がらが片づいてしまう、済んでしまうというか……。家庭も、村も、国も、その地域の自然の中で生かされ、十分独立独歩、自立していくことができるはずであり、そうなって初めて、世界の人々が対等な位置で手を結ぶこともできると考えているのです。

外人の決断力

――残念ながら理想郷どころか、われわれが、自然農法をやろうとするときに、食っていけるかどうかが一番問題なわけです。今、職を変えて、福岡さんのおっしゃる自然農法をやれば、自分の心は満足するけれど、食っていけるかどうかという不安があるわけです。

食ってはいけるけれど、生活できるかできないかの不安ですよね。日本人は、生きていけるか、食っていけるかということを口で言うときに、生活できるかできないかということのほうが、頭に来ていると思うんですよ。自分は、女房もいるし、子供もいる、そういうことをよく言いますがね。で、今、田舎へ出て行って、自然農法をやったときに一番困るのは子供の教育ができないと言う。もちろん、できませんと言わざるを得ないようになってくるね。だから、二年や三年、食物があれば、生きるのは生きられるけれど、電気もない所だったら、子供の教育もできはしないと言えば、できないでしょう。

いわゆる、生活ができないというとき、現在の文明生活みたいなものができないということを考えている人間が大体多いですね。それを言われると、それはできないと言うしかないかもしれない。だけど、大分前のことですが、東大の英文科の小林という青年が、新婚で、生まれたての赤ん坊を連れて、三人で来ていたんですよ。その小林君が三年いて、出て行くときに、「この子供が幼稚園に行き出したときに、教育がどうなるのか、心配する」ということを言ったから、「あんた、東大の英文科を出ている秀才ではないか。自分の子供が教育できないのか」と言ったんですよ。そうしたら、考えていたがね。それで、それが踏み切りになって、今でも、三重県の奥山にいて、初め二十アールの所を開墾して、子牛一匹を連れて、生活していた。その後、会ったら、「二十アールもいらなかった。十アールでよかった」ということを言っていたことがありました。そこで、神道の言葉の研究をしています。

——こういうことをやろうとした場合、そういう問題は、深刻ですね。

だから、まだ一人のうちがいいということなんです。一人のうちは、どうだこうだと言っても、やれるんです。ですから、共同体も、独り者だけの共同体だったら、案外、うまくいくんです。好きだ、嫌いだ、というのができると、なかなかゴタゴタし出す。

——外人というのは、その点割合と、スパッとしているようですね。

スパッとしてあっけらかんです。例えば、そこに恋愛関係ができたとしても、ほかのは知らん顔をしているでしょう。日本の場合には、そうはいかないんです。この二人が恋愛関係になって、結婚でもするだの、しないだの言ったら、やいやい言って心配するわけです。西洋人の場合だったら、勝手にやりなさいという格好でしょう。自己の城にたてこもって他人に干渉しない。そこが、フリーと言えばフリーで、スカッとしていていいんです。日本人は、あまりにも周りが干渉しすぎるから、いるにいられない。共同生活をするにもできないようにしてしまうんですね。そこらあたりも、根本的な考え方の違いが影響するかもしれませんね。自然農法なんかをやる場合でも、自分がやろうと思ったら、パッとやってしまう。日本人は、オフクロが反対する、オヤジがどう言ったと、すぐに相談してみたり、オヤジの意見や、周囲の意見を聞いて回る。で、知識を聞いて回るから、迷うから、なお何もできない。向こうは、聞かないんです。自分がやると決めたらやる。子供のときから、一人で自立できるよう育っているということ。簡単に言うと西洋人は独立心が強く、日本人は、母親から祖母から、家族のなかで育っているから、すべて相談しなければやっていけないような格好になっている。みんなで考え、一緒にやりましょうという格好になっているからね。

その一つの例が、私がカリフォルニアなんかで聞いた話です。子供が学校に行っていないのです。小学校に必ず行っているのかと思ったら、「小学校へ行く行かないは、子供が決める」と言ったんで、びっくりしたんです。小学校へ行くか行かないかは、小学校へ行く前に、「お前、小学校へ行くか」と言って、「ぼくは嫌だ、やめる」と言ったら、親が家庭で教えてやらなければいけないわけです。小学校へ行かないで済むんです。親が決めるのではなくて、子供が就学年齢になるまでに学校へ行くか行かないかを判断するだけの思慮のある子供に育てておいて、子供が判断して、決定して、それに親が従うというわけです。

自然農法が善いと心に決めたら、食える食えないは、西洋人にとっては二の次のことです。やってみなければわからないことは、ほっておいて、まず自然農法を始めるのです。

外人から見ると、日本人は煮え切らないように見える。嫌《ノー》なのか好《イエス》なのかはっきりしていない。すべてに気くばりばかりしていて、何も決まっていないのではないかと言うのです。例えば、西洋人は、原爆が悪と知ったら、原子力は使い方によって、役に立つとしても反対すると言うのです。日本人は善い点と悪い点を秤にかけて、少しでも得な方を取ろうとする、ずるい民族だと見るのです。

西洋文明はもう行きづまったと見たら、後ろをふりむかず、東洋文化の探究にとびだすのです。日本人は、東西文化の善い所だけをつまみぐいして、いいかげんに処置してしまう。

西洋哲学に出発した近代科学農法が、自然破壊になると知り、東洋農法が自然を守る農法と知ったら、躊躇なく、東洋農法に転換するのもそのためです。

日本人は、両者を天秤にかけ、自分に都合のよい方をとり入れます。それも、誰彼に相談して、なかなか決めかねるというのが実際です。西洋人は、親にも相談をかけたりせずパッと決めます。

――日本人は、決断力がないというのでしょうか、実行力もないのでしょうか。

日本人は、よくいえば暖かい家庭の中で、両親や祖父母の中で生長し、一家・一族で、なんでも相談したのち行動に移ります。慎重で、間違いのない方法だともいえますが、反面、自主性がなくて、独立した行動がとれないのも事実です。

中途半端な考えのままで、いいかげんでよいといって、うやむやになってしまうことも多いのです。いいかげんになんでも片づけてしまいます。

西洋人のように、右か左か、明快に割り切る決断力がなくて、中途半端ですますのです。

——西洋人のような決断力をもつべきでしょうか。それとも、別の道があるのでしょうか。

西洋人は単純で、明快で、自然農法に入りやすいが、独善的で、早がってんになる危険性もあります。日本人は、複雑で、ずる賢く、日和見で、臆病で、何もできないまま、うやむやのうちに一生を終わることも多いでしょう。

——では、福岡さんは、そういう日本人の気質からすると、自然農法は無理だとお感じですか。

現状から見ると、そうでしょう。東洋の風土そのものは、無為自然人を育てるには適していたはずなのですが……。

自然農園づくりは、外人にとっては、もう理想郷《ユートピア》づくりになっているのです。

——夢のように思えますが……。

日本人から見れば、エデンの花園は、神話の世界ですが、今の西洋人は、エデンの花園こそ、生命の躍動する理想郷で、エデンの花園への復帰が、今の社会にとって、焦眉の急を要する事柄だと感じとっていると思われるのです。

オランダの牧師さんが、家庭の芝生を掘りかえし、家庭菜園を作り、そこにエデンの花園を見出していたのも、その例です。

――広大な自然がなくても、庭先を自然農園にすることで、心のエデンの花園ができたということですね。

日本では、自然保護とか、緑の復活ということも、よく聞かれるようになりましたが、自然に帰る、鎮守の森を造ると言っても、森林浴をするのか？　ぐらいで、そこを理想郷にしようとまでは思っていないのです。

大体、自然に帰るといっても、どこに自然があるのかわからず、帰った所に何があるのかもつかめないのですから、真剣になれないのも当然でしょうが。

真の自然と偽の自然の区別がはっきりしないで、偽の自然を自然と錯覚していることが多いのだから、自然即理想郷などとは考えられないのです。

――川をさかのぼって、上流で、谷水を飲み、丘の上で暮らすのが、一番楽な生き方になるのに、多くの人々は、反対に川を下って、平坦部で、歩きやすい所が、一番生活しやすいと思っています。

平野のジメジメした沼地の上に、コンクリートの家を建て、大勢が、集団都市生活をしておれば、科学的に見て、一番便利で、安全で、文化生活が楽しめると考えているのですよ。

――山に帰れないのは、街に咲く虚構の花に未練があるからでしょうね。

囲炉裏生活は、人間生活の原点であり、無一物だが、無尽蔵で、ギリシャ哲人がいった、人間に必要な五元素は、すべて手のとどく所にある……、とわかっていても、それは頭でわかっただけで、体得したのでないから、けむいばかりで無尽蔵の歓びなど湧くこともないのです。

「炉辺即宇宙、宇宙即壺中の酔夢……」ヒョウタンから駒が出るというような、超俗の世界を望むよりも、まず、囲炉裏から始めよと言うべきでしょうか……。

理想郷づくりは村づくりから

——理想郷づくりというのは、結局村づくりになると思うのですが、日本の農村の組織、部落制度などはどういう経過をへてできたとお考えですか。

多分、実生活の必要上、自然発生したものでしょう。例えば、五人組というのは、棺桶《かんおけ》を担ぐには最小限度四人いるでしょう。向こう三軒、両隣り、これが最小の組織で、道路や水路の共同管理のため十人組となり、田植や収穫を協同で始めだして、これが今の部落制度の基になったのではないですか。

——村の部落制は、一つの生活協同体でしょうが、街ではどうでしょう。

京都あたりの寺町を見て、気付くのですが、あの辺りの構造を見ると、最初は一人の僧侶のもとに、弟子たちが集まって、一区画の場所に住みつき、精神的共同体を造ったのだろうと思えます。ところが、夫婦者が出たり、隠退する者がでると、別棟を造ったり、独立家屋を建て、何々庵なんて名前をつけたりしだす。独立家屋に垣根を造り始めると、隣りづき合いが遠ざかる。それを防ぐため、外堀や、強固な塀を造って囲んだのではないかと思えます。とにかく精神的共同体から、生活協同体へと発達したのが寺町ではないでしょうか。最初は理想郷をめざした共同体づくりでなかったかと思われます。

――都会の中で、理想社会を造る方法はないのでしょうか。

政府のブレーンの一人から聞いたのですが、東京の平家建を、全部二十階建にすれば、広大な空間ができるから、そこに緑を植えたら住みよい街になるのではないか、などと提言しているというのです。私には、どう考えても、偽物の緑に囲まれた高層ビルが、人間に快適な、永住の棲家や理想郷になるとは思えません。

土に生まれ、土に死ぬる人間は、大地を離れては、心の安定は保てないと思います。

――やはり、昔の農村の家族制度でよかったのでしょうか。封建的な大家族制度などがよいとは言えないように思うのですが……。

家族制度が悪かったというよりは、農民がおかれた、政治や経済環境が悪かっただけかもしれません。

――今までこの農園に集まって来た若い人たち、特に外国人の若い人を含めて、そういう人たちの人間の集まり方というか、集団の作り方は、従来の家族制度とは全然別の集団ですね。そういうふうななかで、これからの自然農法の理想的な形態を模索する場合、その家族の関係がどうなるべきかということで、今までの家族制度とは別の可能性というか、そういう若い人たちのなかに、そういう可能性とかいうふうなものを感じられたことがありますか。

もしこの農園が、アメリカやオーストラリアの様に広大な所であれば、おそらくその可能性もあるでしょう。今まで本当の自然人を目ざしている若者も多く、彼らは自由闊達な家族生活と共同生活を両立さすことができる自由と広い心をもっているといえるからです。しかし、今までのこの農園では、独り者の青年たちが参集して、共同生活をしながら一―三年間研鑽し、独立する自信ができたら出て行くという程度のことしかできませんでした。ちょうど、蜜蜂が、巣箱一ぱいに繁殖すれば、女王蜂が、一群を引きつれて、分蜂して、新しい場所に巣を造るのを真似していた程度です。理想郷づくりを模索してはきましたが。

――やはり、一般には、個人または家族が土地を私有して、耕作するのが基本姿勢になるのでしょうか。共同体を造り、共同作業をとり入れる農業もあってよいのではないでしょうか。

核家族単位の農業、大家族制の農業、共同体がよい、協業の方がよいなどの問題は、蜜蜂社会でいえば、蜜源の花次第、即ち蜜のとれかた次第で自ずから決まることだとも言えます。自然が豊かであれば、家族単位でもよく、自然環境が悪ければ、共同体でなければならないこともあるでしょう。

それより重要なのは、共同体のなかにあっても、孤独な者もあり、孤独でいて、大きな社会愛・

人類愛に生きる人もあるということです。人間を制度でしばることはできない。制度が人間を守ってくれるのでなく、自然そのままの桃源郷には、どの様な制度もいらなくなるのではないかと思われます。

——人間本来の生活態度や組織づくりは、固定化すべきものでないということですか。とすれば、土地の私有問題はどうでしょう。

土地の私有・共有の問題も、働くものが耕作能力に応じた田畑を、自由に確保できる保証があれば、それほど問題にはならないはずです。所有欲を満足せしめるだけの所有権であれば、意味がないのみでなく、欲を計る計器もないから、歯止めもきかなくて、この世を混乱せしめるだけです。所有欲より、耕作欲を満足せしめる、自由で、流動的な環境の確立が望ましいのです。

——農民が土地を私有物化して、手放さないから地価が高くなる。土地は公共物でないか、国有にしたら、との意見が、都市の市民から出されますが、これも日本の国土が狭いからでしょうね。

確かに日本列島は狭く、そのうえ、七割までが山林で、三割が田畑です。この耕地は少ないが、それでも日本の一家族当たり、平均約五十アールの面積で、日本人が生きていくための食糧を作るには十分だったのです。だが、農家にとっては、貴い土地ですから、手放したがらないのは当然です。しかし、そのため地価が高くなるというのは誤解で、農民同士の売買には、昔から今も限界があって、十アール当たり、米で五十俵（三千キロ、百万円まで）が相場だったのです。近年の地価の高騰は、不動産業者同士の思わくでつり上げられるといえるでしょう。

また狭い国といっても、家を建てる土地がないのではなくて、法律で決められた宅地という名目の土地が少ないだけです。街の人が、山や丘の上に、田畑に家を建てられるのであれば、土地は無限にあります。法律上、家が建てられる宅地という名目の土地は、消防自動車が入れる四メートル幅の道と、下水設備がなければならないのです。今、山林や原野や畑に、家は建てられませんが、小屋即ち電灯と畳のない小屋なら、自由にどこにでも建てられるわけです。

街の人が、山家住いしだすか、地目撤廃運動をすれば、地価は一ぺんに暴落するでしょう。

私が願う法律はただ一つです。〝家は百メートル以上離れた所に建て、接近して住んではならない〟という法律さえあればよいのです。

誰でも、どこにでも、藁ぶき、竹の家でも建てればよいのです。水は谷から湧き、糞尿は土に還るのが一番清潔で、人々は自由で快適な生活が楽しめるでしょう。

上水、下水、消防自動車が必要なのは、密集住宅街だけです。しかし、どんなに発達した文明生活も、美しい自然のなかにとけこんだ生活には及びません。

もともと、何が人間には必要かという原点を考えたら、一家族十アールの土地をもち、米、麦、野菜、果物の食物があり、綿で衣を、家の周りに、竹やアカシアの木でもあれば、一年間の衣食住、燃料にはこと欠かない。他に、自動車で走り回って、獲得せねばならぬものは何もない。世間の煩わしい社会制度や法律の問題も、山小屋生活では全く無縁のことになってしまいます。

煩わしいことが何もなく、自由な野山に家を建て、その周りに豊かな自然を復活させて、悠々と暮らせたら、それが無為自然人の桃源郷になるでしょう。

欧州のスイスやオーストリア、人口が世界で最も稠密だといわれるオランダなどでも、一歩街から出ると、田舎で、広々とした牧場、深い森の中に、ポツンと孤立した家があり、はるか彼方に隣りの家があるというふうです。

舗装された直線の道は少なく、大きくゆっくり曲がる凸凹の昔の道で、古い落ちついた木の家や、レンガ造りの家が保存されている。日本でいえば、医者もいない過疎地帯で、何世紀も前から、同じ風景でなかったかと思われるほどです。部屋のなかから、今甲冑を着た十字軍や、ドン・キホーテが出てきてもおかしくはないと思われるほどです。

文明の進んでいると思われた、ヨーロッパ人は、今も昔の山小屋生活を楽しんでいるのです。

――今の日本人は、それでは進歩がない、生きがいがない、意味がないと言うでしょう。

日本人は、現在、太陽の下で生きていることが、どんなにすばらしいことであるかを、忘れてしまい、西洋人はイミテーションの自然に気付かず、どちらも桃源郷に遊ぶことができないのです。

――自然農園を理想郷にすることはできませんか。

もちろん、その方向で努力してもみましたが、理想の里はできても、棲む人がいません。

今の都会の子供は、破れ障子の山小屋では、こわくて寝られません。山のなかではすぐ退屈します。果物《ミカン》でキャッチボールをして遊んでいても、すぐ飽き、「何か他の果物がないか」と言う。「柿がある」と言うと、「あの木は登れない。あの木は遠い。時間がない」と逃げる。

親も親で、「囲炉裏で焼芋を焼いてくれ」と言っても、薪に火がつけられない。囲炉裏は、自動消火装置になっていて、ほっておいても火事にはならないと説明しても、こわがる。「火の字の型に薪を置いて、こう火をつける。冬と夏では燃やし方が違う」などと教え、やっと火がついても煙たがるばかりで、焼芋にはならない。都会の主婦は、文明人でなく、もう火を恐れる原始の動物にかえっているのですね。

——都会では、落ちこぼれ組のほうが、自然農園に来たら、ワンパク小僧になり、都会の婦人はワンタッチの台所では活躍するが、囲炉裏辺では手も足もでないということですね。

落ちこぼれというのは、常識のない、常人の通る道から横道にそれた者のことでしょうが、常識が狂って来ていたらどうなるでしょう。

仏教で、道の外にいる者を、外道というと言いますが、傍目八目《おかめ》で、どっぷり仏道の中に埋没している者のほうが、仏を見失いやすい。仏から離れ、横道にそれている者のほうが、まだ自覚して救われる機会があるでしょう。わかった顔の善人より、こまっている悪人の方が救われやすい。

自然の理解者だという人のほうが、自然農園に落ちつけないものです。この農園でも、外道者ばかり集めてみたら、一人くらいはやる者が出るのかもしれませんね。

――先ほども、山小屋を閉じ、隠修生活に入られたと言っておられましたが……。

時間がなくなったからですよ。それと、私が隠退したというより、私が面倒を見なくても、農園が自立する見込みがついたからですよ。

――自然農園を放置しても、荒廃しないというお考えなのですね。

無人でも、農園は自然によくなるはずです。私は今まで、科学農法で、衰亡した農園でも、元来の自然の姿に還れるように、それなりの道筋《キッカケ》をつけてきたつもりです。大地が、元の肥沃な大地に還れるよう、ちょっとしたキッカケさえつけておけば、園は生きかえって自立して、自然に理想の姿に変わっていくはずです。

――なるほど、自然復元ができ、農園に手がいらなくなってきたというわけですね。山小屋に俳句が書いてありましたね、御兄姉の句とか。

小舎《こや》囲み　桜　菜の花　鶏鳴けり

花大根　鶏ちらほらと　園無人

――桃、桜、大根、菜の花、犬鶏の声、文字通り桃源郷ですね。そこで囲炉裏のお茶を喫む……。

手斧けずりの　棟木あらわに　春炉たき

風流生活に見えるでしょう。実際は、桃源郷にはほど遠い、逃現郷です。アハハ……。

第五章　自然と神と人

一　さまよう神

——福岡さんは、「自然即神」と言って、時には「自然」を言い、時には「神」を使いわけてもいます。そこらが混乱させられる原因にもなるので、もう一度そこを説明していただけないでしょうか。

名のない神に名をつけるな

「神とは何か」「自然とは何か」と問われたとき、本当は、何も言えないのだから黙っているのがよいのですが……。

言葉が通じない世界という点では「神」も「自然」も一緒だと思うんです。私は、「自然即神だ」という言い方をしますが、自然即神だというのは、自然の本体というものと、神の本体というものは、表裏一体になっているということなんです。表面に現われている姿が自然であり、自然の裏にひそんでいるのが神だというわけです。ところが、残念なことに、ものの表裏というと、人々は相対的な二者を頭に思いうかべるから、外なる自然と内なる神が合体して一つになるということが理解できない。一が二になり、分別するにしたがって、混迷を深めていく。仏教で言う分別は、神と自然を分離するのに役立つということです。神と言ってみても、日本の神道から言った神、あるいはキリスト教から言った神、あるいは仏教から見た神とか仏・如来、こういうものは、頂上へ行けば、一つになってしまうんですが、しかし、これらを知った聖者が頂上に立って表現する時、表現の仕方によって、キリスト教では絶対の神になってみたり、仏教では、如来と言ってみたりという違いが出てくる。表現上の差は、やむを得ないですね。けれども、今言ったように、実質的には同じではないかということです。

ところが、世間で言っている神は、本当の一本化した一つの神ではなくて、様々な神様です。キリスト教が言うように、「神は絶対で、一つであって、キリスト教の神しかいない」という言い方も可能だと思いますが、この時の神は、人々が考える頂上の上に座る神ではなくて、本当の神は、もう一つ上の空にある神でなくてはならない。だから、イエズスが「神は一つであって、絶対であって、世界中を照らしている、キリスト教の神しかいない」と言うのは当然であり、正当だと思うんです。しかし、多くのキリスト教徒の考えている神は、山麓から山頂に立つキリストを仰いで心象化した、間接的神です。イエズスの観た神を見ているわけではない。イエズスの指す神と俗界の人々が指す神とは、峻別されなければならないのです。

仏教徒は、仏陀を生き仏と見る。しかし、仏陀の言った仏は、人々の想像を絶する如来であり、絶対神・仏です。キリスト教徒はキリストが「絶対の神は一つだ」と言ったから一つだと信じ一神教になる。仏教徒は、仏陀が「神が万物に宿る」と言った言葉から仏は多種多様で多くの神があると思い、多神教徒になる。異なった神を信じている。キリスト教の神と仏陀の仏が同一のものであっても、両教徒の見る神が相違してくるのは不思議はないのです。

仏教では、あらゆるものに神が宿るという言い方をする。キリスト教では、あらゆるものに精霊が宿るという言い方をする、と、前者は多神教になって、一神教のキリスト教とは違う。普通の人には、一という言葉と多という言葉は、違うように見えるけれど、絶対界という頂上の上に立ってみると、一も多もない。そこに一つの小さな石ころがあったと言っても、大きい石ころがあったと言っても、同じことなんです。言葉の世界で言えば、一と多は違うということになるけれど、相対界を超えた世界から見れば、石ころには一も多もない。全部同一物でしかない。多少大小は、俗界の迷いごとにしかすぎない。有るも無いも同じことになるのです。

だから、神というものは、お釈迦さんが言った仏にしても、老子が言った無にしても、誰がどう言ったとしても、みんな、同じものしか指してない。同じものだけれど、表現の仕方が違っているということと、もう一つは見る人の立場によって違ったものに見えるということです。簡単に言えば、そういうことになるんです。どうして違ってくるかというと、自分の立っている立場でしかものごとは言えないからです。日本人だったら、日本の言葉しか知らない。西洋の言葉は知らない。西欧人のキリスト教徒の見た神の姿は、西側から見た横顔にしかすぎない。イスラム教徒は、北から見た姿しか知らないのかもしれない。東の日本人は、神の東側面の顔しか見ていないかもしれない。そのため、どうしても違った表現にならざるを得ない。だけど、表現は違うけれども、どの人も本当は同じものを見ているということが考えられるのです。

神は一つである

――そうした神が一つであるという確信は、どうすれば得られるのでしょうか。

自分の立場が山の麓であって、イエズスの顔の一部は仰げるにしても、イエズスが体得したような神を知る立場にはない、ということを知ることが先決になりますね。自己の立場、今どこにいるかを知ることが先決でしょう。仏陀の教えをいくら研究しても、仏陀の一部を知ることはできるが、仏陀の観た如来はキャッチすることはできない。なぜなら、イエズスや仏陀が仮に神を説いたとしても、その言葉は人知の混迷を深めるだけですから、ものをわからせるのに役立つものではなく、ただ、人間の知恵や行為がどんなに間違っているか、混迷しているかを指摘し、その自信を打ちくだき、反省させるのに役立っただけということが言えるでしょう。いかなる聖者でも、言葉で直接神を鮮明にし、人を神と対面させることはできない。人は、イエズスや仏陀の言葉を通して、彼らの把握した神の姿をうかがうだけです。いわば、「神の影（投影）であり、虚相を知っているにすぎないということを深く知れば、我が神のみが絶対だとか、最高の神であるかのごとき言動はできないはずです。「絶対の神は一つだ」と言いうるのは、イエズスのみです。「唯我独尊」という自信は、絶対の神を観た者のみが言いうる自信です。マホメットも、「神は一つしかいない」と言ったが、当然でしょう。山頂に到達した聖者たちが、車座になって神を語るとすれば、語る言葉はいりません。観た神を表現する言葉もまた、山頂から見るのだから、天界は同じ天界で、黙っていても意見は一致するはずです。聖者のみが観ることのできた神を、山に登ってくる人々に説明しようとすれば、言葉にたよるしかないのですが、その言葉は、伝達の手段にはなりえないのです。多くの誤解が生じるのは当然でしょう。

神・仏を観たことも知りもしない宗教家が、神とか仏というものを説いたり、説教したり、本に書けば書くほど、混迷は深くなるばかりです。経典がたくさんになればなるほど、神や仏へと近づくのに役に立つ藤蔓になると思うでしょう。ところが、人は、それにすがって登ってゆくのでなく、多くのお経などを読んで知恵を深めるけれど、迷いこんで、どんどん下降していくんです。知は、人を昇華させず、混迷におとしいれるのです。分別してゆくほど、どんどん神がわからなくなっていくことに役立つだけです。それを総合すれば、神の概念をつかむことには役立つが、しかし、知識を深めて、人を堕落させるだけで、神そのものに近づくわけではありません。

神あるいは自然そのものは、一歩一歩、知を捨て、自己を捨て、上を向いて行く方向にあるわけです。だが、人々は反対に、あらゆる手段とか知恵を使い、体を使い、そうやって獲得しようとするんです。捨てる方になければいけないのに、獲得する方向に道があると思っているのです。「木によって魚を求める」の類です。

——自然と神と人間の関係をもう少し具体的に話していただけないでしょうか。

こんなことを言っても、説明になるかどうかわからないけれど、この近くにある神社の森の木、イチョウの一木、これが自然だとも言えるが、これは自然でもなんでもない、東京の真ん中で、誰かが植えて、大きくなったので、本当の自然でもなんでもないとも言える。それでは、それは自然でないかと言うと、ただ植えた不自然な庭木にしかすぎないとも言えるけれど、自然・不自然を超えて、木は木に違いないから、自然だとも言える。そして、「自然即神だ」と私が言ったりすると、「では、あれも神様か」と逆に問われるわけです。その時に、「あれは他の雑木と異なり神木だ」と言うことはできないけれど、「神がそこに宿る」というようなことは言ってもよいのではないかという感じがするんです。自然即神だということは理解されにくいが、自然の、そのへんにいる小鳥とか、この中へも、スズメが五、六匹寄ってくるんですが、このスズメの子なんかが、あれが神だと言えるんです。だから、あの小鳥たちは、神を知っているというか、神が宿るというか、そういう言い方をしてもいいのではないかという感じがするんです。同じように人間にも、やっぱり、神は宿っていたのだが、忘れてしまって、もう、気がつかない。同じように、小鳥も、自分は、恐らく気がつかないと思う。そんなことは考えていないし、神という言葉も知らないから……。でも何となく、神と共に生き遊んでいる姿に見える。人は神を知らないで、神を尋ねて迷う。

人に迷って神に迷う

そこで、神というものはどんなものか、逆に、こちらが聞きたいんです。みなさんが、神と言っている神は何か、どんなものを予想しているかを、まず、知っておきたい。

——福岡さんのおっしゃることは、私なりにわかっているつもりですが、私は、「神」と「絶対無」という言葉は、同じことを表現していると思います。先生は、「自然を超えている」というふうに言われましたが、その場合、ただ超えているのではなくて、超えているということが、そのまま包んでいるということだと思うんです。つまり、包んでいなければ、本当に超えていることにはならないと思うんです。包んでないような超え方というのは、もうわれわれとは全く無縁な、つまり、われわれがそれについて知ることも語ることもできない、ということは、そもそも話題にさえならないようなものであって、少なくとも、われわれが、それを悟ったり、気がついたり、語ったりすることができるということは、われわれがそれに包まれているからできるのではないでしょうか。包まれているということと超えているということが一つであるような、そういう自然あるいは神は、個別の言葉で語り尽くすことはできないけれども、では、まるで語れないかというと、少しずつ、一部分ずつを、不完全にではあっても、語れる、そういった構造になっているのではないかと思うんですが。

あなたは、「今わかっているつもり」と言った。「つもり」と「わかった」は、全く違う。絶対無もわかったつもり、この無は、有無を超えた無などと理解しているのでしょうが、「絶対無」という言葉は、無心の境に住む人の間で通用する言葉で、この俗世界で通用する言葉ではない。われわれの間では、もはや死語といってよいのです。このことを知らず、わかったつもりで平気で死語を使うことを、私は恐れます。意見が一致したというような感じがすると言われるが、ここで問題は、私が「この部屋に神はいますか」と言ったら、どう答えるかということです。神がわかっているんだったら、ここに神がいるとか神はいないとか、答えられなければいけないはずです。「すべてのものを神が包んでいる」と言いましたね。この部屋も神が包んでいるでしょう。この部屋にもいるということになる。ここのコップの水は、千利休がたてたお茶だと言って、ここへ出した茶道具だったらどうか。酒だったら、麻薬だったら、水洗便所だったら、あなたは、別の答えをするんじゃないですか。本当にいるとかいないとか、断言できますか、断言できねば何もわかっていないことになります。

――「鳥とか、木とかに神が宿る」というふうにおっしゃいましたけれども、最近、そんなふうな感じが、個人的にも、割合、納得できるような気持ちになってきました。単に生きている生物とか、あるいは山とか川ということではなくて、無機物まで及ぶ森羅万象、ああいったようなものが、それぞれの場で、神を表現しているのだという言い方が、気持ちとしてはかなり馴染めるような、そういう気持ちになってきました。

だけど、やっぱり、それぞれの神の表現の仕方というのは、それぞれの場があるということですね。やはり、茶碗よりも、生き物のほうが、より神をもっているというのでしょうか、そういうふうな、神を表現する思想というもの、そういうものがあるという気がするんですけれどね。

それぞれの自然の構造というか、まとまり具合というか、あるいは、その自然物の一つのまとまりに、人間がどういうふうな作用をしていくかという、人間とのかかわりのなかで、より神を十分に表現できるのか、あるいは矛盾するのか、そんなことがあるだろうと思うんです。

逆に質問になるんですけれども、「物を分析していって、物を知ったつもりになるが、結局は、神から遠ざかって下降していくんだ」というふうにおっしゃいましたけれども、まさに、そういうところがあると思うんですが、そうであれば、もう一度、福岡さんがやっておられる自然農法で、自然物の対応関係というか、人間と自然との交渉を実際になさって、実践されておられると思うんですが、その実践によって、やはり、神に近づく、上昇するのだ、という方向になるわけでしょうか。自然農法が神に近づく方法であって、近代の科学農法は、神から遠ざかる方法である、そういうふうに分けて考えてみると。

神様は、「ここは座り心地がよい、悪い」などと言うと思いますか。あなたは、やはり、小鳥や蛙を可愛がって、蚊を憎む立場に、今も立っているように見える。自然不自然を超え、善悪を超えてみなければ、どこにも神はいない。小鳥や木に神が宿るような気がするというのは、ただ、観念的に神を推測したにすぎない。「小鳥に神が宿る」ということがわかったのではない。神をもてあそぶことになるので、その話の前に、さっきのだめを詰めておきたいんだが、「このテレビが神かどうか」と言ったら、ちょっと戸惑ったでしょう。返事をしていいものか、返事をしなくていいものなのか、もっと、別の言い方があるのではないか、ということをあなたは考えたと思うんです。それで、今のような説明をしたと思うんです。

ところが、私が心配するのは、神というものが、こういうものだと概念的にわかっている場合には、いつも、これは神だろうかこれは神ではないのではなかろうか、といろいろ考えて、そこに迷いが出てくるわけです。言い換えたら、神というものがキャッチができていないから、考えねばならないことになるんです。本当の神をキャッチしているのではなく、神という概念をキャッチしているにすぎない。だから、ああいう説明もできるのではなかろうか、こういう言い方もできるのではなかろうか、と変転する。

私は、人間は、神を理解しようとする前に、人は「ものがわかる」という立場に立っていないことを、まず理解せねばならないと思っています。神が少しずつわかりかけたとか、あらゆる方面から解明しようなどとすれば、神は遠ざかるだけです。知ろうとするより、なぜ人間は知りえないかを確認してゆく態度が先行せねばならない。知ろうとすれば、人間の思いや知は支離滅裂になるばかりでしょう。さきにも言ったことですが、無心とか超越の体験のないままで無とか超えるということがわかった気になる。だが、わかったのと違うから、観念的に絶対界（超越界）と相対界の間をゆきつもどりつ、迷いつづける結果になるのです。

私は、たまたま小鳥のことや木のことを言った。神田明神にイチョウが生えている。このイチョウを見て、神かと言ったら、神だと言っていいんだと言ったんです。そうすると、はや、こういう言葉に引っかかってしまうわけです。私が、「神田明神」と言ったら、みなさんの頭には、神木のイチョウが浮かぶ。植物学的に見たイチョウの木が映る人もいるはずです。そして、あれは生き物だ、と考える。ここに茶碗を出したら、このお茶は、ただの有機物にしかすぎない。千利休が出したお茶だと言ったら、千利休という言葉にまた引っかかったかもしれない。だまされたと思ったかもしれない。千利休のお茶だったら、本当のよいお茶かもしれないのに、これは番茶で悪い、などと思うんですね。そういう思いが、すでにそこへ湧いてくるわけです。イチョウの木、小鳥、これは生き物である、これは、ただの安物の茶碗である、というようなことが入ってくるでしょう。

さっき、「超える」と言ったでしょう。神とか、自然というのを、超えた存在だということが、わかっているように見えてわかっていないということが、そこに出てくるんです。超えたという神の世界を対象にして話をしろと、そうなっているけれど、いつも話を聞かせて、人と人と対話した場合には、すぐに低められてしまって、俗界に舞いもどってしまうのです。超えているのでもなんでもない。頭のなかに、鉱物と植物と生物であるとかなんとかいうことがある。「これが神か」と言われて、「イチョウが神である」と言ったんだったら、「これも神だ」と、さっと言ってよかったんです。ところが、それを言えない。ここに、鉱物的、植物的、博物学的な知恵が働いている観念界から抜けだせない、「超える」という言葉自身がわかっていないということが、暴露されているわけなんです。

とにかく、「神が木に宿る」という言葉なんかでも、すべての人が知っているように見えるけれど、誰一人、木に神が宿るということをわかっている人はいないと思います。私は、四十五年間歩いて、いろんな人と対話してみたけれど、そこがわかっている人に会ったことがない。常に、話をしているうちに、矛盾が出てきて、その人が自分自身、解答を出してくれるんです。私が答えを出したことはなかった。その人が間違いに気付く以外に方法がない。自然が神だという、あるいは、自然のなかに神が宿るということを、あなたが本当にそう思っているんだったら、同じ答えが出てこなければいけないはずです。時と場合によって、かわった答えが、必ずどの人からも出てくる。ということは、言い換えたら、不動の一つの解答が出ていない証拠です。神と自然が一つだと言っても、時と場合によって、神が仏になってみたり、自然が不自然なものになってくる。自然と言ってみても、たいてい、不自然に対する自然が頭にあるだけのことであって、本当の、自然・不自然を超えた、自然というものをつかまえているのではないから、言葉の端々に迷いと矛盾が暴露されてしまうんです。

神は独りぽっち

だから、私は、今まで、こういうことを言うんです。話が違うようにもなるが……神や仏や自然が何か、ということは、言いようがない、言えない。言えないから、言わないし、言いようがないんだと。言ったことは一回もない。神が、仏が、何かということを書いたことは、ほとんどないし、言ってないはずなんです。言えないから、言わなかっただけの話です。

だから、人を指導することはできないが、「言えないということを私は知っている」と言うんです。山に何人の人が来ても、私は指導する力などない、指導できない。「こちらを向いて行きなさい」とか、「自然のところへ還りなさい」などと、口先では言っているけれど、リーダーとなって、「そこへ一緒に行きましょう」「自然のなかへ還りましょう」「自然農法をやっていれば、そちらへ行く道があるはずだ」というようなことも、言いたくても言えなかった。「みんなが自分で、自然を探しなさい」「自然農法をやりながら、自然を探しなさい」とは言ったかもしれないけれども、「そちらへ行ったら、自然がキャッチできる」と言ったためしもないし、「自分の言葉を信じてやってくれれば、神や仏に会える」と言ったこともないし、「自然というものはこうなんだ」と言ったこともない。ただ、「自然が人間を引っ張ってくれる、神へ連れていってくれる」という言葉は言ってもいいかもしれないけれど、その自然とか神とかいうものが、説明ができないんだから、どちらを向いて行ったらいいのかわからない。迷わすだけということにもなるでしょう。「その手段がないから、一人の弟子もできはしないだろう」ということを、もう四十五年前に言った。だから、初めから、作るつもりもないし、作ってきたつもりもない。指導するなどと、私は、一度も言ったことはないはずです。弟子は作りたいけれど、作れないということを知っているから、作る気持ちもなかった。結果的にも一人もできなかったというのが、事実なわけです。

——では、先生は、言えないと言いながら、なぜ、話したり書いたりされるんですか。対話が全く無意味だとは思えないんですが……。

あなたが、無意味と知りながら、私に聞くのと同じですよ。私は言えないことだから、話したくないが、無理に聞かれるから。私は悲鳴をあげているだけですよ。あなたは、「小鳥の鳴き声を聞いても、緑を見ても、そこに神が宿るという東洋的な心情というものが理解できるような気がしてきた」と言う。「理解できるような心情が萌した」と思うことと、神を「把握した」ということは、雲泥の差があるんだということには、まだ気がついていない。だから、聴けもしないのに小鳥の声を聞くと同じことです。

私は、あなたとはじめて会って話していますが、あなたのことは、何も知らない。どれだけの哲学をやったり、仏教の思想をやっているか知らないけれど、私は、どこの大学の先生を相手にしても、みんなそうなんです。相手が何を考えているか、学問や知識の深さなどを考えながら話したことはないんです。その人の言動・やっていることと言っていることの、どこに矛盾があるかということを、指摘することができるような場合に、話相手になるというのが、私の特徴です。そして、話はムダだという話をする。人々は知恵が役立つと思っているが、私は、知恵は役に立たぬと思っている。両者の溝を埋める手段がないことを話すわけです。知識は無用と思っているから、私は、勉強はせず、利口になろうと努力しなかった。哲学にしたって、お話にならない素人が、店先で哲学書を立ち読みの拾い読みをした程度の知識でしょう。仏教だって、般若心経も一時は憶えたんだけど、半分忘れてしまっているような状態ですし、お経の本だって、一冊も読んでいないでしょう。だから、人を指導したりする手段も知らなければ、何も知らない。しかし、あなたが、どこで間違っているか、どこを向いて行こうとしているかということは、言葉の端々や行動の端々ですぐにわかるもので、「あなたは、頭では神や仏の方へ行こうとして努力し、精進しているけれど、そっちを向いて行っていないではないか。それは横道ではないか」。こういうことが言えます。

もう一遍言うと、引っ張ることはできないし、「西を向いて行け」とも「東を向いて行け」とも言えないが、「それを超えたところへ行け」という言い方はできるということです。

ところが、その時、おおかたの人は、「よし、その言葉は理解できた」と言うのです。「それでは、あなたは、今、何をするか」と言うと、たいてい「こうする、ああする。ああしたい、こうしたい」と言うんです。私は、ふたたび、「どっこい待った。西へ行っても東へ行っても、南へ行っても、北へ行っても、どこへ行ってみてもダメ。八方塞がりですよ」と言うんです。「八方塞がりだということがわかったと言いながら、あんたは、どこへ行くと言う。行く先がないはずだのに」。こうなるわけです。「自分を捨てるということは、有心を捨てて自然に還ることだとわかった」と言いながら、自然に還りもせず、「自然を守る」と言いながら、西から東へ走りまわる。

人間は、行くとか帰るとかいう言葉を使うけれど、人間は、どこから生まれてきて、どちらを向いてゆくのかも知らないし、生まれてくる前がどんな世界であったかも忘れてしまっています。「死んで冥途へ行って帰った者は、誰一人いないから、わからない」と言いながら、知っているつもりで、「死んだから、お墓を建てておいたほうがいいんだ」とか、「お経を上げておいたら、極楽へ行ける」なんて言っている。知っているつもりだから、そういうことをするわけです。向こうへ行ったら、どこへ行くのかわからないんだったら、本当にわからないんだったら、何もできないはずなんです。お墓を建てたり、神社仏閣を建てるということは、向こうへ行ったらどうだということを知っている人だけが建てられるはずです。お釈迦さんは、おそらく、そんなものはいらないということがわかっていたはずなんです。わかっていたから、自分の葬式を出せとは言わなかったんです。それにもかかわらず、今の仏教徒たちは、みな、お墓を建てたり、お経を上げて、仏堂を立派にすることばかりを一生懸命になってやっているのは、どうしたことでしょう。成仏ということがどういうことかわかっていない証拠が墓になるんです。

そんなものが、必要であるかないかは、行ってみたらわかる。行ってみたらわかるが、行けないから、わからない。わからないで、何もしなくていいわけです。わからないのに、わかったような顔をする。それを観念的にわかっている。神社、仏閣なんていうのは、みんな観念の世界の偶像にしかすぎないと知りながら、偶像を礼拝して、その虜になってしまうわけです。

だから、私は、「神仏を愚弄する神社仏閣はいらない」と言いたいんです。みんな、あのなかに仏や神さまがいると思うから、連れだってお参りするわけです。私は、お参りするところがない。強いて言えば、自分と、あなたの違いは、私は、お参りするところがないということかもしれません。みんなは、手を合わせて祈るものがあるが、私は、祈りたくても、すがり祈る対象がない。私は、祈ることを許されない、祈る資格がないというのが、本当かもしれません。

さっき、あなたは、「神は全体を包んでいる」と言った。全体を包んでいるんだったら、神のふところに包みこまれた嬰児には、方向はないということになるでしょう。西も東もわからない子供は、外を向いて手をたたくがよいとか、内を向いて手を合わすがよいとか、それがわからないから、お参りはしない。だから、神社、仏閣の前で手を合わせている人を見ると、この人は、まだわからないから、お参りしているか、自他を区別する神仏の傍観者だなと、私は解釈するんです。

自然即神を実感する時

――「自然に神が宿る」というふうな言い方は、どういう状況であっても実感できることではないと思うんです。それぞれの、いろんな場所で、いろんな状況のなかで、それが実感できやすい時と実感できにくい時があると思うのですが、福岡さんは、ご自分の体験を振り返られて、やはり、ご自分の田なり畑なりで、自然の命というものと対話しながら働いている、そういう時間が、「自然に神が宿る」ということを一番実感できるときなんでしょうか。

それは、言葉で言えば、そういう言い方もいいんじゃないかと思うんです。それは、なぜかと言ったら、ここでおしゃべりしたりなにかするということ自体が、すでに頭で物を考える世界でしょう。一生懸命集中して、いろんなことを考える。だから、言ってみれば、ある新興宗教の瞑想の時間みたいなものになってくるわけです。無心の反対で、神は逃げだすでしょう。

ところが、田圃の畦へ行っている、稲刈りをしている、麦を刈っているようなときは、そんな自然を見る余裕もなくなってしまうわけなんです。神など考える暇もない。第一、頭が働かない。風が吹く中で、暑いだの汗が出たのぐらいのことを考える程度で、それ以外のことは考えられない。

一生懸命稲を刈っている。一生懸命で刈るということは、夢中で刈るということで、夢中ということは、夢の中でしょう。頭の中に何もない。空っぽになっているわけです。空っぽの状態、何も考えない状態に近ければ近いほど、いわゆる自然に接近するんです。何か考える、何をどうするこうすると考えるほど、遠ざかっていく。家の中にいても、ポサッとしていれば、スズメの声も聞こえるし、風のそよぎも聞こえるけれども、何か考えていると、何も聞こえはしない。眼をあけて見ていても、見ていないという状態になるでしょう。そういうことからいったら、ただ、気楽に百姓でもしているほうが、光を見、風や水の音を聞くことができる。しかし、それで、少しでも神に近づいたと思うと、それはとんでもない間違いです。なぜ、とんでもない間違いかと言うと、風が吹いた、小鳥が鳴いたということ自体が、すでにそれと一体となっている状態ではないんです。聞こえたと自覚すること、ああ気持ちが良かったなんて思う、寒い風が吹いたと思うことが、すでに人間の世界なんです。「見る」と「観る」は違う。「聞く」と「聴く」とは異なる。心に神がなければ、何も観えず、何も聴こえない。人の心はあっても、神の心がなければ、何をしてもムダである。また、一切はムダなことだとも言えますね。

一体化した神と自然と人間

だから、ここの近くの神社のイチョウの緑を想像しているよりも、あそこへ行って見る、直接、触るほうがましだということは言えますね。想像しているよりは、行って、見たほうがいい。見るよりは、触ったほうがいい。ここで寝ころんでいたほうが楽だなどと言って、寝ころんでいて、しかもそれによって、自然の中へ少しでも帰ったという気分を持つというと、それがブレーキをかけることになってしまうんです。それ以上、もう一歩自然の中へ踏み込むことができない。もっと、馬鹿になって、捨てて行かなかったら、小鳥の世界までは行けないということです。

私は、さっきも思ったんだけれど、あの小鳥たちが人間に脱帽することはないと思うんです。犬や小鳥とかイチョウが、人間に頭を下げることはない。ところが、人間は、時と場合によったら、頭を下げざるを得ないことがある。脱帽するでしょう。向こうのほうが、本当は偉いんです。偉いけれど、向こうは、知らん顔をしている。人間は、イチョウを切ることもできるし、小鳥を殺すこともできるし、犬なら鎖につないで、引っ張り回すこともできる。だから、人間のほうが偉い、利口だと思っているけれども、実を言うと、向こうのほうから見ると、笑われているでしょう。笑われているけれど、笑われていることを知らずに、自然というものをキャッチした、支配したと思っているだけであって、その人間の傲慢さと驕りが、自然から人間を引き裂いてしまう。

そんなものは、ぜんぶ取り去ってしまって、裸になって、捨て身でいって、犬や猫と一緒になって這いつくばったり、木にでも登れば、まあ、簡単に言えば、子供みたいになれば、多少は神仏に近づくことになる。

そういう方法も取らず、そういう体験も忘れてしまって、自然に没入し、一体となることのできた幼時のことなど一切忘れてしまっておいて、そして、遠ざかった昔を懐かしがるのが人間です。忘却の彼方をふり返って、「自然というものはいいものだ」、なんだかんだと言って、俳句を作ったり、絵を描いたりするわけです。いっぺん不自然な世界に入ってしまってから、自然の美しさというものに憧れて、追想して描いたのが、絵だということになる。このごろのように、抽象的な絵を描いて自己表現するなんていうのは、とんでもない間違いだと思う。自然にタッチができるか、それに手を触れることができるか、描くことができるか。幼児の時を忘れてしまって、本当の真とか善とか美というものに対して、人間は鑑賞するとか、描くとか、詩に歌うとかいうことは、とてもできないことだと、私は思う。それこそ、自然というものを賛えるとか、神を讃美するとかいう言葉はあってもいいと思う。讃美をすることはできるけれど、それを批判したりする資格は人間にはない。しかも、それを踏み台にして、描くとか、歌にするとか、彫刻してみるとか、仏の心を仏像のなかに彫り込むとかというのは不遜でしょう。さらに、その上に自分の自我意識というか、自己を表現するなんて宣言する傲慢さは許されないことです。

自然を学んで自然から遠ざかる

私のところにいた青年が、帰る時に、「これから九州に帰って、私の自然農法を始めたい」と言いました。ウチに一年いて、「ああ、わかった。だいぶわかってきた。こんどは、これから自分の自然農法を阿蘇の麓でやろう」と言うんです。「ああ、そうか」と、黙って聞いていましたけれど、そのとき、「私の自然農法」なんて言葉があるだろうかと、私は思いましたね。「○○流自然農法」なんて、ありはしないんです。自己を捨てて自然に還るのが目的で来ていながら、捨てえなかった証拠が自己主張の言葉になったんですね。ウチへ一日二日来て、自然農法に感心して、「これから帰って、自然農法研究所を作ります」と言った人もいましたが、私は、この歳になっても、自然農園の名前を付けることさえうまくできない。どう言ったらいいのかわからない。本当を言ったら、「自然農法」という言葉すらも、なんとなく言い出しただけであって、名の付けようがなかったんです。だから、「ガンジー農法」と言ってみたり、「老子の農法」だと言ってみたりしましたが、それでいいのではないかと思う。今さら、ああだ、こうだと言うことがおかしいんです。おそらく、ガンジーがやったかどうかは知らないけれど、ガンジーだったらやっただろうと思うから言っているだけです。本当のことはわからないです。そういうものです。

その自分が、四十年、五十年やってさえどうしようもないものを、一年来た青年が「私の自然農法」という言葉が言えるかというんです。自己主張ですよ。仏や神もわかりもしないうちに、木を彫って、「私は仏師です」と宣言する。「これが、私が彫った仏像。私が自己表現した傑作が、これでございます」というようなことが言えるでしょうか。善とか真とかいうものも、キャッチしている仏師が彫れば、愚作も仏像と言えるでしょう。完全な美を彫ったら、それが仏になっている、神になっているでしょうが、完全な美というのは何かというと、真でもあるし、善でもなければいけない。絶対の善でもなければいけない。絶対の真理でも善でも美でもある、そんなものを、普通の人間が彫れるか、ということなんです。

シルクロードで分解した神

昨日も、テレビで、美しい砂漠の中のシルクロードの遺跡が出ました。さすがにＮＨＫがこのごろよく取り上げるだけの価値がある。立派な仏像があって、昔の岩屋の中の岩穴の奥の奥に極彩色のお釈迦さんの像がある。ああいうものを砂漠の中で造った昔の人のパワー、仏教の権威というか、力というか、素晴らしさに圧倒されました。あれだけのものを造るには、随分の労力がかかっているでしょう。だから、宗教がいかに偉大な力をもっているかということは、よくわかるわけです。しかし、ちょっと気にかかるのは、あの仏像を拝んだ多くの仏弟子に、それがプラスになっただろうかマイナスになっただろうか、ということですね。問題は、あのシルクロードの遺跡のなかの仏像が、人間を神や仏に近づけるのに、どれだけ役に立っているだろうかということです。

私は、写真を見ただけだけれど、外の風景を見ると、風化した大きな木の根っこがたくさんありましたが、おそらく、あれが作られたころには、大森林があったことを証明する痕跡です。あの昔の遺跡が作られたころには、大森林になっていて、そこに人も集まるし、地上の楽園だったかもしれない。ところが、おそらく、巨大な寺院を造るためのレンガを造る人が大勢住んだりして、木を切ってしまって、自然が滅びてしまったような気がするんです。仏像を造るという名目の下で、緑が破壊されていいはずはないんです。自然が滅びた時、神も滅びるのです。本当の神様は、そこで殺してしまっておいて、そして自己主張したがる仏師なら仏師が、自分の抽象した石仏をそこに造っているというのは、本末転倒です。だから、シルクロードの遺跡は滅びてもかまわないけれど、自然は滅ぼしてはいけない、と言いたいんです。

もしも、あれが、仏の心、釈迦の心を伝える方便として役立っているんだったら、あすこの自然が滅びるはずがないと思えるのです。原始林であり、緑の沃野であった、あのシルクロードのあたりや、イランやイラクあたりでも、砂漠化してしまい、自然を滅ぼしてしまっておいて、つまり、本当の神や仏は逃げだしてしまうような場所をこしらえておいて、そこに仏像やなんか、どんな巨大な文化をこしらえても、それは、自慢にはならない。しょせん、仏像は仏像で、釈迦の心を伝える方便にはならなかったと、私には思えるのです。巨大な遺跡は巨大な間違いを犯したといえる。いかにすぐれた寺院も仏塔も人間が神仏を把握するに都合のよい場所とはなりえず、むしろ反対に、神を恐れ、神を人間から遠ざけることに役立っただけだといえる。

そこには、正倉院の楽器と比せられる楽器が色々ありました。自分も、音楽というものの美しさをある程度わからないことはないけれど、しかし、あの巨大な遺跡の寺院の中で様々な音楽が演奏され、人々が陶酔している間に、古代は緑の沃野だったといわれる中国やイランやイラクあたりの緑の国で鳴いていた小鳥の声は、いつの間にか消え失せたのでしょう。楽器の中に、自然から湧く音楽を写して、その楽器から出た音楽を人間は楽しむが、それでいいのかということなんです。小鳥の声の中にあった、本当の真善美を含めた音楽を聞く耳を喪失したことを嘆かず、あの楽器のなか、昨日も、誰やら偉い人がピアノを弾いたけれど、あのピアノの音楽に陶酔しているが、そのなかに本当の真善美の音楽があるのかということが言いたいんです。本末を転倒し、人間が、錯覚したその時から、自然も人間も衰えざるをえないということを、シルクロードの遺跡は語っているのではないかと思うんです。

――いくら言葉で説明しても、指導しても、ムダだと言われるのですが、おのおのが何か体験して、初めてそういうことがわかるんだ、それは、もう、自分で体得するということだ、というようなことなんでしょうか。

それから、今ちょうど言われた「自然」という言葉なんですが、「自然を滅ぼして、仏像を彫って」と言われるときに「自然」という言葉に込めた意味と、最初に「自然は語り得ない」と言われたときの「自然」とは、込めた意味が、もう違っていると思うんです。大変、おこがましいことを言うかもしれないんですが、私は、福岡さんの生き方、考え方、つかまれたものが伝わらないのは、あらゆる宗教的な体験は、おのおのが体験するしかない、言葉で言って伝わるものではないというところがあるので、やむを得ないという面と、しかし、やはり、言葉で懇切ていねいに説いて、あと一歩のところまでは引っ張っていくという努力が足りないから伝わらない、という面と、両面があると思うんです。そういう問題で言えば、正直に申し上げて、福岡さんに限らず、禅僧の方々や、日本仏教の伝統的な説き方や、それから先生の言われる「自然」という言い方は、本来、つかんでおられるのですから、説明できてしかるべきなんですけれども、そこの最後のところの説明が、その説明するときの概念に、きちんとした区別の仕方をしていないものだから、聞く者を混乱させるというところがあると思うんです。

私は、先生が最初に言われたような「自然」は、滅ぼせない自然だと思うんです。もちろん、語ることもできないし、滅ぼすの滅ぼさないのということも言えないものだと思うんです。そういうレベルの自然と……。

ちょっと、待ってください。滅ぼすことができない？

——ええ、どうしてみても、自然と言うのは、人間の手で滅ぼせないと思うんです。つまり、そうやってもがいている人間自体が、その自然の中に全体として包み込まれているわけで、破壊行動に見えるものさえも、破壊でもなければ創造でもないというふうに包んでしまうのが自然だと思うんです。

そこのところが、非常に微妙なところだが、ちょっと問題があるような感じがしますね。緑は消失してもシルクロードの砂漠の命は永遠だとか、自然というものは、極端に言うと、地球があろうがなかろうが、緑があろうがなかろうが、自然があるという見方があるでしょう。そのことを言っているのではないですか。

——そうです。

ところが、私は、自然は一つだと思っているのです。語りうる自然科学的な緑の自然も、語りえない神の宿る自然も、同じ一つの自然だが、ただ、見る人の立場、相対的立場に立って見れば、それが、二つの自然になるというだけです。そこには、宇宙があってもなくても自然はあると思う確信がありますね。宇宙がなくなっても、自然は残るだろう、神は残るだろう、と思っている。どっこい、そうはいかないというのが、私の考えなんです。

さきほど、神の宿る自然とか、神である自然という自然と、シルクロードの、あの消えた砂漠の自然というものは、違う、この二通りの違う自然を、福岡さんは混同して話すのでわかりにくいと言ったが、確かに、私は、無学で言葉の使い方を知らない。そのため説明が下手です。ただ、二通りの自然が混同されて迷うという根本原因は、あなたのほうにもあるのではないでしょうか。確かに、私は、同じ自然を材料にして話しているつもりなんです。というのは、シルクロードの自然が滅びたというのは、植物学的な自然のようであるが、そのなかに命があった神が宿る自然といってよい自然だったはずなんです。それが死滅した時に、生命のない仏像と石窟が残った。石窟が残って、人間が創造した仏像は残っているけれど、せっかく神が創造した生き生きとした自然が滅びたとき、自然が創った神も滅びてしまうと言ったのです。人間は自然の神（実像）がいた場所を破壊して、そこへ人が造った神（虚像）を置き換えたということなんです。人間の見ている自然は、真実の自然の投影にしかすぎないから、滅びてもしかたがないが、真実の自然＝神が残ればよいと考えてはならないのです。影が消え失せた時、実像も消えているんです。虚像すらも消えてなくなったとき、真実の自然や神が残るはずもない。当然消え失せる。私が恐れるのは、そのことなんです。自然をテレビで見るのと同じで、自分が言いたいのは、そのテレビのなかには、神が宿る自然はもうないはずだ、真実の人がいないから自然も神も死んだということですね。

――言われることはよくわかります。「あってもなくても」というのは、抽象、理論で言っているだけであって、現実にはあるのですし、根源的に言うと、私がそのなかで生かされているということを通じて把握される、それが事実としての自然です。しかし、一応、抽象的に考えると、「あってもなくても」ということも言えるのではないでしょうか。

それが、よい言い方だという感じはするが、ちょっと自分が危惧するのは、そう言った場合に、神が人間を超えた世界にあるという考え方があるのではないか、ということです。自然を超えたところに神が残るということが、どこか心の隅にあるのではないか。だから、自然が滅びても、神が残るという安易な考え方になっていくのではないか、ということをちょっと心配するんです。自然がなくて、人間がなくても、神があるという考え方というものは、神を神聖視するあまり、神を人間から、また自然から追いだす危険がある。私の「自然や人間を超えたところに本物がある」という言葉が誤解されているように見えます。超えるのは物理的なものではなく、観念の超越です。

——いや、そこだけだったら、おかしくなると思うんです。それは、抽象だと思うんです。自然のただなかに置かれて生かされている自分というのがあるという、その事実のなかでしか、神ということは語りようがないんだと思うんですね。だから、どこかよそにいる神のことを語っても、仕方がないと思うんです。今、私が生きていることのただなかに存在する神、ある場合には、「私が神だ」と言ってもいいような意味での神でなければ……。

そのことを言おうとしているんだったら、こういうことになるんです。普通は、ここでお茶を飲んで、こう話している、この現場が、現実の世界だと思っている。ところが、これを超えた世界というのは、非現実の世界だ、抽象の世界だと、一般には言うわけなんです。ところが、どっこい、ここで飲んでいる、このお茶を飲みながら話している姿というのは、いわゆる、物理的に見たり、生物学的に見たときの現実なんです。ところが、ここでやっている自分たちが、行なったり、話しているることは、何をもとにしてやっているかというと、人間の抽象的な概念をもとにしての行動なんです。ここでお茶を飲んでいるのも、本当に自然の状態でなく、自分がお茶を飲んでいるのではないんです。不自然な東京へ来て、不自然な食事を取り、無理していらんおしゃべりするから、喉が乾くから、お茶が欲しくなって、こういうお茶を飲んでいる。これは、人間独自の抽象概念、あるいは、人間感情に出発しているわけなんです。もとは何かというと、自然があって、ここにお茶が存在して、お茶を人間が飲んでいる。動物が、小鳥が自然のなかで水を飲んでいるのとは違うんです。小鳥の世界から見ると、非現実の世界になるんです。その隣りの公園の小鳥が水を飲んでいる姿は、現実の姿と言える。ところが、人間がここで飲んでいる姿は、同じような世界に見えるし、同じ都市の一隅だと見えるけれど、事実は、この座敷で、床の間を背にして、お話ししたり、お茶を飲んでいる姿は、非現実の架空の世界なんです。宗教的・哲学的に言えば、これは、架空の世界であって、向こうの、小鳥の非現実に見えるロマンの世界に見えるようなもののほうが、むしろ現実的なんです。この部屋で、抽象的に神や仏を論じているこの世界は、酔夢の世界である。観念の遊戯の世界にしかすぎないのです。

——しかし、科学農法などによって、自然が破壊されると、最終的には、われわれ人間も破壊されてしまい、いなくなってしまうわけでしょう。そうすると、また自然が復活するのではありませんか。その時は、復活しないですか。生物的、生態学的な自然というのは、多分、人類が発生する以前からあったんでしょうし、人類が滅亡しても、残るんだろうと思うのですが……

神や仏や自然が、超えるという言葉があるから、滅びても残ると思うんです。ところが、私が、さっきから言うのは、それが怖いと言うんです。ちょっと危惧があると言うんです。

——自然は、残らないんですか?

自然は、残らないし、滅びてしまうでしょう。神が滅びないんだと思うところに、超越という言葉が誤解されている節がある。超越していると見るから、滅びないという観念が出てくる。ところが、どっこい、そうはいかない。私が、「神様は、人間を救ったり、助けたりしてくれはしませんよ、知らん顔をしていますよ。人間が滅びようが、死のうが、そんなことは知りませんよ」と言っているのは、真の神と虚偽の人間は無縁というだけです。そこなんです。言ったら、人間から言うと、神は超えた世界にいて、空の上から見下しているような感じがするでしょう。ところが、そうではないんです。人間が滅びたときに神も自然も滅びるということなんです。自然が滅びたときに神も滅びると見たほうが、言葉で言うんだったら、正確な表現になるんだということです。一体ですから……。

宇宙が消えてしまっても、原爆で地球が滅びても、自然が残るからいいんじゃないかということは、人間として、もっとも愚劣な、卑劣なことになるんです。自分が自殺しても構わないというのは、神の眼から見たら、そうは、どっこい、いかん。勝手に死んでも構わんじゃないかと言って、自殺する。地球が勝手に自殺したんだと見たら、それが許されるか、神が知らん顔をしているから、それでいいだろう、ということには、どっこい、そうはいかない。

そこには、人間と神の連帯責任というものがある。神に到達する、自然に還ることは、言い換えると、真の神を生かし、自然を育て、自己を発掘することです。それが、人間の責任であり、目的だと思うんです。それが、人間の最終の目標になってくると、私は思う。最高の歓びの源泉がそこにあるからです。神は、人間から言ったら、無縁だという言葉もあるけれど、無縁だったら、それでは神はそっちのけ、拝みもしなくていい、手を合わせることもない、と言ってよさそうだが、神を見棄てることは自分を見棄てることになる。あなた一人が死ぬのは、勝手でいいけれど、神まで道連れにして殺してもらっては困るというのが、私の言い方になるだろうと思う。

――そういうふうにおっしゃられると、わかりますが、そのあたりをもう少し説明していただかないと、わかりにくいんです。

自然と神と人が一体であることがまだ十分わかっていないからではないですか。自然と人とが一体であることは実感できたと言っても、神だけは確認できていないため、神だけが観念界に遠ざけられて残ってしまう。もし、人と神が一体であることを把握しておれば、人の死とともに神も自然も消滅する、すべては氷解するのですが……。私は、神が説明ができないために、四、五十年、四苦八苦していたとも言えるわけなんです。今、話していることは、極めて、大変な事なんですが……。

――先ほど、「ここで話をしていることは、不自然なんだ。現実ではなくて、空想的な関係だ」というふうなことをおっしゃいました。確かに、ここでの、各々の人間関係というのは、作られた、社会的な約束事のなかで作られた人間関係というか、社会的な約束に規制された人間関係ですね。ですから、ナマの関係が出ていない。そういう人間関係は、非現実的な関係だろうと思うんですが、そういう関係を一度乗り越えて、もっと自然の関係、人間同士の現実の関係があらわになるような、そういう場所を、やっぱり、作らなければいけないということだろうと思うんです。

そうです。さらに大切なのは、虚偽の自然と人間のつきあいでなく、真の人間と神とのナマの関係を見つけることでしょう。

この世は抽象的で、概念の世界だとやっとわかってきた。さらに、ディスカッションしていくのは、これを切り捨て、切り捨てていって、結局、畦端だけが現実の世界だったと知る。これでよかったのだ、と言えるまで、非現実を現実の世界に引き戻すための対話だとも言えるんです。

ここでやっていることは、本を書くということも、すべて、神をキャッチするために論じているんだけれど、キャッチするためには、その論ずることがムダだということを徹底的に論ずるしかない。議論すること、神を論ずることが、いかにムダであるかということを知るために、議論するわけなんです。小鳥に近づくためには、カメラや録音機はいらない。小鳥のことをいくら研究したって、小鳥には近づけませんよ。小鳥の心をいくら詮索してみたって仕方がない。それよりは、そんな詮索を捨ててしまえば、小鳥の気持ちがわかり出すようになる、ということを繰り返し、繰り返し、言葉で述べてみるだけなんです。

だから、ここで、文化的な、お茶やコーヒーを飲むよりも、こんなものは捨て、あれも捨て、これも捨て、ということになる。千利休がいくらお茶を立ててくれたって、それを飲んだからといって、神の雰囲気の一端を知るのに役立つとしても、神に近づけるわけではありませんよ。西洋哲学をやってみても、日本の哲学をやってみても、ダメだ。結局、ダメだということを知って、それらを切り捨ててしまえば、そのうちに、馬鹿らしくなって、頭が空っぽになってくるんです。空っぽになってくれば、「ああ、なんだ、そこに小鳥が鳴いていたではないか」ということになってくる。だから、小鳥のほうが神に近かったか、人間がどんなに神から遠ざかっていたかということに気がつく。わかるようになるには、それしか、手段がないということです。だから、捨てるしかない、ということですね。

私は、四、五十年百姓をやっても、ああしなくてもよかったのではないか、こうしなくともよかったのではないかと、捨てることばかりをやってきました。ああしたらいい、こうしたらいい、という道をやるのが、一般の人の道であるし、仏教でも、いろいろ研究する。道元も研究する、親鸞も研究する、弘法大師も研究する、密教だ、何だかんだ、と言って、盛んにやる。やればやるほど、仏に近づけるように思うけれど、それは遠ざかる道だ。言いたいのは、そこなんですね。そういうことを調べるということは、どういう意味があるかということです。私は、空海さんだったら、若い時に書いたとか書かなかったとか言われる、なんとかいう小説みたいな小さい本があったでしょう。『三教指帰』ですか。あれ一冊で十分だと思うんです。

それを見るというと、筋道は、言いつくされていると思う。後の、密教だ、何だかんだと言っているのは、おそらく、付けたりでしょう。私が不思議に思うのは、空海さんは、なんで中国まで行ったか、ということですよ。あれを見ると、わかっている人でなければ書けなかった文に見えるんです。で、わかっているんだったら、向こうへ行って勉強する必要はないはずです。わかって、書いて、後に行ったんだとしたら、おかしい。私が聞きたいのは、あれを書いて後に向こうへ行ったのか、向こうへ行って書いたのか、ということです。そこがわかれば、空海像が鮮明になる。私、大師の本心は、お経を集めたり、たくさんのお寺を建てたりすることにあったとは思いたくないのです。

一般の人は、密教だ何やかやと言ってもったいながりますが、密教だ何だというのは、仏教の大道からみれば横外道と言えると思うんです。呪術なんかと同じで、一種の瞑想で占いとか、このごろ言うオカルトみたいなもので、好きになれない。そんなものに、仏教やキリスト教の大道はありはしない。宗教の大道は、もっとおおらかな世界だということです。護摩をたいたり占ったりする必要はない。捨てて、捨てて、捨て去ったものが、なんで、そんなことをして拝んだり、祈ったりしなければいけないか。祈れば自分が縛られる。あの世だのこの世だのいうことを超える世界が、仏教の世界でしょう。あの世やこの世の一切のこだわりを捨て、時間や空間を超えるのが宗教であるのに、この世ばかりかあの世のことまで気をつかうことはない。因果はめぐる、自然は流転するが、そんなことは神仏の知ったことではない。

この頃、守護神とか水子地蔵がはやるというが、自然の動植物界では、ムダと思われるほどたくさんの種子をつくり、たくさんの子供を産み、たくさん死なせる。それが自然というもので、母親が気にすることではない。地蔵が死んだ子を生かして母をおどし、生きている母を殺して金儲けをするなんて、それこそ神仏の罰が当たるというものです。このような呪縛から自由の世界に人間を解放するというのが地蔵（宗教）の役目でしょう。宗教の最終目標は何かといえば、時間と空間を超える、相対界を超えるということになると思うんです。超えたものが、なんで、あの世のことを気にしたりするのか。現実に生きているものが、現実を放っておいて、なんで、冥土を対象にするか。そんな暇はないはずだ、ということが言いたいんです。今日一日に生きたらいいんです。今日の、この時に全力投球したらいいんです。それ以外に方向はないではないか。過去のことを振り返って嘆いてみたり、来るかどうかもわからない未来を心配する。過去、どこから生まれて来たのやら、どこへ死んでゆくのやら何も知らないままで、先祖がどうだこうだと言われりゃビクビクし、死んだら地獄と言われて、銭をはずむ。そんなものを超えるのが、宗教の目的であって、過去を問わず、未来も問わないのが、宗教の意味でしょう。現在を放りっぱなしておいて、明日や過去のことばかりを詮索する。現実、この世を地獄の世界にしておいて、死んだ仏もクソもあるものか、と言いたくなるわね。

自然と神と一体化した子供

——今の世の中の、作られた人間の不自然な人間関係、社会の関係をもっと自然な関係に戻す、一つのルートとして今、福岡さんの自然農法とか、自然農場という場所がある。そこでの生活のスタイル、生活のリズムが、今の福岡さんにとって、一番実感的に、あらゆるものを捨て、捨てることによって、かえって充実感を感じることのできる場所なんだろう、というふうに推測するわけですけれども、そういうふうな生活のスタイルの原点というか、原理的なものは、やはり若い時の、横浜税関を辞められた前後の体験から出てきているのでしょうか。

もちろん、そう言えば、そうでしょうね。その時が一番楽しい充実した一日一日だった。一番、そこに充実した平和があった。一番、喜びがあった。すばらしい歓喜の世界に棲んでいた。そう思ったから、その時を思い出しながら生きてきただけのことです。それ以外に喜びがあるところが見つからなかった。どう考えてみても、どうやってみても、一番楽しいのは、一番ボケッとしている時であって、今まで、いろんなところで、いろいろなことをしてみたが……すべては横道の遊びごとだった……。

東京で日本一のソバを食べさせてもらったが、それよりも、私には山小屋の粗食で充分だった。山で腹を空かせりゃ、自分の山で作ったソバで結構なんだということです。何もなくとも、食べて、仕事して、寝る、それで結構なんだ。いろんな名画を見ているよりは、そこの窓を開けたら見える緑でいいし、音楽のことは何も学ばず、ドレミファを知らなくても、見方によれば、騒々しいかもしれないけれど、鳥の声や、蛙の鳴き声で結構それがオーケストラになっているじゃないか。だから、何もかも捨て去って、観念から抜け出してみたら、何のことはない、何もない世にすべてがあるではないか。無一物即無尽蔵というのは、何もない所に、むしろすべてのものがあって、一番豊かな生活ができる。

山小屋に入っていると、山形の農民が来て、「ここは、精神的に、物質的に、一番貧しいじゃないか」と言った。「物質的に、精神的に貧しく見える山小屋の生活のなかに、かえって最高の喜びと平和があるではないか」と言いたかったが、私は口をつぐんだ。体験するまでわからないことでしょう。

だから、高野山から来た坊さんに、「帰って、裏山で、百姓でもやってください」と言って、帰したこともありました。永平寺から来た禅宗の坊さんには、「坐り込むことはないんだ。坐って、無念無想になろうとしてみたって、一分か二分間、物を考えないという瞬間があったら、偉いものだよ。十年坐っても、二十年坐っても、一分か二分の間、何も考えないことさえできないではないか。それほど人間の迷いは深く、無心は難しい。一分か二分間、ストップさせることができない。

それだったら、むしろ、杓底の水を酌むより、底抜けの馬鹿になってここで鍬を振って、仕事をしているときのほうが、まだ、忘れる時間がある。早道になるかもしれない」と言いました。

やはり、そういうところ、自然のなかで、自然農法をやるということは、悪くはない。悪くはないが、自然のなかで自然農法をやると言って、一年、二年、私のところの山の上にいても、ちょっと下を見れば、松山の街のネオンが光っている。「街へ行って、また、コーヒーが飲みたいな」と思ったりしながらやっているのなら、山にいても、里に住んでいることになる。といって東京などに帰っても、数日も経てば、早く山に帰りたいと思う心にもなる。まあ、どちらにいても、どちらにもいない、ということですね。そこのところが、人間の悲劇です。悲劇だが、東京の中に住んでいるのと田舎にいるのと、どちらが得かと、強いて言えば、やっぱり、田舎のほうが得だと。自然に近いところにおれば、神にも近いところにいると言えるからです。

だから、私が「百姓は、神の側近だ」と言うのは、そういう意味です。側近というのは、一番便利なところにいる、近道にいる、青い鳥が見つかりやすい、ということです。近道にいるけれど、近道にいるというよりも、すぐ裏にいる。神様は、すぐ自分の背中にいる、ということが言えるんだけれど、これも、振り向かなければ、無限の後方へ行ってしまうんです。眼の前にいても近すぎても、やっぱり、それが摑めないんです。

子供と神と自然

人間は、子供のときには、神をキャッチしていたが、十年か二十年で忘れてしまったんです。

「仏さんをキャッチする必要はない。あんたはキャッチしていたのに捨ててしまったんだ」と言えるんです。キャッチしていたのに、幼稚園に入ったころから、先生が一生懸命で、それを取り去ってしまうんです。一生懸命で、絵を見ている子供の眼は、真の美を見ていても、絵筆と絵の具を示して、そして、「これが七つの色で……」と教えたそのときから、子供は真の七つの色を見失ってしまうと思うんです。小学校の先生が、七つの色を、「これが緑で、これが黄色で……」と言ったときに、子供は、本当の黄色、本当の緑というものではなくて、この七つの物理的な色が、真の色だと思いこまされてしまうんです。で、木は、このグリーンの色で描かなければダメだと思い込んでしまう。真の神の宿る葉っぱの緑というものは、赤で描くべきか、緑で描くべきか、黄色で描くべきか、その瞬間、瞬間、緑の葉から流れる光は異なっているはずです。捕えて描くひまがないほどの速度で、自然は動いているのです。葉っぱが歌を歌い、その雫が音楽を奏でている。絵と音楽が合体し、美とか真とか善とか、そういうあらゆるものが、渾然一体となっている自然の緑というものを、先生が、分解して教えこむから、その瞬間から、子供の頭は支離滅裂に分裂する。「今日は、詩を作る時間で、今日は音楽の時間で、今日は道徳の時間で……」というふうに、分割してしまって教え込むから、その瞬間から子供の、見る眼、聞く耳、語る言葉が、バラバラになってくる。子供が最初に捉えていた小鳥は、真善美が渾然一体となった神なる小鳥だったんです。しかし、一度教師が生物学的対象として小鳥を見る眼を教えたとき、小鳥を絵画や音楽の対象として描き聞く方法を教えたときから、また、子供に、道徳の対象としての小鳥を可愛がり蛇を憎むことを教えたとき、子供の頭は、切りきざまれて、分裂し、千々に乱れてしまう。子供の頭が解体されたとき、子供の頭のなかにあった神なる小鳥は解体され、消滅せざるをえないのです。子供は元来、自然のままで、真の審美眼をもち、真の音楽にハモる心をもっていたんです。何も、道徳を教えられなくても、完全な道徳教である良心をもち、天の摂理を守り、秩序を侵すことはない。教師が教えたときから、小鳥が単なる動物となり、他者となり、自己も、神からも小鳥からも見放された存在になる。もう、小鳥の声も聴けず、その美しさも描くことができなくなる。愛を説いて憎を教える結果になっているわけです。教師は、神と自然と人とを離反させ、あらゆるものを分別し、解体し、混迷を深めるのに役立つ知識・知恵の拡大を図るのを目的にしているのではないはずです。神と自然と人との融和統合を図る、いわば、エデンの花園から追放された人間の知を取り除くことが、使命であるはずです。学問無用の学を自然から学ぶのが本筋でしょう。

世の中が進んで、文化が進めば進むほど、神も自然も滅びてしまい、それから遠ざかったものになってしまう。現在では、神や仏は死滅に瀕したということが言えるんです。大都会の中に緑の自然もまだあるし、文化もあるし、文明もある、寺院も神社も教会もあるというけれど、ある意味から言ったら、「神は、そっぽを向いて逃げ出してしまっていますよ」という言い方もできるわけです。

原爆を落とす、落とさないと大騒ぎしているけれど、まさか、人間が、そんな愚かなことをして、自殺するようなことはなかろう、最後には、神様が、また助けてくれることもあろうと期待して、「神に祈れ」なんて言って、神様に祈っても、祈って聞いてくれるような神様はどこにもいないんです。私は、さっき、「知らん顔をしている」と言ったけれど、人間が神を見失ったときから、もうこの世に神はいない。神社・仏閣にいくらお参りしたって、戦争の回避はできない。そんなものは、助けにならない。そんなものが、助けてくれるのではないかという甘えが、やっぱり、戦争のもとになるのではないでしょうか。平和と戦争を論ずれば論ずるほど、平和は遠のいてしまうわけです。「武器を持つ者は、武器によって滅ぶ」は、永遠の真理です。知が神も自然も人も滅ぼしているのです。

二　自然即神――自然が神を創る

自然が創る神
――神とか生命とかいうものを、さらに立ち入って解説していただけませんか。


神は万物の創造主であると言われるが、その偉大な聖霊《グレートスピリット》は、大自然の中にひそみ、大自然を育て、成長せしめる力となっているといってもよいでしょう。

神の姿を具象化したのが、大自然の姿であり、神の心は、自然の中から心象化されて、人間に汲みとられると見てよい。

すなわち、神の息吹きが自然となり、自然の心が人間を人間らしくしているのです。自然と神は、もともと一心同体であり、区別されるべきではなかった。自然と神と人は、一心・一生命を共有するものです（ここで言う自然は、科学者たちが対象にしている自然ではなく、自然の実相、本体を意味しますが）。

神は、自然が奏でるオーケストラの指揮者であると共に、自然を棲家として生まれた可憐な小さな演奏者でもあるのです。

神が創り、育て、流転しつづけていく自然は、時間・空間を超え、人知を超え、いつの世も完全無欠であるといい得るのは、天地の万物・万象は常に真・善・美が一体となって光り輝く世界であり、天の意のままに移り変わり、しかも常に秩序正しく運行して誤りがないからです。

人間にとって、自然は産みの親であると共に、最大の師です。人間として人間らしくあらしめている感性、理性、悟性なども、すべて自然に感応して初めて発現するもので、人間の心に浮かぶ正邪、善悪、優劣、美醜、愛憎などの判断、規準も、自然が示す大道を踏みはずしては成立しない。人間は、すべてを自然から学び、自然に頼って生きる以外に真実の道はなかったのです。

神に見放された人類

ところが、今や人類は神に背き、自然に離反する地上で唯一の生物としての姿を露骨に鮮明にしてきました。

人類の祖先が、知恵の木の実を食べ、エデンの花園から神に追放されたという原罪説は、古代の哲人の寓話に終わるものでなく、現代に至っていよいよ明白に、人類の本質的欠陥を痛烈に指摘しているのです。

人類は自然進化の途上において、自然児の一人として地上に誕生した。しかし人知を獲得した人間は、神が統括してきた自然から離脱し、自然に弓ひく異端者の道をつっ走り始めたといってよいのです。

そして神に背をむけ、神を見失った人間は、母体である自然の心を汲みとることもできず、欲望のおもむくまま、自由勝手に自然を歪め、破壊し、自然から逸脱していって、自ら墓穴を掘りつつあるのです。

人間が自然を知り、自然を利用し、さらにより豊かで幸せな、人間独自の楽園を地上に築きうると思うのは、人間の独りよがりな錯覚でしかなかったことは、哲学的にみて明白です（『無』Ⅱ、哲学篇）。

一事、一物すら知りえない人間は、何も知りえず、何も為しえないことを知りえないまま、独り相撲をとっているだけです。

人間は神なる自然の実相に接見しえないままで、ただ単なる人知の投影にすぎない自然の皮相の姿、形を科学的にとらえ、その深層の哲理を知りえないまま、盲目的に自然に戯れ、自然を玩具として、手玉にとって、有頂天になっているだけなのです。

もちろん、現代人の豊かさからくる喜びとか、自由を享受する平和とか幸せとかは、相対的な一時的虚想にすぎず、一時の幻想に終わることは言うまでもないでしょう。

科学者は、科学的真理は絶対真理になりえないことを知りながら、これを無視し、人知により真理探究が人類の発達、幸福に直結するものと確信し、世人をしてますます虚偽、虚構の繁栄の社会の中に引きずりこんでいくのです。

科学者の中には、時に前途に不安を感じるものがあっても、神が自然を創り、人を創ったとすれば、人間の知恵、思考、作為も神の意志の現われであろうと考えれば、人類の未来は、神の手にゆだねられている。人間が心配しなくても、神が何とか人類の危機は避けて下さるだろうと期待するのです。

しかし、自然から離れ、神を見捨てて独り歩きしている人間に、神の救済はありえない。またキリストのような一人の救世主の出現で、人類が救われるような時代はとうに過ぎ去っていると言ってよいでしょう。

兇悪人によるというより、善良な一科学者の手によって、あるいは気の弱い一政治家、一兵士が、故障した一ロボット人間が、間違ってボタン一つ押すだけで、地球は壊滅するところまで来てしまった。全人類が原罪説を認め反転しない限り、人類はもう崩壊への道をつっ走るだけでしょう。

人間がなぜ自然から離反し、他の生物と訣別し、人間独自の道を歩み始めたかを、人間とは何だかを、今こそ真剣に検討せねばならぬときがきているのですが、そのスタートで最大の問題点となるのは、人間の知恵、思考とは何であったかを明確にすることができるかです。人間は何を知っているのか、知ることができる動物なのかです。

科学者は、人間とは何であったかを知っているつもりでいます。少なくとも知ることができると考えています。だがそれは生物学的見地から、あるいは精神科学の面から探究していくことで、解決できると考えているにすぎません。根本的解決は、人類誕生の歴史を訪ねたり、生物としての肉体を解剖したり、あるいは人間をして人間たらしめている人間の思想や文化を、いくら詮索してみても、達成できるものではないということを知らないのです。

というのは、「人間とは何か？」という人間の問いかけが、実は「〝人間とは何か？〟と〝疑う心とは何か？〟」と尋ねていたのであるからです。人間を尋ねているようで、人間を尋ねているのではない。問題は……どうして人間が人間を人間と認めたか、なぜ人間は自らを何者かと疑わざるを得ない立場にいつから立たされたのか、であるからです。

狐狸は自分は狐狸と知っても自らに迷うことはないのに、人間だけなぜ、自らに迷うのか。虫たちが虫であることに嫌悪したり、懐疑することはないのに、なぜ人間のみ満足できない動物にいつからなったのかという謎が解けない限り、人間は人間を知ったとはいい得ないのです。そのときまで人間の迷いの種はつきないでしょう。

人間にとって最初の、しかも最大の難問題は、人間の懐疑（我思う）を含め、思考を形成するために必要な基本的諸概念が、いつからどのようにして構築されてきたかを、根本的に洗い直すということです。端的に言えば、それは人間の概念の基本形式《わくぐみ》となる時間と空間の概念を、いつ、どのようにしてキャッチしたかです。

人間は、時間と空間を間違いなく、正確に把握しているつもりでいますが、時空の真相を知っているのではないということを知らねばなりません。

私は今改めて、人間が時間と空間の真相を見失ったときから、他の生物と訣別していったことと、今人類を崩壊の危機に陥れている根本的な命題は、人間の時空概念の錯誤に出発することを強調しておきたいのです。

三　時空を超える時間と空間を知らない神

西洋哲学が錯誤した時間と空間

――時間の本質は何か、空間は何を意味するかなど、多くの哲学者や、科学者は正しく解明しているように思っていますが……。

確かに科学者は、時間の正体を知り、空間、広さ、大きさ、距離などを正しく測定し、把握していると信じています。その証拠に、時空の知識を生かし、ロケットを飛ばし、宇宙衛星が成功したのだと。しかし、科学が把握している時間と空間は、あらゆる人間の思考概念の基本形式とはなりますが、また自然科学的真理を保証する土台となる基本的道具とはなりえているのですが、自然のなかの時空の実相そのものを示し生かしているのではないのです。

人間が観察し、判断した時間と、空間は、どこまでも人間の思考概念の上に構築された時空であり、人間界のみで通用する時空でしかないのです（カントは先験的概念と言っているが、拙著『無』

II、哲学篇参照）。すなわち自然のなかで刻まれている絶対的時空、いわば神の時間は、姿なく、形なく、具象化は不可能な時間であり、根本的に人間が利用している時間とは異なったものです。

一匹の虫が知る時間は、人間の時間に刻まれた時間ではなくて、彼らの一刻は無限の時間です。一木一草が占有する空間は、いくら小さくても、彼らは広大無辺の空間に棲んでいるのです。そのことを察知しえない科学者たちは、御苦労にも大宇宙の世界にまで宇宙船にのって飛び出しても、疑惑の雲を広げて行き、かえって小宇宙の世界に人間を閉じ込める結果になることに気付かないのです。芒亭の囲炉裏辺にも、無辺の大宇宙、無限の時間があることに気付かないで、安住の地を探し求めて、宇宙の放浪者となったにすぎないのです。

自然の時間は長短があっても、神の目には速い遅いはない。自然の空間には大小があっても、広い狭いは本来ないというべきだったのです。大小、多少は人間の妄想でしかない。人間がつかまえている時間と空間は、科学的に認知された空間にすぎず、絶対的時空ではないがために、常にその価値は変転し、人間が頼れる（附託に答えうる）ものにはなり得なかったのです。

人間が一喜一憂する高速機の遅速、遠近の観念なども、数百億光年単位の宇宙時間からみれば、一瞬の光芒にすぎず、また仙者一瞬の酔夢は、数百億光年の歳月にも匹敵するということを知らねばなりません。

人間は果たして、何を時・空と呼び、何を利用し、何に一喜一憂していたのか。人間にとって、過ぎ去った幾十年の歳月は、今日一日の尊さに及ばず、明日一日の時間ととりかえることもできない。ということは、人間は時空を把握し、支配しているのではなくて、ただ相対的な時空の観念に翻弄され、幻影にすぎない空虚な時空の舞台で躍らされていただけだったのです。

根本的に見れば、時間と空間の概念は、人間の真の歓びや幸せに直接関与する要素ではなく、逆に人間を束縛し、人間を苦しめるのに役立っていただけなのです。

繰り返して言っておきますが、科学は、時間を分類して過去、現在、未来の時間と区別して暦を造ったり、時計を造って長短、遠近、遅速の諸観念を助長することで、人間を永遠の時間から遠ざけてしまった。無辺の空間のなかに、人間は位置を設定し、大小、広狭、面、立体等の枠組をはめこんだ。人間は大小を知って、大小、多少に苦しみ、広狭、優劣を知って、欲望の拡大に悩まざるを得なくさせただけなのです。

人間は時空を知り、時空を獲得したのではなく、時空の偏見にしばられた生活の中で多忙となり、時空を失くしていくばかりでしょう。

やはり、真に時空を知るためには、時空を超えた絶対時間のなかに生きるしかないのです。

生命自由化時代

今、宇宙科学の力で、広大な宇宙の世界に飛び出すことで、マクロの時空が獲得できるだろうと、また生物学では、ミクロの細胞のなかに生命の根元があるだろうと確信して、その探索に夢中になりだしました……。

時空を超えて見れば、マクロも、ミクロもない。生命の根元は、細胞やDNA、核酸の中にあるのではない。大宇宙の星のなかから生まれたり、ブラックホールの中に吸収されてしまったりする物質ではないのです。

真の生命は、自然科学者が対象とする自然界から探し出せるものではない。むしろ、人間の生死の観念やその概念を出発せしめた物質物体を超えた世界にあるのです。したがって、生命の探索は、人間が生と認めたり、死と判断した人知による生命観念からの脱出が、先決問題になるのです。

生物学者は生物の進化、発達の過程を研究することで、宇宙の構造とともに、生命の発達の誕生を解明できると確信できるのでしょうか。彼らが探究しているのは、生命そのものの本体・実相ではなく、生命の投影である足音や影を追い求めているだけです。

神の生命が、自然を舞台に、どのようなドラマを演じ、興じ、遊び、生命の歓びを感受していたかを知ることが、生命を探究するということでなければならない。神が演奏する音楽《オーケストラ》に耳を傾けることもなく、華麗な舞台での神の舞い姿の美に驚くこともなく、ただ捨てられた、壊れた楽器や、舞台装置ばかりの調査に、わずかに生命の仮の姿をしのぶのが、生物学者の現状だといえるのです。

生命の営みの価値は、時間の尺度、長短などでは測れない。生命から湧く歓びや幸せは、相対的な時空の概念では捉えられないものです。

生命の本体を神とすれば、生物学者は、生命を探究しているつもりで、生命の形骸というか、入れものを解剖しているだけです。

今、遺伝学者は、細胞の中の核内の核酸ＤＮＡやＲＮＡが遺伝情報を伝達する機関と知って、これを解明することで、人間は生命の謎を解き、本体をつかむことができると確信しているようですが、科学者は生命の謎ときにたずさわっているのでなく、生命の自由な活躍を阻害し、自然生命を混乱せしめることに役立っているばかりです。ＤＮＡは情報創造発進装置ではなく、神からの生命情報をキャッチし、次の情報機関に伝達する役目をもった一時的中継基地にしかすぎないと見てよいでしょう。

ちょうど、科学者が電気を発見し、電線を通じて伝達できたとき、自然のなかの電気の実相を知ったというのと同じで、遺伝因子を伝達する手段が見つかって、遺伝子の組み替えが自由自在になり、変わった色々な生物を造ることが出来たとき、生命の創造も調節も意のままになったと広言するでしょう。

人間の遺伝子を猿の遺伝子のなかに組み込んだり、ネズミの遺伝子を猿に組み込んで、人間と猿の中間動物を造ったり、ネズミの性格を猿に与えたりすれば、人間は生物の生命をもてあそぶことができたと言えますが、人間や猿の本当の生命を知ったということにはならないのです。

類人猿には、人間の生の歓びは通ぜず、人は自分に似た類人猿を我が子と認知するわけにいかず、猿がネズミの鳴き声をしたといって喜ぶだけでしょう。科学者は、生命の本当の意味、価値について滑稽な錯誤をしているといえるのです。

生命の価値は、人間が生命をもっていることにあるのではなく、その生が生かされ、尊く生き、生かされたとき、初めて発揮されるものです。生命の完全燃焼だけが問題なのです。

人間の価値は、手足が二本だ、六本だ、八本だとかで変わらないのと同様、生命の長短や、遺伝因子の変異が、人間生命の尊厳に直接関連していると思うのは、科学者の独断でしかありません。

科学者は、人間の形質の優劣が、生命遺伝因子の優劣に支配されると信じているがために、遺伝因子の組み替え技術などに期待するのですが、それはちょうど、人々が顔色の差を気にしたり、手足の多少、長短を気にして化粧したり、整形するのと同程度の意味しかないのです。

なぜなら、自然の生命そのものには優劣の差異はなく、人間の形質の優劣、善悪の判断はすべて人間の立場から見た判断にすぎず、そのためすべて人間の諸概念が捏造した絵空事に終わるものです。自然の遺伝因子に、人間がタッチすることは、猿が人間のまねをしてお化粧して化けて喜ぶのと変わらないということです。

したがって、どんなに科学者が、新しい優れた生命を造ったつもりでも、それは人間の独りよがりで、自然のなかで普遍的に通用する優良生命とはなりえないのです。要は、科学者は生命の実体には、少しもタッチしているのではないということです。

科学者が生物学的生命現象をもてあそび、夢想を楽しむのは勝手なようだが、その独断的偏見が、正常な自然生命界に異変を惹起し、混乱を招くだろうということが明白です。異常な一新微生物の誕生すら、全人類を直接危うくする危険性があるのです。

人々は、正常と異常を判断する能力を人間はもっていると信じていますが、いかなる名医も真の正常とは何か、病体とは何かを知りうるものではないと同様、真の自然と不自然を正しく判断する能力は人間に与えられていないのです。この問題は、もはや医学や自然科学の領域を超えた世界のことなのです。

武器は武器によって亡ぼされる、知は知によって亡びる。無知なることを知らず、その知を誇り、知によって万物・万象が解明でき、自然を生命を自由に支配できると人間がうぬぼれたとき、人間

三　時空を超える時間と空間を知らない神　　370

はその知によって自ら亡ぶでしょう。

私は愚鈍であり、言うべき言葉も知らない百姓だが、次の言葉は間違いでないことは確かなのです。

すべて自然のままに、自然に従っておればよい。それ以外に道はない。ただひたすら真の自然即神と生命を探し求めていくだけだ……。それが人類に残された最後の道といえるのです。

私は、自然農法をとおし

　自然に還る

　　この道しかなかった……。

付記一　時空を斬る

時間も空間も、本体は姿・形がない。姿・形がない故に、人間は捨てることも無視することもできない。

時空を超越するといってみても、空念仏に終わり、現実に体現することができない。

釈迦は、色即是空、空即是色、と言われたが、時空もまた本来同根にして、一切は空なりといえる。

この世のあらゆる具象も心象も、本来同根、具象は心象に発し、心象また具象に帰る。具象即是心象、心象即是具象、問題は一切空なりといっても、それをどう斬り捨てることができるかである。

この世にあるとみえる物も、なしといえる想いもない。一切は空なりと断じることができても、悲しくも人の身は、虚相に迷い、虚態に幻惑されて、一切の観念を斬り捨てて、現実の実相・実体にかえることができない。その無念さを、せめて文字に表わし、絵に画いて間接的にでも表現できないかと思ってここまで来たが……。

次図は時空を超える、時間を斬り、切断した図である。

想えば永遠も一瞬、一瞬は永遠、過去も未来もこの一瞬の中にあり、時空本来なしとわかるのだが、凡愚の悲しさ、徒らに横道に遊び、自然に還ろうとして、還れず、空しく悔恨の日々を送ってきた。

自然に還り、この一瞬に生き、この一瞬に死すことができれば、私もまた生きられるのだが……。

想えば、自然に還るとは、見失われた自分の生死をみつけることでもあった。

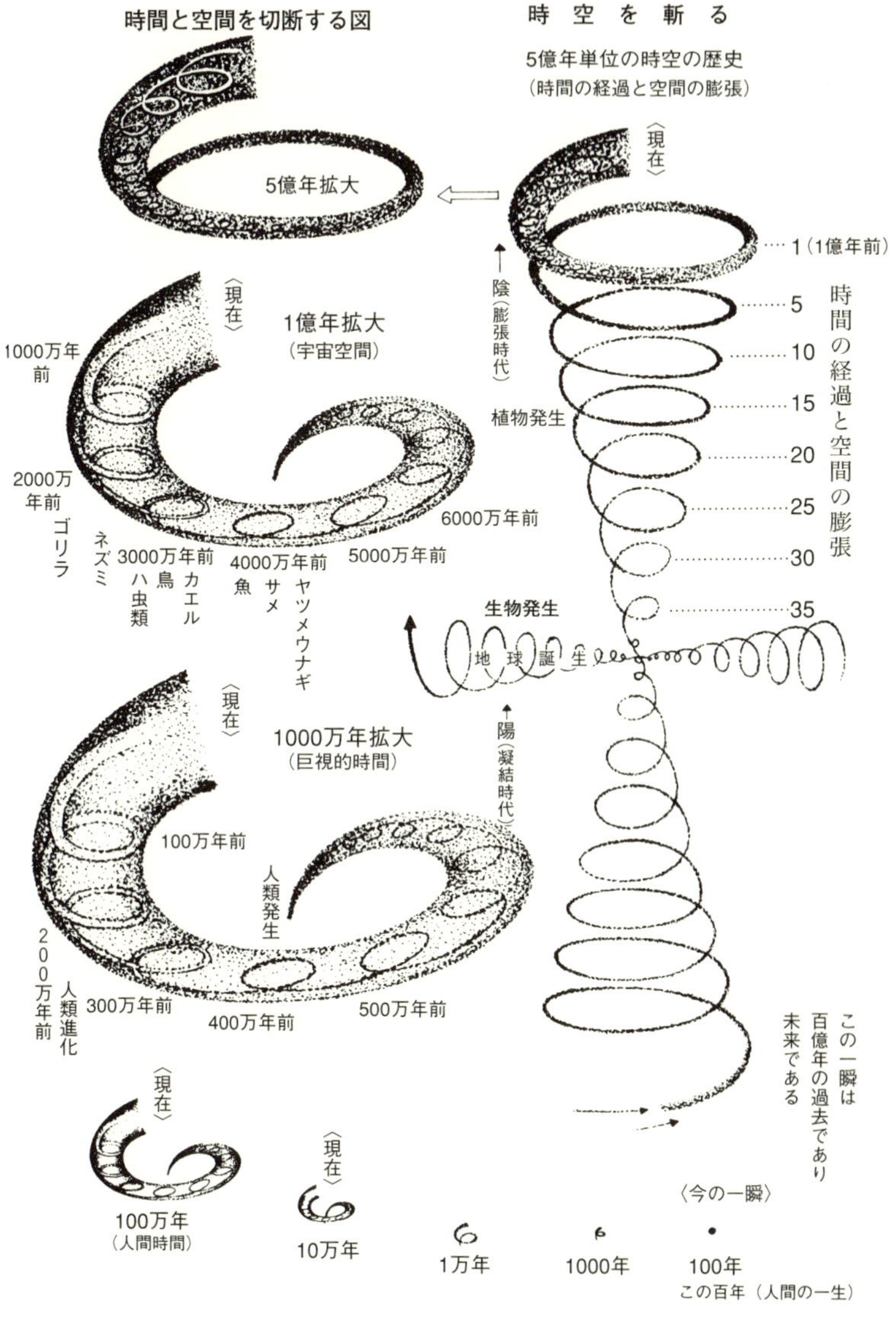

時間と空間を切断する図
時空を斬る
5億年単位の時空の歴史
（時間の経過と空間の膨張）
〈現在〉
5億年拡大
1（1億年前）
5
10
15
20
25
30
35
時間の経過と空間の膨張
陰（膨張時代）
植物発生
〈現在〉
1億年拡大
（宇宙空間）
1000万年前
2000万年前
ゴリラ
ネズミ
3000万年前
ハ虫類
鳥
カエル
4000万年前
魚
サメ
ヤツメウナギ
5000万年前
6000万年前
生物発生
地球誕生
陽（凝結時代）
〈現在〉
1000万年拡大
（巨視的時間）
100万年前
人類発生
200万年前
人類進化
300万年前
400万年前
500万年前
この一瞬は百億年の過去であり未来である
〈現在〉
100万年
（人間時間）
〈現在〉
10万年
1万年
1000年
〈今の一瞬〉
100年
この百年（人間の一生）

付記二　一九八八年度　ラモン　マグサイサイ賞　公共奉仕部門

福岡正信

表彰文

日本においても、他の発展を遂げた社会と同様に、工業化によって農業は変質してきた。今日日本は、世界の中で最も大量に殺虫剤、除草剤を生産し、消費する国のひとつとなっている。そのハイテク農業によって、表面上は効率的に多くの人々が養われているが、福岡正信は、自然が自らバランスをとろうとしているプロセスが乱されることで、弱い、化学物質に依存した作物をも創り出し、土壌、水、大気を汚染していると警告している。

植物病理学を学んだ福岡は、横浜税関の植物検査官として青年期の数年を過ごした。彼は自分の科学的な研究を行なう一方で、最後には、「自然を理解することは、人知の及ぶ範囲を超えている」

という結論に達していた。

二十五歳の時、人生を一変させてしまった精神的な目覚めの後に、彼は仕事を捨て、流されるように、彼の父親のみかん園のある故郷へと向かった。四国の南部にある伊予の町で、彼は、「この世には何も無い」という彼が新しく得た洞察に基づいた生活を始めた。ただの一人の百姓として五十年間、彼は、自分と大地との間でほとんど労苦を要することのない調和を目指してきた。

『もしあなたが、正しく真剣に採り行なうならば、本当に必要な農作業はほとんど無い。』彼は自分の田畑を耕さず、中耕したり、除草剤を使って雑草を取り除くこともしない。そして、彼は、きれいにスジ状に種を蒔くのではなくて、土の上にばら蒔くのである。そして、機械を使わず、殺虫剤を使わず、化学肥料や堆肥を使うこともしない。代わりに彼は、米と麦をつくっている田圃にワラをふるのである。

福岡が米と麦をつくっている田圃では、強健な穀物が、白クローバー、昆虫、鳥、小動物とその成育環境を共有している。彼の果樹園では、剪定されていない果物の木々が、おびただしい草や野菜の上で、豊かに実をつけて育っている。それらは全て一緒に生い茂っている――とても自然に。

福岡は、彼の「何もしない農法」は現代の農業技術を完全に否定していると指摘する。しかし彼の雑然とした農園は、穀物や野菜をハイテク農園と同じくらい豊かに、しばしばそれ以上に産出しており、加えて、栄養豊かな野菜も産出しているのである。彼のやり方では、農民に余分な時間が生れ、高額な投資を必要とせず、汚染を出すこともない。更に、経済的にも有利である。福岡の化学物質を使用しない農業生産は、健康志向の消費者に高く評価されている。

日本では、公表された業績や数冊の本を除くと、七十五歳になる福岡の哲学が世に出るまでに時間がかかった。しかし、一九七八年、『わら一本の革命』の英語版が出版されると、あらゆるところで人々の関心を呼び起こした。今や世界中から、学生、科学者、農業者達が彼の農園に押し掛けている。彼は、自ら自分のメッセージを、北米、ヨーロッパ、アフリカへと広めてきた。インドでは、彼は先覚者として迎えられた。彼の、ハイテク技術を用いない、自然に対して敏感な農業の実践は、インドの最下層の農民達に希望をもたらしているが、それは、福岡も強く感じていることだが、ガンジーの精神とも一致するものである。

地球は寛大で豊かな供給者であるが、同時に脆いものでもあると福岡は言う。世界各国の政府は注意して行動すべきである。というのは、大地を癒すことは、人間の精神を癒すことであるからだ。そして、彼は、もし我々が「自然農法は農業の源流として永遠に存在する」ということを覚えているなら、大地は癒されると保証している。

福岡正信を、一九八八年度ラモン・マグサイサイ賞の授賞に選出するにあたり、評議委員会は、彼が、世界中の小農民達に、自然農法が、現代の商業活動とその有害な結果に対して、実用的かつ環境に対して安全で、恵み豊かな代案を提供するものであることを実証していることを承認する。

福岡正信の謝辞

私は皆様方のこのような誉れ高い賞を受賞するとは夢にも思いませんでした。そして、今日この場におりますことは、私にとりまして最高の名誉であります。喜びで一杯でありますが、それと同時に、今後の重大な責任を考えますと身の引き締まる思いであります。

心の底から感謝の意を表して、もしこの機会に、皆様方と私が長い間心に抱いてきた考えを共にできますならば、非常に光栄であります。

ある時、まだ私が若い頃、ある一連の出来事が私に農業への道を歩ませました。私は自然農法への道を歩みはじめたのです。しかしながら、元来愚かな人間であったため、私はこの道を進んでゆくべきところまで進むことができなかったことを後悔しております。

その一方で、私が提唱しているこの自然農法は、まだはじまったばかりで決して完成されることがないものであります。私は、自然農法の根底にある、もとになる考え――緑の哲学――を全く疑ったことがありません。それどころか、それを否定するいかなる証拠にも出会ったことがないのです。

自然農法は、そのルーツが聖書の中の次のような啓示にあると言えるかもしれません。「空の鳥を見るがよい。まくことも、刈ることもせず、倉に取り入れることもしない。それだのに、あなたがたの天の父は彼らを養って下さる。あなたがたは、彼らよりもはるかにすぐれた者ではないか。」私はキリスト教についてあまりよくは知りませんが、自分自身をキリスト者だと考えております。同様に、私は仏教についてもよくは知りませんが、自分自身を仏教徒だとも考えているのです。

私は、「一切が無である」という釈迦の教えを真実だと考えております。神の叡智から逸脱した人知は無用であります。人間の欲望から創り出されたものは、近代化はそれが価値があるかのように見せかけているかもしれませんが、なんであれ無価値であります。真の真、善美、歓びは自然の中にのみ見出されると確信して、私は、「何もしない」――耕さず、肥料をやらず、化学物質は使わない――自然な農業のやり方を追求してきました。

その本質として、私は、農業は神に仕え、神に近づくために存在すると考えています。なぜなら、神とは自然であり、自然こそが神だからです。

しかし、現代の農業は、西洋哲学――人間と環境との間で対立を生じさせている西洋哲学――という誤った思想に基づいているために、今や私達は、人間自身の目的のために、身勝手に自然を開発し、破壊しています。農業は、人間の欲望によって操られ、私達を石油と金の奴隷にしている産業、商業過程の一つに堕してしまいました。そして、過去の数百年の間に、単一耕作は人間のためだけに存在する偽りの緑を作り出してきました。

北米の肥沃な土壌が死んだ土になるまでに、わずか二百年しかかかりませんでした。ほんの八十年前までは、エチオピアの八〇パーセントが森林で覆われていましたが、今や緑は、エチオピアの三パーセントを占めるだけです。ソマリアは半砂漠になっています。インドは過去四十五年の間に緑を失いました。ネパールは過去十七年のうちにです。これが今度は、ガンジス川の洪水を引き起こしインドに食糧危機をもたらしました。これらのことをすべて注視した時、私は、近代農業と各個人の生活は、共に地球それ自身の運命と究極的に結びついていると認識せざるをえませんでした。

今や世界の科学者達は、「地球という宇宙で唯一の青く美しい惑星が創られるのに四十六億年かかったが、たかだかここ百年の間に発達した現代文明のために、現在破滅の瀬戸際にある」ということに同意しています。これを止めさせる道はないのでしょうか。

人間にとってただ一つの道は、全ての生きているものの一員として、本来あるべき位置に復帰することです。そうしてはじめて、人間は自らの魂を取り戻し、緑を蘇らせることができるのです。

何故人間は昏迷に陥ったのでしょうか。人間は、相対観と弁証法的唯物論に基づいた、歪んだ西洋の世界観に惑わされてきました。そして、宗教と科学が歩調を合わせてきました。しかしながら、遅かれ早かれ、これらの破綻をきたしている思想は、混乱と混沌を後に残して飛散し、消滅する運命にあります。

このような位置にある人間が必要としているのは、「我々の存在は無である」という仏教の真理を包含した世界観であり、これは、キリスト教の、世界と世界の中の全てのものは一つであるという教えと一致するものです。

フィリピンはかつてエデンの園であったのです。あらゆる種類の樹が繁り、数多くの様々な果物が実をつけていました。フィリピンを再びパラダイスにすることを単なる夢物語にしてはなりません。野菜や花、豊かな穀物、果物がたわわに実った木々のあるパラダイス、美しい緑の丘や草原のパラダイスを想像してみて下さい。もし我々の努力で、フィリピンをもう一度エデンの園にすることができたら、皆さんはアジアの中心となり、二十一世紀を通じて輝き続ける世界の光明となるでしょう。

このますます混沌としてきた現代で、私達は、自然を復活させることで神に仕えるもう一つの道を歩む意志を示さねばなりません。もし、皆さんの御国がこれを行ない、半ば砂漠となっている大地に種を蒔いて、再び緑のパラダイスにするのだという決意を世界に示すならば、人々は真の人間の歓びの源に目覚めることでしょう。そして、翻って、平和と幸福を求めて懸命に努力することでしょう。

明日では遅すぎます。皆様方に、私の真剣な心の底からの祈りに参加して下さることを、そして今日から新しい行動を始めて下さることを御願い致します。

福岡正信の履歴

財団調査

福岡正信は、一九一三年二月二日、日本の四国に生まれた。彼の出身地である伊予は、松山市から十六キロのところにある西部の海岸地帯の小さな町である。福岡家は、その地に数百年間も居を構えていた。松山を見渡す伊予の山の中腹に、彼の父福岡カメイチはみかんを栽培していた。果樹園と、その下に広大な田圃を持ち、カメイチは、その辺りでは一番の地主であった。カメイチは教育を受けた人物で、その当時としては珍しく八年間の学校教育を終えていた。そのため、彼は、村の年長者達から再三村長に選ばれていた。福岡の母、一色サチエは武家の出身で、彼女も同様に教育を受けていた。母は優しかったが、父は厳しく、家族にぜいたくを許さなかった。とはいえ、福岡は余裕のあった子供時代を覚えている。小作人達が一家の田を耕作していた。六人兄弟の二番目で、長男であった彼の仕事は、毎日学校が終わってから薪を集めてくることだけであった。

福岡家は仏教徒であったが、古くから伊予地方に浸透していたキリスト教に対しても寛容であった。福岡は、少年時代、キリスト教的なものをその地に伝わる神社と同じようなものと考えていた。後年、彼は二人の娘をミッションスクールに送っている。

福岡自身の教育は、最初地元の小学校に始まり、中学、高校がなかったため、その後は、松山まで電車に乗って通わねばならなかった。そのため、彼は何年間も毎日伊予の駅まで自転車で行き、松山まで電車に乗って、残りの道を約三十分ほど歩いて通った。彼は、自分自身を劣等生で教師達を怒らせていたと言う（ある日、彼の悪行に腹を立てた音楽教師は、村でたった一つしかないオルガンを、手荒くふたを閉めて壊してしまった）。授業は彼の興味をひかなかったが、ある国語教師の、生徒一人一人に対する次のような忠告が福岡の子供心に強く残った。「一生のうちに五人の親友をつくりなさい。そうすれば死んだ時、自分のために五人の人が涙を流してくれる。四人は柩《ひつぎ》をかついでくれる。」

福岡は一家の農園の後を継ぐことが期待されていたため、彼の父はより高い教育を受けさせようと、彼を本州の名古屋に近い岐阜高等農林に進ませた。岐阜高等農林は、大規模農法の近代技術を学ぶ三年制の大学だった。福岡は、ここでも乗馬をしたり、ぶらぶらして時間を過ごすのが好きなありふれた学生であった。学生生活は牧歌的で、のん気なものだった。しかし、一九三二年、日本は満州を併合し、危機が迫っているという不穏な空気が学校にも流れた。福岡や仲間の学生達は激しさを増した軍事教練が嫌でたまらなかったが、今や耐えざるを得なかった。岐阜高等農林で、彼は著名な樋浦誠教授の下で植物病理学を専攻した。樋浦の研究室で教授の研究を手伝ったり、おしゃべりをしに集まる学生のうちで、彼はよい友人を得ることができた。福岡が卒業した一九三三年は就職難で、樋浦は、岡山県の農事試験場で自分の研究を続けるようにと福岡を説得した。その翌年、樋浦は横浜税関でのポストを世話し、福岡は植物検査課の仕事に就くことになった。

港を見下ろす丘の上の研究室で、福岡は、輸入された果物や作物から発見された病気、菌類、害虫の研究を行ない、後に彼が振り返って言うところによれば、「顕微鏡のレンズに現れる自然の世界に驚嘆しながら」日々を過ごしていた。そして、三日に一度交代で、入港した作物の直接検査を行なっていた。仕事を離れた時は、彼は街の生活を楽しみ、何度か「恋に落ちたり、失恋したり」していた。しかし、横浜で三年目を迎えたとき、彼は急性肺炎、初期の結核で倒れた。入院した彼は、治療の一部として冬の冷たい空気にさらされた（気胸《ききょう》療法）。彼の友人達は、感染を怖れて近寄らず、看護婦達でさえも、病室のあまりの寒さに、体温を計ると逃げるように立ち去る有様だった。病気と孤独で、福岡は人生に対する不安に襲われた。彼は二十五歳であった。

どうにか回復して仕事に戻ったものの、彼の心は、死の恐怖でかき乱されたままで、人生とその意味に対する懊悩が始まっていた。ある夜、横浜の街を見下ろす丘の上をひとりで長い時間さまよい歩くうちに、いつしか彼は断崖に近づいていた。眼下を見下ろしながら、もし自分が崖から落ちて死んだら何が起きるだろうと彼は考えていた。母はきっと自分のために泣いてくれるだろう。しかし、他に誰が……。「五人の親友」をも自分が得られなかったことを知り、絶望しながら、いつのまにか彼はにれの木の根本でくずれるように深い眠りに落ちた。

明け方、彼はサギの鳴き声に目を覚ました。彼は朝もやの中に射し込んでいる日の光を見ていた。鳥が歌っていた。その瞬間、彼に豁然と閃くものがあった。「この世には何も無いじゃないか。」人生について思い悩む理由などなかった。後に彼が書いたところによると、彼は自分が固執していた全ての考えが、価値の無い虚偽にすぎなかったことを豁然と悟ったと言う。彼の全ての苦しみは夢か幻のように消え去り、全一なるもの「真実の自然」が姿を現していた。

福岡はすぐに新しい生活に入った。翌日彼は仕事を辞め、晴れ晴れとした気持ちで何の目的も持たずに旅にでた。彼は、まず名も無い海辺を訪れた後、東京、大阪、神戸、京都をまわり最後には南国九州まで放浪した。何か月か——彼自身はどのくらいだったか知らない——彼は解職手当といろいろな人に世話になりながら生活し、「全てのことは無意味である」という自分が新しく識った考えを、歓びに満ちながら説いてまわった。しかし、人々は彼を変人扱いしてとりあわず、ついには、彼も故郷に帰り、みかん山の粗末な山小屋に引っ込んでしまった。そして、彼は父親のみかん園を任せられ、そこで彼の天啓の実証に取り組み始めた。——何もしないことで！

全てのものがそれぞれ自然にきめられた生長の過程をすすむはずだと確信して、福岡はきちんと剪定されていた果樹を自然のままに放っておいた。そして彼は、虫がつき、枝が重なり合い、果樹園が枯れ始めたのを目の当たりにした。

大半がだめになってしまった父親の果樹園は、彼の自然農法の最初の教訓となった。「農業の技術をいきなり変えることはできない――すでに手の入れられている木を放任してはだめだ。」

一九三九年、日本は海外への軍事進出の深みにはまり、福岡の身辺も穏やかではなくなった。両親が福岡の奇行を心配していたことに加えて、もはや村長の息子を山の中に「隠しておく」ことは適当ではないと考えられた。ちょうどそんな時に、福岡は高知県農事試験場の病虫害部の主任の職を提供された。彼は、父親の望み通り、その仕事に就くことにした。彼は、四国伊予の反対側にある遠く離れた高知に移り、次の五年をそこで送った。

高知では、福岡と同僚達は、とくに科学農業を発展させることで食糧増産を計ることを期待されていた。福岡は研究に専心する一方で、農民に化学物質を使った農業をアドバイスしたり、地方紙のコラムに農業情報を書いたりしていた。しかし、彼は、自分で比較研究を行なっていた。彼は、堆肥、化学肥料、殺虫剤を増強して集約的に栽培された作物の収穫高と、化学物質を使わずに育てた作物の収穫高を比較した。彼の結論は、肥料と農薬の使用は実際は必要ないというものだった。肥料と農薬を使用することで、ある限度内で増産となっても、その収穫物の価値は、それだけの収穫をあげるためのコストに及ばない。このようにして高知で彼は、自然農法が化学物質の助けをかりる農法よりも優れているという満足する結果を得ることができた。これらの研究は、彼が以前に得た「何もしないことが最上である」という天啓に基づきながら、彼のライフワークに対して科学的な基礎を与えることになった。

休暇になると、福岡は試験場から伊予の家族のもとに帰った。一九四〇年の冬に帰宅したとき地元の仲人が、彼に若い婦人を六人紹介し、そのうちの一人、樋口綾子が彼を気に入り、彼の妻となることを承知した。その春に彼らは結婚した。彼らの五人の子のうちの長女ますみが翌年誕生した。続いて、順に息子の雅人とみずえ、まりこ、みそららの三人の娘が生まれた。

家からも戦地からも離れた高知で、福岡は戦争と平和の問題について哲学的に考察していた。ある時、彼は自分の考え（平和論）をアメリカ大統領宛《ルーズベルト》に手紙に書いたりした。それを高知新聞社が郵送したはずである。後に彼は、『無Ｉ　神の革命』（一九七三）の中で、自然の中の動物の争いと人間の間の戦争とを比較し、人間の争いだけが愛憎のもとに戦われ、これは最も残酷な争いであると結論している。そして、禅の教えには、「愛と憎しみは一つのコインの表裏であり、共に人間にのみある性質で、共に妄想の雲にすぎない」とあると福岡は言っている。そして、最終的な分析において、彼は、いわゆる人間の愛は単なる自己愛にすぎないと結論している。

戦局が絶望的となっていた終戦前の数か月間、福岡もとうとう徴兵された。一九四五年の五月から八月までの彼の任務は、故郷の四国の防衛に備えて山に砦を建設するのを手伝うことであった。彼は良い兵隊になるように一生懸命努力したと言っているが、振り返ってみると、「考える力を全て失い虫けらのような人間になってしまう。それが、戦争の最も恐ろしいところだ」と実感せざるをえないと言っている。突然の戦争の終結は彼を「歓ばせた」。福岡と仲間の兵士達は、「自分達の兵器から天皇の菊の紋章を剥ぎ取り」、銃を放り捨てて帰郷した。

日本が連合軍の占領下におかれた最初の数か月間は、人々に精神的な打撃を与えるものであった。

福岡の父のような地方の役人は役所から追放され、十月には、日本占領軍最高司令官ダグラス・マッカーサーが農地改革の声明をだした。豊かな地主としての過去の生活に対して急に自責の念にかられた福岡の父は、要求されたよりも多くの土地を手放し、一家には八分の三エーカーの田圃だけが残された。しかし、農地改革は小作地にだけ適用されたため、山のみかん園はそのまま残された。福岡は、ここで再び自然と完全に一体となった農法の追求に取り組み始めた。

彼が初期の農業の経験から学んだものは、一度耕されたところは自然ではなくなるということであった。果樹園は全く反自然であった。そして、剪定されてきた木をいきなり剪定するのを止めてもあまりよく実をつけない。福岡はこのことから「何もしないで」作物を育てるには、そのための基礎となる作業が必要であることを理解した。彼の仕事は何か？　彼が自然だと考える環境にできるだけ限りなく近づけて、作物を産出できる環境を創り出すことである。

いかにしてこれを成し遂げるかを学ぶために、福岡は、「私はただ無心になって、自然から自分のできることを吸収しようとした」と言う。そのため、次の数年間、彼はほんの小さな土地に何という植物や動物が自然に生きるかを観察した。彼は、果樹、野菜、樹木の種をばら蒔き、そのうちのあるものが根付いてよく育ち、また他のものが枯れるのを観察した（ひのきや杉、みかんは果樹園の土の肥えたところでよく育ち、桜、桃、なし、すももは土のやせたところでよく育った）。試行錯誤を続け、彼は自らは「耕さず」農業をした。「これをするにはどうしたらよいか?」と問うかわりに、「これをしないのにはどうしたらよいか?」と彼は問いかけていった。何年もたってから、自然農法についての彼の洞察は実証された。自然の生態系が蘇るにつれて、彼がしなければしないほど、土地はますますよい反応を示すようになった。彼は、徐々に自分の経験をまとめていった。以上が、自然農法の四つの原則が、してはいけないことの項目から成っている理由である。

土地は自ら耕すということを福岡は観察した。根、昆虫、微生物がより良くできることを人間がする必要はない、そのうえ、土地を耕すことは自然の環境を変え、雑草の生長を助長する。それ故、彼の第一の原則は、土地を耕さないことである。

第二に、もともとの自然な環境では、植物と動物の生活が秩序のある生長と衰亡を繰り返すことで、人間の手助けなしで土地を肥沃にする。土地の生産力が減少するのは、土地を痩せさせる家畜を飼うための飼料作物や牧草によって、もともとの植生が失われたときにのみ生じる。化学肥料を与えることは、作物の生長を助けても、土に対してはそうではなくて悪化させ続けることになる。堆肥や鶏糞でさえ、自然を改善するものではないと彼は結論している。そのうえ鶏糞は米のいもち病をひきおこす。それ故、福岡の第二の原則は、化学肥料、堆肥を使わないということである。その代わりに、彼は、自然に肥料となるクローバーやアルファルファのような被覆作物を積極的に利用している。

雑草はどこへいっても百姓の敵である。しかし、福岡は耕すのを止めたとき雑草の量が著しく減少したのに気がついた。耕すことが、実際には地中深くにあった雑草の種を掘り起こし、発芽するチャンスを与えていたためにこのようなことがおきたのである。それ故、中耕は雑草対策の答えではない。除草剤も同じく答えとはならず、自然のバランスを壊し、土壌と水を汚染するだけである。より簡単な方法がある。まず第一に、雑草は完全に取り除く必要はない。種を蒔いたばかりの土地にわらをふりまき、土地を被覆する作物を育てることで、雑草は、極めてうまく抑えることができる。注意深く、適切な時期に種蒔きをすることで、一つの作物と次の作物の間に時間的な間隔をあけないようにすることが重要である。中耕や除草剤で雑草を取り除かないことが福岡の第三の原則である。

最後に、害虫や病菌についてはどうであろうか。福岡の田圃や果樹園は、自然な生態系にますます近づいていくにつれて、あらゆる種類の植物が繁茂し、全て渾然となって成長して、小動物のための自然な生育環境をも作り出すようになった。福岡は、このような生育環境では、自然が自らバランスをとるはたらきがどれか一つの種だけが優勢となるのを妨げるということに気がついた。蛙は虫を食べ、その蛙を蛇が食べるというように。さらに、よりたくさんの実をつける自然の強い植物はそのままにして、人工的な最も弱い植物に虫がついたり、病気に襲われたりする（害虫や鳥が多い田圃は、実際には、科学処置されている田圃よりも、より多くの収穫があることが多いと福岡は言っている）。しかし、化学物質による解決は短期的には有効でありうるが、長期的には危険である。化学物質が後に残す汚染を全く別にしても、弱く化学物質に依存した植物が生き残ることを可能にしてしまう。自然のままにしておくならば、自然はより強いものを選ぶ。福岡の第四の原則は、農薬に依存しないことである。

このように、福岡は取り除いていくというプロセスによって自然農法の技術を発展させていった。その過程で、彼は水田の田植をやめ、地面に整然とスジ状に種を蒔くこともやめた。そして、大半の日本の百姓が常としている、わらを切り刻んで堆肥として田畑にきちんとおくことをやめた。わらはそのまま地面にばらまくときに最も良く機能することを彼は発見した。このようなやり方で、福岡は、自然に成長し豊かさがあふれたものにするために、芸術的で整然とした日本の農園や現代的な農園を造り上げることを止めた。

福岡の「米麦連続不耕起直播」は、彼の四つの原則を穀物の生育に応用して具体的に説明したものだが、彼の自然農法が単純であると同時に複雑なものであることを示している。秋、稲が黄金色になったとき、福岡は、稲の立毛の中に種をばら蒔く。冬の穀物（ライ麦、大麦、小麦）と白クローバーと米である（稲の間に種を蒔くことで、鳥に新しく蒔いた種を見つけにくくすることができる）。十月、米を収穫した後に、福岡は田圃を稲わらでおおう。このことで種が保護され、雑草が抑えられる。クローバーと麦は、やがて敷わらの間から生長する。米は春まで眠ったままである。それから数か月で、麦はクローバーを越えるようになる。五月に麦秋となる。福岡は、刈り入れをして地干しをし、それから、脱穀をしてふるいにかけ、袋につめる。そして、田圃を再び麦わらでおおう。

このころ、彼は田圃に水を引く。このことでクローバーと雑草を弱らせ、稲が発芽できるようにする。そして、排水した後、クローバーは再び繁茂し、稲の下でよく育つ。八月、福岡はもう一度田圃に水を引く。十月、稲が収穫され脱穀される——全て日本の伝統的な農機具で行なわれる——が、この前に、このサイクルが再び始まることになる。

福岡が、土を消耗させないで毎年米と麦を交互に栽培するという何世紀も古い日本の農業のやり方にのっとって、改良をしていることは注目すべきである。その大きな違いは、伝統的な稲作では、苗は苗床から移植され、稲は水の中で生長し、田圃は除草される。わらは、伝統的な日本の百姓にとって常に欠かすことのできない堆肥材料であった。福岡はわらを、堆肥としないでそのままマルチとして田に撒布する。わらのマルチは土を肥沃にし、土を覆うことで雑草を抑えて発芽を助け、鳥の目をごまかし、水分の蒸発をも防ぐ。

福岡の不耕起、直播という栽培方法の難点は、外にさらされている種が鳥や動物のえさになってしまうことである。立毛の中に種をばら蒔き、それをわらで覆うことで鳥を近寄らせないようにすることはできる。しかし、もぐらやこおろぎ、なめくじ、ねずみはまた別の問題としてある。長年、福岡は種をペレット化する、即ち粘土で種を包むことで、食物をあさりにくる虫やねずみなどの動物を妨害した。ペレット化した種は、もし気候が異常に雨が多くなっても腐らずにいる。しかし、動物界の自然のバランスが保たれてきたために、現在、福岡はほとんど種にコーティングをしていない——こんな風に他の仕事も取り除かれていく。

福岡は、三十年以上にもわたって穀物の栽培方法を改良してきた。農業専門家の疑いをよそに彼の雑然とした自然のままに水を任せた田圃（年間四十〜六十インチ）は、最新の商業的な資材を使い、集約的に栽培され、灌漑された田圃と同等、時にはそれ以上の収穫をあげている。それと同時に、彼は好んで指摘するが、土がますます肥沃になってきているのである。

彼の果樹園もまた、彼の注意深い「無頓着」な管理によってよく育っている。彼が初期に学んだように、単に、すでに栽培されている果樹が育つのに任せておいたのでは悲惨な結果になってしまう。最初に必要なことは、彼の四つの原則を守り、耕さず、除草せず、肥料や農薬を与えずに最低限の剪定で果樹がよく育つことができるように、みかん山の自然な環境を回復させることであった。

福岡がみかんや他の果樹を「何もしないで」育てることができるようになるまでに、田圃と同様に何年にもわたって試行錯誤が続いた。

福岡は、はじめ戦後まもなく、父親ゆずりの〇・五ヘクタール（現在八ヘクタールに広がった）の土地で老化し、衰えた果樹の二つの根本的な問題に取り組んだ。第一に、いかにして肥料を使わずに土壌の肥沃度を回復し、増すかということであった。第二には、かなりの程度剪定されていた木を、漸次、彼の希望するように、剪定を必要としないものにするためにいかにして自然形に回復させていくかということであった。

肥沃度を回復させるため、福岡は地被植物——緑肥が粘土質の土壌を蘇らせるのに最適であるという前提に基づいて取り組んでいった。彼は、土地に三十種類の草、十字科植物（例えば、かぶ、キャベツ、大根）、マメ科植物（エンドウ、大豆）の種をばら蒔いて、その生長を注意深く見守り観察した。結局、彼は最初の山の地被植物としてラジノクローバーを選んだ。ラジノクローバーは雑草を圧倒し、土壌を改良し、水分や養分を果樹と競合しない。さらに、とても強く六年から八年の間に一度種をまけばよいだけである。そして、次に、アルファアルファ、ルーピン、バークローバーが有効であることを彼は発見した。

彼が単一栽培を止めるにつれて、土はますます肥沃になっていった。彼は、根が地中深くに入り込んで土を軟らかくし、リン酸、カリ、窒素のような養分を与えるつるにちそうや、アカシアの木を植えた。そして、木の間には低木やぶどうのようななつる植物を植えた。みかんの木が主体であったが、次第に約三十種類の果樹が、彼の立体的な（野菜、低木、樹木）果樹園の多種多様な植物の間で育つようになった。その間に、堅く赤い粘土質の土壌が、彼が言うには、「軟らかくなり、色が濃くなって、みみずでいっぱいになった。」

福岡は、この土壌改良の方法が長い時間がかかるものであることを認めている。五年から十年で、約六インチの新しい表土ができる。しかし、彼は、このような条件のもとで育った木は、手入れをして、世話をした木よりもはるかに長く生きると指摘する。さらに、三十年間の彼の自然農法は、標準的な基準と比較して、特に、木の生長、果物の量、質において科学農法よりもあらゆる点で優れていると主張している（しかし、この場合質というのは、彼の考えるところの質においてという意味である。彼は『無Ⅲ　自然農法』の中で、何ページも使って、人々に舌が欲するままに食べるのではなく、自然な食べ物をとるように奨めている）。

剪定について、福岡は、ひたとび剪定された果樹は、その後ずっと剪定しなければならなくなることを学んだ。したがって、彼は、自然な形に戻るように木の型を作るという新たな剪定のやり方を実験した。みかんや柿の木の自然な形がどのようなものなのかを見つけるのは容易ではなかった。一般に自然だと思われているものは、本当は、放置された後に剪定された木の形であった。実際には、全ての果樹は人の手によって栽培されており、また、その種は異種交配の性質を持っているため、福岡は、「今までだれも、本当には完全に自然な果樹を見ていない」と結論した。

それゆえ、果樹の自然形を発見するために、福岡は、森でまだ野生のままで育っている木を研究した。例えば、森で生長した松や杉は真直な樹幹を持っている。枝は重ならず、全ての葉に最大限の日光が届くように位置している。理想的な条件のもとでは、「たとえどんなに小さな植物や大きい樹木でも、全ての葉、新芽、枝は茎や幹から秩序正しく、規則的な位置から伸びている」と彼は主張する。

次第に福岡は、柿、栗、なし、りんご、びわと同様、数種類のみかんを含む彼の果樹園にある数多くの樹木の完全に近い自然形を自信を持って確立することができた。それから、彼は注意深く、細心に剪定して、樹木が自然形をとるように仕立てようと試みた。

福岡が生長している果樹を手に入れる方法は、一般の果樹栽培者とは根本的に違っている。後者がよく実をつけるように、そして能率的に栽培と収穫ができるように木の形を作ろうとするのに反して、彼は彼の考える自然本来のデザインに合うように木の形を作ろうとするのである。彼は、木が自然な形をとるようにと促されて、大きく生長できる空間を与えられるほど、剪定を必要としなくなると主張する。彼は言う。「ますます、放っておいても果樹園が自分で生長している。」

半野草化して育っている野菜は、この立体的な果樹園のエコシステムの重要な役割を果たしている。福岡の栽培方法は、種をばら蒔いて、作物をクローバー、雑草、樹木の間でところかまわず育てるというものである。ここでも、自然の織りなすパターンに対する本質的な認識が必要である。試行錯誤と鋭い観察によって、福岡は、野菜をいかに適切な時期にエコシステムのなかに採り入れるかを学んだ。例えば、冬の野菜の種を蒔くために、彼は野生の夏の雑草が枯れ始めるのを待つ。そして、適度な雨の後に、雑草の中に、野菜の種をばら蒔いて、刈ったばかりの雑草で覆う。種はマルチの下で安全に発芽し、冬の雑草よりも先に生長を始める。その後、福岡は、殆どなにもしないが、新しい野菜が自力で対抗できるようになるまで一回草を刈ることもある。同様に、夏の野菜は、冬の雑草が活力を失ったところに種が蒔かれる。にわとりや鳥がいくらか食べてしまうが、多くは生き残って発芽する。

手助けをより必要とする野菜がいくつかある。福岡は、トマト、ナスは苗床で育ててから移植することもある。また、にんじんやほうれんそうのような発芽するのが難しい種は、水に浸してからペレット化する。しかし、一度それらが定着すると過保護にはしない――トマトは土の上を自由に這わせて、キュウリ、メロン、カボチャは竹竿や捨てられた木の枝に巻き付いて伸びてゆく。福岡は、野菜が半野生の状態でよく育つことに気がついた。一回はやと瓜を植えると百平方ヤードよりも広がり、六百もの実をつける。さらに、いったんスタートすると、多くの野菜が年々芽を出した。――にんにく、玉葱、ネギ、じゃがいも、たろいもなどである。収穫されなかった大根やかぶ、にんじんは花を咲かし自分で種を蒔いて、第一世代の雑種を産み出した。――福岡は、この濃厚な味を持つ巨大な野菜は先祖がえりしたようなものだと考えている。半野生化状態で育った他の野菜は、栽培されたものと比べて「より微妙な風味」を持っている（もちろん、問題は、消費者が彼らが慣れているものではなくて、より強い風味の野菜か風味のない野菜のどちらを喜んで買うかということである）。

彼の初期、高知県の農事試験場時代に、福岡は、自分や他の科学者達、そして、彼が軽蔑の眼で見て、しばしば批判する極めて官僚的な日本の農林水産省が全く正反対の方向に向かっていることに気付いていた。

一九七〇年代、極めて商業化した科学農法によって日本の地方部は変質した。農民達は、もはや自分達の家族や地元の市場のために食べ物を作っているのではなくて、現代の農業ビジネスの複雑な網の中に取り込まれてしまった自分達に気が付いた。最初は、日本の増加する人口を養う必要に促されて、後に、豊かな都会人の需要に刺激されて、彼らは、最新の多収性の品種や穀物や果物、野菜とそれらを育てるための化学肥料や農薬についていくのに大慌てであった。次第に農民達は、「完璧な」果物や野菜を市場に出すために着色料やワックス、防腐剤を使うことを学んだ。農業に従事する人口も激減し、農園はミニ工場のようになってきていた。その間、国の援助を受けている農業科学者達は、農民を新しい病虫害や消費者の流行に先んじさせるために、全く新しい種や、化学物質を提供した。

この大きな転換の真っ只中にあって、福岡の農園や果樹園は原始的で、全く無関係のように見えた。これは全く本当のことで、というのも、彼は時々自分の発見のいくつかを農業雑誌や討論会などで発表したが、村の外の誰ともほとんど接触しなかったのである。彼は、代わりに、後に彼が言うところの、「失われた楽園を耕す道楽百姓の道」に自分自身を捧げた。

それに満足していたのにもかかわらず、この生活は彼に平穏をもたらさなかった。「私は、自分の家族からも疎んぜられる存在であった」と彼は昔を振り返って言う。日本の向こう見ずな農業の産業化は無駄で不必要であるばかりか、地球にとって極めて破壊的である――おそらくとりかえしがつかない――と彼は考えるようになっていたが、一九七〇年代の半ばに、ついに彼は自分の哲学を一般大衆に伝えようと決意した。

『自然農法　わら一本の革命』（一九七五）――"The One Straw Revolution"として英訳された――の中に、彼は自分の過去の三十年間の経験を凝縮した。彼は自然農法の四つの原則を披露しただけではなくて、自然農法がより大きな問題にいかに関係するものであるかという自分の考えを前面に打ち出した。この本は、力強いメッセージを伝えた。人類は、自らの知によって自然を征服できると考えるようになって道に迷い、危険な道に乗り出してしまった。短期的には、化学物質を駆使した科学農業はある種の豊かさをもたらす。しかし、機械と化学物質で自然に介入することで、科学農業は長期的には逆効果となる。次第に、地球の自然な肥沃さが使い果たされ、森が裸になり、農薬、除草剤、肥料の有毒な残留物によって河川、海、大地が汚染される。同時に、弱くて化学物質に依存している交配された植物が、栄養があり自然に鍛えられた昔の果物や野菜、穀物に取って代わってしまう。問題は極めて包括的で、いくらへたにいじくりまわしてみても解決できないと彼は言明する（短期的な視野の科学は――これまで進歩をもたらしてきたが――例えば「より安全な」農薬というように、対症療法ではあっても根本的な解決とはならない）。唯一の真の解決は、人間が自然に従うという関係を回復させる食物生産という全く異なったアプローチしかない。もちろん、これは福岡の「何もしない」農法の背後にある根本的な思想である。

　福岡は、多くの人々が科学的なアプローチに利害関係があるということも指摘している。その人々とは、農業用の化学製品や設備の製造業者、その提携銀行、農業ビジネスを擁護する政治家、農林水産省の官僚、農業科学者、公的機関で国からの援助で研究している事実上全ての人々を含むものである。消費者自身も責任がある。キズのないような外観を重視した生産や季節はずれの果物や野菜に固執して、消費者は、事実上農民が最新の化学物質や加工技術を採り入れるのを余儀なくさせている。そして、皮肉なことに、消費者達は、流れ作業にのった栄養分のない生産物を好んで、味わいの豊かな、栄養のある自然の畑でできた食物——おそらく外見が良くないのは事実だが——を失っていると福岡は言う。これら全てのことから、現代人は、神、自然との親交を失ったことですっかり精神的に衰え、魂の不毛に苦しんでいると福岡は確信している。

『わら一本の革命』は一口に言うと、人々に自然の完全さの中で、自然と自分との関係を見直してほしいという福岡の願いである。彼が理想として描いているのは、全ての人が百姓になることである。仮に、日本の各家庭に一・二五エーカーの耕地が割り当てられ、自然農法を実践すれば、それぞれの農民が自分の家族を養えるだけでなく、「余暇と各地域で社会活動をする時間を十二分に持つことができる」と福岡は書いている。そして、彼は「私は、これがこの国を幸せに満ちた楽園にするための一番の早道であると考える」と付け加えている。

日本の農業にはほとんど影響を与えなかったが、『わら一本の革命』は福岡に自然農法の指導者という一般的な社会的地位をもたらした。そして、これまでよりいっそう頻繁に、彼はラジオやテレビに出演を依頼されるようになり、現在も彼は断わらないで出演している。一九七八年、『わら一本の革命』の英訳本が出版されたとき、彼の現代農業の堕落に対する挑発的な分析は、彼が提案した解決策とともに世界中の読者を獲得した。やがて、『わら一本の革命』は七か国語に翻訳された（現在十一か国）。

福岡は、「自然農法の灯を守る」という差し迫った新しい思いに駆り立てられて、自然農法を訴えるためにより多くの時間を費やしはじめた。彼は更に書き、一連の論文や本の中で、自然農法の技術や無の哲学を詳しく説いた。そして、彼は海外へも渡った。

一九七九年の七月と八月、彼はアメリカを訪れた。福岡は、カリフォルニアを飛行機から初めて一目見て、黄色い草に覆われたほとんど木のない丘陵地帯を見てショックを受けた。カリフォルニアの土地が痩せているのは、大部分気候がその原因となっている――日本のような十分な雨や雪がない――が、飛行機からのこの強烈な印象が、後に福岡がアメリカの生態系の崩壊と呼ぶものへのきっかけとなった。

彼が見たところによれば、アメリカは、「大きな機械と化学肥料、農薬によって容赦なく痛めつけられ」傷ついた巨大な大陸である。アメリカの中心地帯は、大規模単一耕作によって「死の原野」となり、土地の肥沃さが使い果たされるにつれて、作物は石油製品で太らされていると彼は言う。これらの農地の大半は、彼に言わせれば嗜好を満足させるだけで贅沢にすぎないアメリカ人の食事に肉を供給するために、牛や豚の飼料作物を産出しているということを福岡は知った。福岡は、その全過程は全く自然を無視した原始的なものであると言明している。

福岡は、エコロジーに関心を持つアメリカ人に出会うなかで、自分のメッセージに熱心に耳を傾ける多くの人々に出会った。二百五十ある禅センターでは、すでに日本の仏教のアメリカ人の弟子たちが、化学物質を使わないで作物を育てていた。ローデル社――『わら一本の革命』のアメリカでの出版社――は堆肥の使用と有機農法の情報を広めており（福岡は、特に堆肥の使用に反対している）、アジア式の肉を控えた食事や、菜食主義を試みているアメリカ人も何人かいた。これらの希望を感じさせる兆しは彼を喜ばせた。しかし、アメリカの科学農法の勢いは圧倒的に感じられた。数年後、二度目のアメリカ訪問の後で、彼は失望して「アメリカが自然に還る農法を選ぶことは千に一つもない」と結論した。

大抵の砂漠は人間によって作られたと考えている福岡は、大規模に種を蒔いて、砂漠を「再び緑にする」ことを夢見ている。彼は、早晩自然農法によって砂漠を食物の豊かな供給源にできると確信している。一九八五年、彼は自分の考えを試すために、数百キロの穀類と野菜の種、二百個の果樹の種を持って東アフリカのソマリアへ飛んだ（種は、福岡の飛行機代とともに寄付された）。ソマリアで彼は、飛行機で乾燥した土地に種を撒くテストをしようと思っていたが、この計画はだめになり、彼は遠く離れた、日本人ボランティアが援助しているエチオピア難民キャンプを訪れた。そこは、土地が使用可能な水源をのぞいて完全に砂漠化していた。それまでのプロジェクトは失敗していたが、彼は、難民たちに彼が与えた野菜の種を蒔くように教えた。まもなく小さな緑の畑が、村の周りや川岸の近くに出来はじめた。

インドには福岡の思想が彼が述べる以前からあった。一九八七〜一九八八年の三か月間訪問した時、彼は自然農法の提唱者として迎えられた。『わら一本の革命』はすでに広く出回っており、英語で読まれていたが、彼が訪れた時には、三つの地方語版（マラヤラム語、マラッタ語、ベンガル語）で出版されていた。

インドでは、五二パーセントの人々が未だに生計を農業や漁業に依存しており、福岡のコストの低い自然農法の優れたところを認識していた。すでに、彼の技術を実験しているグループもいくつかあった。農民たちと仏教の遺跡や別の旅行者向けの呼び物を訪ねるのを断わったので、福岡は強い印象を残した。七つの州立農業大学とその他三十か所で、彼はガンジーの教えと結びつけて自分の農法と哲学を説明した。彼はインド人が哲学の価値を知っており、科学のドグマに陥っていないことを称賛する一方で、大胆にもヒンズー教の牛に対する崇拝を批判した。ラビンドラナート・タゴールがサンティニケタンで設立したビシュババーラティ大学で、福岡はインドのラジブ・ガンジー首相から最高栄誉賞を受賞した。表彰状は次のような言葉であった。「あなたは、宇宙の輝ける星である……。」

福岡の仕事と思想が世界に広まるにつれて、伊予にたくさんの訪問者がやってくるのは避けられなくなった。多くの国から科学者、ジャーナリスト、農民達に加えて、若者も詰めかけた。彼らの多くは、バックパックだけでやってきて、そのまま果樹園の山小屋に住みながら、福岡の農園での仕事に加わった。しかし、近年福岡は訪問者に滞在を断わり、日本にいるときは独りで研究し考察する生活に退いている。彼は、伊予の彼の祖父が建てた家に妻と住んでいるが、研究や書きものをする時には、山の小屋の質素でより静かな環境を好んでいる。七十五歳の彼は、元気に活動しており、今でも十エーカーの果樹園と一エーカーの田圃で農業をしている。福岡は、商業的にも成功している。彼の六種類の自然に育ったみかんは、日本の健康志向の消費者の間で引っ張りだこである。そして、最近では、彼は毎年約六千箱のみかん（各三十二ポンド）を東京へ送っている。

福岡は、何年にもわたって研鑽を重ね農法を改良し続けているが、根本的には、青年時代に得た人間の努力は無用であるという洞察に導かれていることには変わりがない。自然は真の完全者であると彼は言う。自然こそが人間が生き残るのに最高のものを与えているのである。しかし、人間の知性が人間の知恵を歪めてしまった。現代科学は、産業と政府と共に、人間をますます自然から遠くへ離そうとしている。福岡は、「今日、日本は科学にどっぷり浸かってしまって、科学を捨てる農法は全く理解されない」と考えている。これが、インドのような完全に工業化されておらず、多くの農業人口を抱えている国が、自然農法に大きな希望をよせる理由である。

平穏で、豊かな恵みのある彼の農園からこの世界を見る時、哲人福岡は、絶望と希望の間で揺れているように見える。おそらく地球の崩壊は回復できないところまできている。彼はしばしばそう考えている。たとえそうではないにしても、彼は、「自然農法への転換は、完全なコペルニクス的な転換を意味する。それは一夜にして成し遂げられるものではない」と考えている。

(以上はマグサイサイ財団の記事より翻訳)

付記三　インドの緑化

終戦後の四十年間は、私は世間とは没交渉で何もしなかったのですが、十数年前アメリカの自然食の連中に招かれたとき、自然農法が砂漠緑化に役立つと気付き、以後砂漠緑化にのめりこむようになりました。

アフリカに行き砂漠で試し、再度アメリカに行って大面積で実験をやろうとしたり、インド全土を二か月走り回って説いても、実際は何も出来ず、微力を嘆いていたとき、一昨年のクリスマスの晩、千葉市の久保公子さんが山小屋に尋ねて来られ、「終戦後、インドのガンジー首相から贈られた象の花子さんのお礼に貧者の一灯をインドの子供に」といって、新聞紙に包んだ五百万円の金を米びつの壺の中に突っ込んで帰られました。この金を大きく生かすため、色々考えたが、ちょうどインドの砂漠緑化への提言が、新聞に出たりしていた時なので、夢をふくらませて、まず、インドの砂漠用種子集めのために、タイに飛びました。私には一つの期待がありました。というのは、前年、自然農法普及のためタイ国を巡った際、原始林をみて、砂漠用の種集めができるのは、この国だと感じていたからです。

そのため、タイで最高に尊敬されている高僧にも会い、農法や砂漠緑化の協力を得る約束もできていたし、次回には皇女も会ってやるという内諾も得ていたので、皇室のもつ原始林で採種する許可を得たら、若い坊さん等の手で種集めして……など考えて行ったのです。

ところが、行った頃から世界がさわがしくなっていて、話が進まず、カンチャナブリの子供村学園内の荒地で、種蒔きなどをしているうちに、湾岸戦争が始まり、タイで種子銀行を造る話など消し飛び、話を中断したまま急ぎ帰国しました。

世間が戦争で騒然としていた半年間、私はインドの砂漠用のレポートをまとめ、これを持って行く機会をうかがっていました。

当時、爆撃機で爆弾を播くより、粘土団子の種を播けなどと私のジョークからアフリカなど砂漠の民に種を贈ろうという空気が出て朝日や愛媛の新聞にのると、各地の主婦や子供から、食べた果物や野菜の種が送られてくるようにもなりました。また松山市の村田種苗やサカタ種苗さんの協力などもあり、愛媛の自然派の益田さん等が世話をしてくれて、種の荷造りなども進み、また井谷さんの所に寄せられたカンパも百万円になり、これらを預かってインドにやっと行けたのは、十一月の末でした。

以前世話になったタゴール派を頼って、通訳をかって出てくれた長島さんと二人で、すべては出たとこ勝負で出かけました。

まずは、西ベンガル州の知事を尋ね、ガンジス河口でマングローブの航空蒔きの現場を見に行きました。森林環境長官専用のヨットで、茫洋としたガンジス川を一時間ほどさかのぼり、それからの浅瀬はモーターボートに乗り換え、現場につきました。見渡すかぎりの広大な州に発芽して間もない二〜三十種のマングローブの苗が、まるで乱舞するかのように、一面に生えている光景には驚くとともに、航空蒔きの成果を確認できた幸せをダスグプタさんと喜び合いました。

可愛らしい苗を一本、手にすくいとると、小さな貝やヤドカリが数匹這い出し、悠久の大河の中で生きる、小さな生命のうごめきに不思議な感動を覚えました。

それと何故、このようなすばらしい成功事例が今まで、世界の熱帯雨林の消失が心配される国々に早く紹介されて、実施されないのか、不審にも思えました。

インドが鎖国に近いからか、学者が知らないからかどちらにしても、航空蒔きで、こんなに簡単に短時日で、数百万ヘクタールの緑化が可能なことが証明されていたのには驚かされました。

現場で働く役人の庁舎は、土堤の上にあり、そこに近づくと大変なぬかるみで、舟は動かず下りることもできません。と周囲から十数人の漁夫が集まってきて、私等六人を舟に乗せたままで、舟ごと堤の上まで、押し上げてくれました。宿舎で説明をうけ、庭に出ると、極彩色の美しい森の女神の像があり、これが私等の守り神ですと誇らしげに話した人夫等の住む家は一坪ほどのものでした。

私が興味をもったのは、堤防の外側の見渡すかぎりの湿地帯で作られている稲でした。

土地は肥え、窒素やりん酸をつくる珍しい藻が一面に生えているのに利用されず、稲は一穂に四〜五十粒もついていない原始に近いものにみえました。

粘土団子籾の直蒔きを航空蒔きにすれば、成功間違いないだろう。このベンガルだけでも、やらねばならぬことが、山ほどあると感じたことでした。私の即興の詩を、船長室の上にかかげるのだと、大きな紙に筆書きさせられましたが、こんな時は、気持ちよくのびのびした字が書けやれやれと思いましたが、詩は忘れました。

カルカッタへ帰ると、南部のバンガロールで多くの人が待っているということでしたが、その方にはダスグプタさんと牧野さんに行ってもらい、私は秘書のアショカと長島さんと三人でデリーに飛びました。

森林局長のシンさんが、すぐ環境大臣に会わせてくれました。環境庁の中に荒地《サバク》開発局森林局があり、砂漠緑化について、一日大臣に具申し検討していただきました。極めて積極的なかたで、あとでブラジルサミットにもインド代表で行かれ、最も活躍された方でした。その席で、首相に会わないかと言われたが、ちょうど中国首相が来られていて重要会議中で無理だろうと思っていたら、翌日十五分会えると知らされました。

翌日、私はラオ首相に会って話せる時間が短いことを思い、私が開発した稲穂と熱帯向きのクローバー（サカタ商会に頼んで入手できたエジプト産）が発芽している小さな壺を手のひらにもって行きました。この稲で農業革命を、この緑肥《クローバー》を広めて砂漠緑化を進めて下さいと話し始めると興味を示され、度々壺や稲穂を手に取りながら、一時間近く話しこまれました。聞けば首相は農学畑の出で、農法には詳しい方でした。最後に首相が、農林大臣にも会うように指示されました。

それで翌日は午前中は農林省の幹部技術職員二〇名との対談になり、多分テストされたのでしょう。午後農相と対談しました。科学農法か、自然農法かが論議されたのです。

思いがけずデリーの一週間は、政府の方とみっちり農業改革と砂漠対策を（長島さんの上手な通訳で）楽しく練ることができたのは幸いでした。この間の事情は、すべて国営のテレビや新聞で全国に放送され、また首相自ら自然農法推進（砂漠防止）の主旨が、大きく報道されたことなどから、一気にインド緑化の空気が盛り上がった気がしました。

しかし、といっても、その後の展開が、なかなか開けない現状からみると楽観はできません。

デリーから、マッディアプラデーシュ州ゴアリアのこの夏実施した砂漠防止の航空蒔きの現地に行きました。元の軍用飛行場アグラーに飛び、そこから州の森林局の方に案内され、八台のジープを連ねて菜畑と砂糖きび畑が点々とある平原を突っ走って、チャンバル渓谷につきました。と景色は一変し、見渡す限りの所が高さ数メートルから数十メートルの凸凹の赤土のハゲ山が連続している異様な砂漠でした。

谷底に野生種のアカシア（バブール）などが僅かに茂る程度の所が多く、メヒシバなどの草もほとんどなく、全く赤粘土の裸地で、荒漠とした所で緑化は大変だろうと思えました。案の定、種を蒔いても、裸種では発芽が悪く、雨が降ると流されてしまうと言うのです。そのため、深耕《トレンチ》し、深い溝が沢山造られていました。この広いところで、深溝を人力でやるとなると大変な人海作戦だったろうと想像されました。

しかしその様な所でも、蒔かれたはずの植物はそれほど生えておりません。聞くと、山羊などに食べられてしまうからと言います。役人は、苦笑しながら、森が出来なくても家畜の飼料ができればよいと、半ばあきらめている風でした。

そんなとき、崖下の曲がりくねった凸凹道をジープで走っていると、突然、曲がり角で降って湧いたような山羊の大群に出会いました。私等の護衛兵の銃を見て、驚いた番人は必死の顔で、むちをふって、昇れそうもない崖の上に山羊をかけ登らせて逃がそうとしました。その姿をみると、ここが自由に解放されている所とは見えませんでした。牛や山羊と生きる農夫が、時には止むを得ず、少ない緑を求めて入ってくるのを、役人も黙認せざるを得ないだろうと見ました。

どちらにしても、この地区の緑化は大変だと思いましたが、ただ、裸種でなく、粘土団子にして蒔いた種は、無事によく生えていたので、一応安心しました。後でマドラスの方で粘土団子蒔きをした所は成功したと聞いたので、後日行くことを、パイロットと約束しました。

最初は、四〜七か年努力して全体の緑がこの程度では「象の住める森づくり」は前途遼遠と思われたのですが、この地帯の植物を調べたり、現地で州政府の至れり尽くせりの説明を聞いているうち、これでよかったのだと判りました。その結論を一口で言えば、私の砂漠対策は、間違いなくここでも通用する。粘土団子にした多種多様の植物の種を蒔けば、成功するという確信を深めることができました。

私のチャンバル渓谷での結論を、現地で話すのは簡単だったのですが、私は敢えて州政府の人等の苦労してきた実績を讃えるのみで、批判するようなことは何も話さないで、私の『わら一本の革命』の総括編を渡し、検討して下さいとお願いして帰ったのです。

というのも、砂漠対策を実行する以前に、考えねばならぬことがあると直感したからです。というのは、ジープで私等が到着した直後から私等の周囲に続々と集まって来て、じっと私等の行動を逐一みつめている子供や老農たちの何か訴えるような、或いは必死でくいいるような眼でみつめている瞳を見た時、感じたことですが、この人等は砂漠化の本当の原因を体で知っている。ちょうどソマリアで私が見た、子供たちの目です。彼らは、一握りの種を渡すだけで、すぐ実行し、立派な野菜を育てあげたのです。インドの子供も、同じことができると感じたのです。

砂漠対策を立てる前に必要なことは、何故砂漠になったのか、その真因を探り、その禍根を絶つことが先行せねばならないということでしょう。

聞くと、この地帯は、十年前に象がいた、三年前に村に虎が出たという。ところが、激しい砂漠化で、とうとう昨年村が消滅したというのです。砂漠化の進行速度は信じられないほどでした。

砂漠対策は、根本的には、西洋哲学を否定する所から始まり、人知、人為がどのように自然を壊して地上を砂漠にしたかを知らねばなりません。具体的な例をあげながら話を進めてみます。

私はジープで走り回って観察しているうち、幾つかの疑問をもちました。

(一) 砂漠の中に、また巨大な岩影などに、チラリと、小さな緑の畑が見えたり、川端にある暖竹が一株生えていたりするのです。どうして、水気の無い乾燥の激しい高台に緑が残っているのか。

(二) 帰り道で、日が暮れかけているのに、川でワニ見物しようと言うのです。言われるままにモーターボートに乗りました。川幅は百メートル以上もあり、意外にも水は澄んでいていくら走ってもワニは見えませんでした。ワニがいないのは初めから判っていて、単に慰労の舟遊びでしたが、私には両岸の夕日の中の砂漠の美しい光景、昔の王女さんの舟つき場、城跡らしい塔、火葬場の煙などを見ていると、色々のことが連想されて、参考になりました。庁舎に帰り、森林局の庭で、人工飼育されている小さなワニや魚とも獣ともみえる珍獣も抱かせてくれ、今ガンジス川にはインドワニは五十匹しかいないとも聞きました。考えてみると、ワニと砂漠には、深い関係、意味がありました。

（三）川があって、何故砂漠になるのか。それを解くカギは何か。ここの川は澄んで、ワニも魚もいない。前に見たアフリカのソマリアの砂漠のなかの大河《ジュバ》は、年中満々と水が流れているが濁水で、大魚《ナマズ》が棲んでいた。

問題は、水が無いから砂漠になるのではない、水があれば、必ず魚がいるという訳でもない。土と水と木の関係は、科学省が、解説しているような単純なものではないが、私も大地から砂漠化していく経過を一応は次の様に、説明してきた。森があり、大樹が茂り、象の住めるジャングルでも、一度人間の斧が入りだすと、森は消え、草原となり、人が集団生活を始め、肉を食べ、山羊や牛を飼い始めると、またたくまに、原野の緑は薄くなる。緑の衣を着ていない裸の大地に雨が降ると、水はすぐあふれて洪水となり、激しい土石流となって、肥沃な表土を押し流してしまう。後は凸凹の荒地になる。草木のない大地は乾いて砂漠にならざるを得ない……というのが科学的図式になるでしょう。

ところが次にこうして形成された砂漠に緑を復活させようとする場合、西欧流の考えだと、まず砂漠に水を注いで、緑を蘇らせようとするのです。だが、これでは、結果は、逆に自然は、より深い傷を受けることになるということを言いたいのです。

何故か。このことを具体的に説明してみますが、その前に、水と土の関係を、もう一歩突っ込んで説いておきたい。

本来、水と土と作物は一心同体のものでしたが、人間が土と水を分別し、土と作物を区別して別々のものと見たときから、三者の命脈《きずな》は断ち切られ、分裂して孤立化し、対立し反抗すらする関係になってしまったのです。

生物の住まない水は、水であって、もう水ではない。草のない土は、土であって土ではない。雑草をもたぬ土は、水とも無縁の死の土である。当然そこに、草木は茂らない。私はこの頃、草木が土に生えるというより、草木や動物が、土を造ると考える方がよいと思うようになりました。創世期に微生物が土を創ったと。バクテリヤの命と土の命は同じものだった。

水がないから、草が生えず、砂漠になるのではなく、草木が水を造り、生きた土を造っていくと考えるのです（『わら一本の革命』総括編、ダーウィン進化論批判参照）。

水なしで育つ草もあれば、石の上に生長する木も見てきました。これは何を意味するかといえば、土と水と草の根本的因果関係は時と場合で、千差万別変化し、どの様にでも解釈できる。すなわち後先は本来ないということになり、結果的には、自然界に、因果があるとみるのは人知の独断にすぎません。

自然科学の目で因果律は成立するが、哲学的立場では因果律は消滅して無意味になると言えます。科学的、即時的、近視的視野で、自然を掻き回すと、砂漠は緑化どころか大地はますます衰亡していくばかりでしょう。

何故、砂漠に川をという考えが過ちになるのか、もう一度踏み込んでみます。

砂漠の高台の農民も、最初から水不足で苦労していたのではないはずです。私はデカン高原の山頂で、天水田で稲が稔っているのもみました。ヒマラヤの三千メートルの岩場に緑がなかったのではない。人が住んでいるのは、森があり、水があった証拠である。何故谷底からケーブルで水を揚げねばならなくなったのか、井戸が必要になったのかが問題です。

山上の森が伐られ、山が死に、川が氾濫して、土が流れて、川が死んで、大地が砂漠化する。このような現象は、すべて人知、人為の所産にすぎず、その過程をいくら検索しても結論は出ない。変転する時空概念の上に組み立てられた因果律は、所詮永劫の回帰に終わる。人間が木を必要とする、木を伐らねばならぬと考えるかぎり……。

山と水と木と人の崩壊は、同時に発生し、同時に決着せねばならない問題で、卵か鶏かを論じても始まらない。双頭の蛇である。人知ではぐるぐるまわって何の結論もでない。

水と土と作物が、人知で分断され、自然の一体性が根元で砕かれたとき、地球は、加速度的に崩壊せざるを得ないでしょう。

要するに、土と水の死……砂漠も、よく見れば天災でなく、科学的判断に基づく人災であり、しかも、自然に致命的打撃を与えているのは、近代科学の元にある哲学の誤りということです。

簡単に言えば、水に頼るから砂漠になった、水を注ぐことで、砂漠の回復は計れないのです。

アフリカのソマリアなどで見た実例を紹介しておきます。西欧人は、乾いた砂漠を見れば、相対的に水が役立つと考え、人為的に水を灌漑しようとします。この時から水の自然の流転は中断されます。川の中に堰を造って、水を貯えて利用したり、運河や水路を造ろうとしますが、その結果、どの様な悲劇が自然界にもたらされたかは、エジプトのアスワンダムで証明ずみでしょう。

一般に、安易にとられる方法は、河水をポンプで揚水して、水路から灌注しようとする方法です。私はソマリアで見て驚いたのですが、過去の露、英、伊のやり方も私が行った時の仏、日の援助の近代農場でも、同じ方法だったのですが、皆一様に次の方法でした。

川の流れと、直角の方向に、周囲の表土をブルドーザーで掻き集めて（畑は痩せてしまう）高さ十メートル以上の堤防（長ければ高くなる）を造り、その上部に土かコンクリートの水路を造り、ポンプアップした水を流して、堤の下で小さく区割りされた畑に、順番に流して行くのです。もちろんこの水は貴重ですから、少量が畑に注がれるだけで溜《たま》ることはありません。文字通り焼け石に水で、すぐ蒸発して、塩分がのこるだけになります。水路や畑に水がいつも流れているわけではないから、ちょうど塩田に水を撒いた状態です。当然五年もすれば、塩分の蓄積で、作物は出来なくなるから、そこは放棄され、農場は新しい所に移転されます。

大農場の周囲に集められた難民等は、最低限の食料が与えられ、何をするかといえば、二人が向きあって一本の綱をつけたスコップで畑の中の溝（浅い水路）に風ですぐ吹き寄せられてたまる砂を、毎日かき出すのが仕事です。焼け石に水、砂漠の砂かき、空しい徒労であった。先進国援助の近代農場でも、同じことをしているのです。

表土がけずり取られた痩せた土、単作で当然病害虫の多い作物を、いくら熱心に作っても、暮らしが楽になるはずはありません。それに農場が移転した時、残されるのは、草木の一本もない、以前より悪い平らな砂漠と、油のない大型のポンプだけです。

何故、この様な奇妙な高い土堤の上に水路が作られたのか、最初私にはわかりませんでした。よく考えてみると、これだけ高い堤にわざわざ河水を揚げておいて、支配者が、ポンプと水利権だけをもっておれば、アフリカの人等は水という命綱を握られてしまうことになります。悪意でなかったかも知れないが、この発想は自然と人間は対立し、人間が自然を克服しコントロールせねばならぬという西洋思想から出発していることは間違いないでしょう。植民地支配の最も適切、有効な手段が、この水路だったと言って差し支えないのではないかと思われるのです（近代科学農法は百姓から農業を奪う手段になるのも同じこと）。

もし自然との一体感に生きるアジア人だったら、このような水路は造らないで、自然の流水をなるべくそのまま利用することを考えるでしょう。自然の大河には、斜め下方に流れる支流があり、支流には枝分かれした小川があり、小川から小さな溝を造れば、自然に流れてくる水を畑に引くことができる。自然の流下式灌漑法でよかった。

自然の中で、小さく生きることを前提にすれば、何処でも無為自然態で、人間は自然と共に生きられるようになっていたはずであり、しかもそれが、最高、最良の生き方といえます。

人間が自然の心、姿さえ忘れず、壊さねば、土は人が水を注がなくても、自ら潤った生きた土になるものと言えるでしょう（植物灌漑法《グリーンベルト》）。

自然にたてつき、これを人間が克服しようなどという発想が、ここまで地球を破壊しているという一例として、土と水の問題をとりあげたが、この理論は、地球の大気、光、火、いわゆる五大元素はもとより、あらゆる森羅万象に対応する人間の誤りにも適応できる哲理であると思います。

ここでこのことを述べる余裕はないが、砂漠問題一つ片付けるのに、この世の一切の問題がすべて片付けられねばならない。また砂漠問題一つ片付けられない場合、人間に未来はないというのも確かでしょう。私はいつも立ち往生する。

私はチャンバル渓谷の中にある丘の上の、古いほこらの前に連れて行かれ、その前にぬかずいたときも、広漠とした砂漠を前にして言葉が出ず、祈ることも忘れて、立ちすくみました。庁舎に帰ってから、視察の報告文を書いてくれと頼まれましたが、一度は筆をとったものの、私の砂漠対策の技術は、根底の思想が理解されねば、かえってマイナスになると思い、辞退して、帰国後送ることを約束しました。それが、今度刊行した『わら一本の革命』総括編です。

デリーに帰り、カルカッタに向って、夜中に飛び出したのですが、霧が深く「回り道します」と機内放送があったきりで、着陸してみれば、インド南部のハイデラバードといいます。戒厳令で、機外に出られず、（出られたら、粘土団子の航空蒔きが見られたが）そのまま飛び立ち着いた所がボンベイで、機内朝食、再出発、カルカッタへ。結局一日中、インドの空を無料で一周したことになりました。わかったのはボンベイからカルカッタまで、殆ど緑らしいものは見えなかったこと、後日バングラデシュ、ミャンマーの空も飛びましたが、タイに近付くまで、どこも、窓から見下ろした風景は砂漠ばかりで、暗然としました（空から見た地球の航空写真が公開されたら地球緑化がどんなに今大切かわかるでしょう）。

カルカッタに帰ると、すぐマニプール大学の教授をしている牧野先生のお陰で、鎖国で殆ど外人を入れないというマニプール州に入りました。州都インパールは、今度の大戦で、日本軍がビルマから、インドに攻め入り、英国の傭兵であったソマリア兵やエチオピア兵と戦って、全滅した所です。地元の人の手で建てられた記念碑のところで、生々しい日本兵の戦いぶりを聞いた時は、歴史の無惨さに泣きました。浮島の近くにある記念館には、インド独立の志士チャンドラボースと日本兵の協力ぶりなどの展示物に写真など多く、複雑な気になりました。

この国というか、この州の風土も人も、日本そっくりで、元の皇子の知事さんは、松山の殿様知事さんとそっくりの顔でしたが、私等を歓待してくれ、お陰で、州の高官たちや大学生相手の講演、国内巡視なども、順調に進み、充実したものになりました。

元の首相が先頭でジープで案内して、一日田舎にでたときなど、雨にあい、小学校で、雨宿りしていると、大勢の子供たちが、集まって来たので、私はとっさの思いつきで、持参した自然農園の写真を見せながら、自然農法の話をし、ハゲ山になっている周囲の山（元はジャングルだったという）に熱帯果樹の種を蒔いて、日本の三十種類の果樹なども十分、出来るはずだ。写真の様な桃源郷《パラダイス》にしよう。田んぼの土も肥えている。粘土団子の種類を直蒔きすれば、深田《ふけだ》の田植えで苦労することもなくなる。帰ってお父さんお母さんによく伝えてくれなどと言うと、目を輝かせて聞いてくれました。その上に元の首相の話が加わり、福岡が言った話は本当のことだなどと紹介したので大騒ぎになりました。この田舎に天皇さんが来てくれたということだけで感激していたのですから……。あとで聞いたのですが、ここが、理想郷づくりのモデル村に指定されたそうです。雨の中をはだしで、薪拾いしている子供等の姿は、そのまま私の小学校時代の姿と似たものであり、その瞳はタイの子供学園、ソマリアの子供らと同じ様に輝いていました。

とにかく、日程は時間が無く、きついといえばきつかったのですが、毎晩大臣招待の晩餐会、美しい民族舞踊を見せてくれたりして、楽しく有り難い旅でした。最後の日など、公会堂で各界の代表者と思われる街の名士等との、懇談会だったのですが、私は話の終わりに、美しいインパール湖の浮島での即興詩を読み上げ、もし私が世界を回って撮った写真の中から、一枚をと言われたら、この浮島の写真を出す、と言ったら、一斉に拍手がおき、代表者が、「おれ等は、世界で一番貧しいつまらない国だと思っていたのに、ここが世界の理想郷になる国だといわれ、勇気づけられた」と言ってついに、パラダイス造りの宣言文まで書いて、それに私も署名させられました。私は今後、協力せねばならないことになっているのですが……。

カルカッタへの飛行機は、欠航し数日足止めされるのは当たり前だというので、飛行機がいることを確かめて空港に早朝行ったのです。が、故障が治らない。昼になって、迎えの飛行機が来る手はずができた。いつ着くか判らない、情報に一喜一憂し、雨の空港で、寒く、知事さんから贈られたマントを三人は頭からかぶっていても震えたのですが、農林省の十人ばかりの方はねばり強く最後まで見送ってくれました（昔の日本人の姿でした）。

カルカッタへ帰ってから、ボンベイに引き返し、最初の予定通り、ナルマダ川に行くことも考えたのですが、折角砂漠緑化の空気が盛り上がったのに、ナルマダダム問題に巻き込まれたら二兎を追う結果になると言うので中止、その西方の砂漠の王子さんの招待を受けていたので、長島さんと王子さんと赤い夕日の砂漠の中をラクダに乗ってみるのも悪くないなどと話し合ったのですが、それより、南のマドラスで待っていてくれる約束の航空蒔きのパイロットの所に行かねばならぬなど、色々話し合ったのですが、結局実施するのには時期が悪い。政情も悪いがそれより何より種が集まらない。準備を十分調えてから、出直し、もう一度来ることにしたらということになりました。

ダスグプタさんに一切をあずけ、今後のことを頼んで、タイに向け出発しました。

帰途、タイによったのは、種子銀行を最初の計画通り進め、多量の種子を確保するところがなければ、砂漠緑化を本格的に実施することができないことが、今度の訪印で、痛感させられたからです。しかし、タイも相変わらず、というより話が一進一退で、自分の微力を嘆くのみでした。子供村学園で、以前蒔いた種や植えた苗木の活着率が悪い原因がわかったので、やり直して帰ったので今度は成功するでしょう。

ふり返ってみると、今度の訪印は、失敗だったと私は思っているのですが、帰国後の長島さんの感想文（別紙）などを見ると、砂漠緑化を一歩は進めることができたようにも言われます。もし、多少でも、それができたとすれば、それは一にキリストの思想を深層でつかんでいるシスター長島さんと、仏教の下座に徹している牧野さんの名通訳のお陰です。というのは私の話は、いつも、一切が奇弁にとられ易く愚かで針を含んだ毒舌にすぎないために、人の心を傷つけるばかりでした。ところがこの二人の通訳にかかると、オブラートに包んだ菓子になるのか、会場を和ませ、インドの首相、大臣、王様なども、ミエコ、ミエコ、牧野は信頼できるとなるのでした。結局、人を動かすのは、まごころでしょう。

昨年はブラジル緑のサミットがあり色々環境問題が盛んに論じられるようになり、私も帰国後、後始末を放っていたわけでなく、次のような会には顔を出しました。
(イ) 六月ブラジル緑のサミットの事務局長ストロングさんを囲む会が、竹下さんの賢人会議の翌日、芝の増上寺で、立花隆さんの司会で開かれました (NHKテレビ放映)。
(ロ) インド環境大臣来日の、帝国ホテルで、一日象の森造り運動の具体策を練る。
(ハ) ブラジルサミット賢人会議ランフル卿、三大新聞、論説委員と語る会 (主催、京都フォーラム)。
(ニ) アジア　マグサイサイ財団主催の会。
これらの会に出席して、私が話したことは、ストロングさんには、私の造った稲穂をみせて、地球上の人口が、たとえ二倍になっても、自然を生かした自然農法で、石油が一滴もなくても生きられるということと、ランフル卿には砂漠緑化の具体策のみでした。

この中で、インドの大臣に私が具申したことは、今後、砂漠緑化を進める上では、必須の条件になると思われることなので、少し詳しく書いておきます。

インドの環境大臣を東京帝国ホテルでお迎えして、シンさん、大使館の人等も交えて「象の森造り運動」の具体策が練られた時、私が強く要望したのは、砂漠緑化を進める上で、絶対に必要な次の前提条件で、早く整えていただくことでした。

第一は、日本人の民間人などが、集めた砂漠用の種やカンパが、スムースにまた、確実に、インドで種を蒔こうとする農民の手に渡るような組織を造ってもらうこと。すなわち、砂漠用の種は、植物検疫の特例にして、除外にするか、手続きを簡略すること。

第二に、砂漠や荒地に種を蒔こうとする者には、広い荒廃地をもつインド政府は、これを無償で開放するか、日本のように分収制度にして、貸与し、誰でも種蒔きができるようにする。
（イ）なぜ日本で全土に植林ができたかというと、苗木が無償で農民の手に入り、いつでも苗が森林組合の手で、確保されていたからです。すなわち、インドでは、種代を無償で渡し、種子銀行には、いつも種が用意されていなければならない。
（ロ）砂漠種蒔きの申請手続きは簡単でなければならない。日本では、農民が何日何処でどの位（面積）植林したいと、一枚の紙に書いて、森林組合の窓口に出すだけで、後は作業終了を組合が確認するだけで、苗代金額が支給される仕組みになっている。
これに反し、インドの荒地開発、補助制度では、二十五頁にわたる綿密な計画書を出さねばならない。その記入事項は、事業主体者名は誰か、どの階級のものが、一番利益を得るか、失敗したら、どういう責任がとれるかなど、微にいり細にわたって書かねばならない。これでは日本の百姓でも、手も足もでない。もっと農民を信頼して、簡単にするよう頼んだのですが、この点は、まだ片がつきません。

ガンガタイムのインド人と付き合うには、日本人はせっかちすぎるようです。インドに六月下旬には行きたいとのビザも下りず、九月十月という話も流れました。

京都フォーラムで、郵政省に福岡方式で砂漠を緑化するという計画に、四千五百万円という補助金を出してもらうという決定をしましたが、実行できない理由は何か。技術問題以前の問題ではないか。

まあ、気長に交渉すれば、何とかなり、皆さんの手で砂漠緑化も軌道にのるものと考えられます。

過去、二か年間、私が責任をもち、タッチした問題は、殆ど何も実らず、今まで報告がのびのびになったことを深くおわびします。

皆さんが集められた種と基金が、どのような実を結ぶものか、私も楽しみにしていますが、皆さん自身が行かれて確かめることを希望してやみません。

地球に種を蒔く人へ

平成四年十二月　福岡

インド訪問の感想

通訳　長島　美詠子

私は、去年の十一月三十日から今年の一月八日にかけて、福岡正信先生のインド及びタイの訪問旅行に随行させて戴きました。福岡先生の傍らで、先生の哲学や世界情勢に対する見解を伺えたこと、また、先生の砂漠緑化をはじめとする自然復活への熱意を身近に感じられたことは、大変光栄でしたし、有り難い勉強でした。まず、心から、その感謝を申し上げたいと思います。

以下は、拙いながら、私なりに感じたことを書いたものです。

今回の旅行は、インド政府森林環境省荒地開発局のサマル・シン氏の招待、タゴール協会のパナラル・ダスグプタ氏、アショカ・ゴーショ氏、牧野財士氏によるコーディネイト、そして、福岡先生ご自身の提言により、スケジュールが組まれ、実施されました。ですから、政府レベルでの対談、ディスカッション、レクチャーだけでなく、ＮＧＯ（民間団体）とのミーティングや農民達へのセミナーもありました。

インドは、もともと、東洋哲学、思想の発祥の地でもあることから、出会う人々全てが何らかの哲学、宗教、考えを持ち、生きているという印象を受けました。その中で、福岡先生の自然を神とし、人間の知恵（西洋哲学を基盤とする科学技術文明、工業中心の開発、唯物主義の膨張的発達を遂げた社会をつくりあげた知恵）が無意味であると喝破する哲学は、政府、民間の区別なく、多くのインド人を共感共鳴させるものでした。

心を震撼させられた彼らは、レクチャーの間にも、拍手をしたり、興奮して質問したり、今すぐにでも「自然農法協約」を結ぼうと提案したり、また、その後にも個人的に質問や感想を述べに来る人、サインを求める人、後を絶たない熱狂ぶりでした。彼らの心の底に流れている哲学が福岡先生の言葉により、覚醒され、意識の世界に甦り、再び、脈打つように見えました。

マニプール州の独立前の王子であり、独立後の初代首相であったプライヤブラタ氏（現在八十二歳）が、レクチャーの後、こう語られました。「今日の福岡先生の話は、私に、マニプールにある古いお伽話を思い出させてくれた。ある村に一人の若者がいた。彼は世界一美しい女性を自分の妻にしようと、遠く旅に出た。色々な国を訪ね美しい女性に出会ったが、最後に、最も美しいと選んだ女は、自分の村の隣の家の娘だったということだ。今日話された『自然農法』は、私達マニプールの者にとって、手に届くほどすぐ傍にいる存在なのだと思う。私達は、ただそのことに気づいていないだけだ。」

又、福岡先生が、インドを発たれる前日、今回の旅のホストであったタゴール協会のダスグプタ氏は、こう言われた。「福岡先生は七十八歳という年齢で、しかも、何の組織にも属するわけでなく、たった一人でインドを訪問された。それだけでも偉大なことなのに、ＮＧＯのみならず、政府の人々（首相、農林大臣、環境大臣）にも会われ、特に今回は首相までも興味を持たせ、中国首相来印時の多忙の中、異例にも四十五分間を割いて、対談させた。そして、その十日後の新聞に、『首相がラジャスターン州の砂漠の緑化に向けてパキスタンと協力することを約束した』と報道された。これは、福岡先生の影響なくしてはありえなかったことだ。今回の一か月の先生の旅は、この三百年のインドの歴史を動かす程のものだと言えよう。」

多くのインド人が、自然農法による農業改革及び砂漠の緑化に興味を持ったし、又、その具体的実践も始めたり、模索していました。そういう状況で、唯一つ、理解されるのに手間どったのは、「航空蒔き」ということでした。これは特にNGO活動家や新聞記者がよく質問したことでしたが、「現代の科学文明を否定する自然農法は受け容れられ人々を啓蒙するものであるが、航空機を利用して粘土団子を撒くということは矛盾するのではないか」ということでした。そして、NGOは一九九二年に「自然農法ネットワーク」を作り、砂漠緑化のための粘土団子撒きを「マンパワー」で実践したいと言っていました。

福岡先生の、NGOだけでなく、政府をも引き込む砂漠緑化対策は、大規模な航空撒きで、時間を消滅することがポイントなのだということは、一部の人には腑に落ちなかったようでした。

とにかく、福岡先生のバイタリティーは、驚くほどで、ハードスケジュールも難なくこなされ、積極的により多くの人に会い、ご自身の哲学を唱えられ、又、砂漠緑化への協力を呼びかけておられました。

一つ残念だったことは、先生の滞在中に、日本から送られた種子が手に入らなかったことです。インドでは税関が手際よく機能せず、先生も、日本で寄付して下さったり、送るために労を尽くされた方々に申し訳ないと思っておられました。後をタゴール協会に託し有効に使ってもらうようお願いし、インドを発つことになりました。

又、ＮＧＯと政府の連繋で砂漠緑化対策にあたり、それが他国（日本やアメリカ、タイ等）を巻き込むものであってほしいという、先生の考えは、出発直前のタゴール協会の人達との話で、提案されました。つまり、政府の荒地開発局の中に、「象の森基金」の特別局を作り、日本やアメリカ、タイ等から、資金及び種子の援助を受ける、それを、政府は、実践可能なＮＧＯ団体、農民グループに渡し、砂漠緑化に尽力させるという案です。それをタゴール協会を通して、政府（森林環境省）の荒地開発局のサマル・シンさんに依頼してもらうことでした。

福岡先生は、インド各地で、「砂漠緑化」のための「種」を撒かれました。これを如何に実行し、「結実」させるかは、インドの人々の責任です。それは、インド人自身が最もよく認識していました。

一九九二年二月十五日

『自然に還る』復刊にあたって

もう半世紀も前になりますが、青年時代の私の上におこった一事を書いて「無」としました。

だが読む人も無く、実践する人も出ない。

要約して、『わら一本の革命』として出版すると、これが英訳され、また何か国語かに転訳されてから、外国からいろいろな人が見えるようになりました。

その後、山小屋に来ていた青年の口車にのり、のこのこ欧州の旅に出ましたが、下駄ばき、モンペ姿の気楽さで、楽しい旅になりました。

その土産話を、春秋社で録音していて、出来た本が『自然に還る』です。

私は本来筆不精だが、十年間に一回、奇妙に何か一冊書く気になる。書き出せば、一気にどれも一か月で書きあげていいます。そのため拙速の本で、いつも出来上がった日にもう書き直したくなってしまいます。

『自然に還る』も読み直してみて、三二七頁の一行が気になり、書き直してみると五〇頁にもなり、改訂するよりもと、休刊にしてもらいました。間違っているというほどのことでもなかったのですが、おざなりの言葉で、お茶をにごし、駄目がつんでいない自分に腹が立ったのです。

また、旧版出版当時は植物検疫を守るということだけに留意していたのですが、地球的規模で植物検疫法を見直さなければいけない時期が来ているという認識に達したということもありました（このことは『神と自然と人の革命』に詳しく論じてあるのでご覧いただきたい）。

それから五年、自分の結論を確認するため、アフリカ、インド、フィリピン、タイ等に、また二度渡米もしました。一口にいえば、わら一本で、農業革命ができるか、砂漠に種を蒔いて、緑化ができるかということでした。

一応の結果も得たので、まとめてみますと一冊になり、『自然に還る』の続編として出すことにしました。すなわち私の本は、

- 人生観　『無』
  - 1 宗教編　神の革命
  - 2 哲学編　緑の哲学
  - 3 実践編　自然農法
- 社会観　『わら一本の革命』
  - 1 『わら一本の革命』（スタート、序章）
  - 2 『自然に還る』（コース、過程編）
  - 3 『神と自然と人の革命』（ゴール、総括編）

これで私も、どうにか胸の中につかえているものを、全部はき出した気がします。といっても、「無」の一言を拡大してみて、やはり役立たぬと、消しただけかもしれません。安心して死ぬるにはほど遠い！

ここでは、なぜか、気にかかる二、三の問題について、本書の復刊を機に述話しておきたいとおもいます。

(一) なぜ自然農法ができないのか

なぜ、自然のなかに住んでおって、百姓は自然農法がいちばんやれないのか。科学農法にひっぱられて、そちらに行っているわけですね。結論的にいえば、学者の道と農民の道とは相い反するものだということです。このごろそのことを非常に痛感します。

自然農法がやれないというのは、どういうことかといいますと、根本的に考えてみますと、農業というのは、本来総合的な科学が、私のいう総合と、科学者のいう総合とが、全く正反対のものであった。自然の外側からみて総合するのと、内からみて総合するのとでは、全く違ったものになる、ということですね。百姓は広く、浅く、さりげなく自然に対応して、そして、いつも自然に対して、暮らしているわけです。朝、お日様が出たら起きる、日が暮れたら寝る。自然に順応して、という、より自然のふところに入って生きていくのが百姓の生き方で、それはいいかえると、自分が無くなると自然のなかに飛び込めるということです。自我があったり自分の頭を使うと自然のなかに飛び込めない。

百姓というのは、自分のことは捨てておいて、何も考えず自然のままに生きていく。そのとき、かえって自然の中に入っているから、自然のなかから、簡単にいうと自然の真ん中に飛び込んで自然の核心から、自然全体を見ているということです。自然のふところのなかに入ってみれば、その真ん中にいるから自然がいっぺんに分かる。学者のように外から部分的に自然をとらえるのではなくて、総括的、総合的に自然を見て、良くいえば達観的に自然をキャッチして、どういう生き方をするのが利口かというのを、百姓は知らずして知っているんです。地位とか名誉というようなものは、当てにならないということを体で知って、自然が教えてくれて、生きている。死ぬる生きるといっても、山のなかで炭焼きをしている杣人なんかは、地位も名誉も無縁のところで平気で死んでいくでしょう。

ある意味では、それは達人の生き方なんですよね。達人の生き方をするというのは、結局自分が無いからそれができるんですね。自我を捨てている。人知を捨てている。

専門家の弊害

それに対して、政治でも経済でも学者、専門家というのは、狭く深く専門的な視野で見ている。一般にはそれが利口な生き方だと、賢明で価値ある生き方だと、解釈されているわけです。しかし、それはよく見ると、一口にいえば、専門馬鹿なんですね。

今日ははっきりずばりといいたいとおもいます。世間で利口だという学者は、いわゆる専門馬鹿が多い。そこで広く深い賢者といっても、やはり評論家のような知識になるだけのことなんです。物理学者とかいまの生命科学者などの先端技術者たち、それと政治家は、専門家です。井戸のなかの専門家であって、井戸の外の世界にはまったく気がつかないことが多い。

たとえば、原子物理学者がノーベル賞を貰ったといっても、一歩はずれて、自分の食べる物とか人生の目標とかあるいは政治のことなどもまったく分からなかったりする。山のなかの生活をしている人よりも劣った生活をしている人も多かったりする。専門馬鹿というのは、どうして馬鹿といえるのかというと、人間の知恵で分別して自然を観察しているわけです。「我思う、ゆえに我あり」からスタートして、自然の外に人間が飛び出して、自然に対立している人間の立場というか、客観的な立場、一見それは冷静な立場に見えるけれども、自然の孤児、局外者でしかない。大自然に対しても、本来無限で立体的な自然というものを、微視的というか、部分的な局時所的な観察でとらえることしかできない。

だから、科学的な真理というのは、絶対真理になりえない。局部的には科学的に正しいといえても、宇宙全体、自然から見るならば、それは真理になりえない。マクロの目で見るとそれは通用しない。自然の外に立って見た知識とか知恵というのは、大きな達観的な立場から見ると、みな間違いになってしまう。総合したのでなく寄せ集めただけで、統括ができないからです。

光は真っ直ぐに飛ぶと思っていたら、アインシュタインが、光は実際曲がっているのだというようなことをいったらですね、とんでもないことをいいだしたと見えたけれども、宇宙的、マクロ的に見たらそういうことも出てくる。といって、アインシュタインの相対性原理も、所詮相対的宇宙観の中の真理にすぎず、絶対的時空観の立場からみると、一変することもありうるわけです。

すべてそういうようなことで、絶対の真理だと思っていることが、科学的には十年二十年たってみると、間違っていたということで訂正されるようなことになってくるわけです。一般には一次元の直線的な時間、二、三次元の平面的または立体的空間時間観に立脚した局所的な真理に満足し、いいとおもっている。自転車よりも自動車が速い、自動車よりも飛行機が速い、飛行機よりもロケットが速いというような「真理」は局所的には正しくても、大きな目で見ると、速いも遅いもほとんど区別がつかない、というよりむしろ逆転する。地球の外に飛び出して人工衛星にでも乗ってみれば、じっとしていても飛行機より速い速度になったりする。時間とか速さというようなものでも、当てになるものがひとつも無かったというのが、本当の科学的な知恵なんですが、局所的なものを正しいとおもって、科学がここまで発達してきたわけです。

こういう経緯から、専門家というのはマクロの目から見ると総括的判断ができなくなった一番不幸な馬鹿なんだけれども、一番偉く見えるんですね。結局そういう人が尊敬され、指導者になるんです。

百姓本来の知恵とは

話はもとに戻りますが、農家の視野というのはマクロ的なもので、浅くて何も深く覗いていないようだけれども、マクロ的で統括的な目を持っている。しかし、空気や水みたいなものが、無価値に見えるのと同じで、そういう知恵というものは無価値に見える。どこにでもあり、誰でも知っているような、自然というようなものは誰でも馬鹿にする。

専門家から見ると百姓の自然観など浅く、愚かな知恵に見える。百姓自身も、卑下して俺たちは何の知恵もないんだというので、専門家や政治家に盲従するような性質になってしまった。何百年、何千年の間に、百姓というのは、愚かで何も分からないから、俺たちが指導してやらなければならないというようになって来てしまった。本当の知恵というものは、浅く広くて、しかも達観的な深いものなんですが、それに気がつかないで外面的な局所的な目で自然を見た知恵が広く深くて発達した知恵と錯覚され、それがまた指導的役割を果す。このように逆転してしまっているのが、この社会なんです。

お釈迦さんが、人間の知恵は「顚倒想《てんどうそう》」だといっています。しかし、宗教家にしても、誰ひとりとしてその言葉の真意を理解していないんではないでしょうか。口では部分的には正しいというけれども、全体的に把握する力を持っていないから、お釈迦さんの言葉もある場合には、それが正しいという態度しか取れない。全体がひっくり返っているというのは全体が見えている人間なら分かるけれども、自然全体が見えていない人間、いつも外面から岩や木を見ている人間にとっては、人間の知恵、相対的な知恵というのが間違っているとはおもえないわけです。半面は間違っていても半面はあっているだろう。調和をとっていけばいいだろうというのが今の生き方ですね。しかし、左右、調和とか不調和とか、自然とか反自然とかいいながら全体が反自然だということが、どうしても考えられない。

そういう思想が根本にあることから、五十年前から自然農法を私は提唱していますけれども、ひとりも本気になってやる者が出てこなかったというのは、当然のような気がします。第一、五十年前に提唱した時に、これは人に伝えることができるものでもないし普及できるものでもないと知っていたから、弟子をとろうとしたこともないし、積極的に努力したこともなかったんです。五十年たった今、初めの考えは正しくて、伝えることもできません。伝えることができないだけではなくて、結局通じないという原因は、まず第一に学者によって否定されるということですね。その次は政治家によって否定される。そして、農民の側に立つという農協にもそっぽを向かれてしまう。あらゆる面から見て自然農法は、世の中に通用するものでないというのが、いよいよはっきりしてくるんです。

自然の中が一番健全

それをもう少し具体的にいいますと、ひと月前にも東京農大の学長が教授連中といっしょにここに来たんです。はじめは反対しているような土壌学や病虫害の先生たちも田んぼに行って、五十年間無肥料で耕さないで作っても、この稲の一穂の粒数を見てご覧なさいというと、二百から三百、先日もそうですが、数えてみると三百三十粒がついているんです。普通の日本稲はだいたい百十しかつかないんです。草の中で、草に負けるような失敗田でも、三百余の粒がついている。しかも、消毒もしないのに、病虫害もない。そして大きな穂がついている。十アールの収量は五百キロから一トンにもなる。あの自然農園の山の上で作っても、二百から二百五十くらいの穂はつくんです。

そういうことを考えると、土壌肥料学というような学問は何だったのかと、反省させられる材料なんです。しかし、専門学者は自然農法を認めても、学長の立場ではすぐには賛成できない。

学者が五人、十人来て見た場合に、どういうことになるかというと、そのうちの病虫の先生は「五十年間消毒しないでなぜウンカやめい虫が来ないのか。いなごや夜盗虫がおっても、実害がないのはなぜかというのは、総合してバランスがとれているんだ、この世は害虫も益虫もないんだ」ということを、観察すればするほど、なにもしないのが最上の状態になっているというのが分かる。自然の中が一番健全だということですね。人間が食べるものも健全になっている。一番ハーモニーのいい、完全な自然の場合に、最高のものが出来る。病虫学からすれば自然農法でいいという結論が出てしまうんです。

昔よくここに来た農大の横井利直先生は、土壌肥料学から見て耕さないほうが、土がかえって深く良くなるんじゃないかという結論を予想し、随行した弟子等に福岡さんの田んぼは常識はずれだけれども、批判をするな、だまってしばらく見ておるだけにしろ、といわれていた。

昆虫でいうと、高知大学の桐谷先生がよく来られた。作物学でいうと鳥取大学の津野先生（作物学会長）あたりが、先日も来ていて、二十年、三十年見ておって、やっと無肥料、無農薬で出来るということを認める。しかし、作物学会で自然農法を勧めるかというと、そうはどっこいいかないというのですね。自然農法は面白いけれども、作物の先生はやっぱり病虫害なんかで苦労するんじゃなかろうか、どこかで、失敗しないか、病虫の先生は栽培上収量があがらないのでなかろうかなどと心配するのです。総合して学長は、だからやっぱりさらに研究を進めなければいけないという。

公の場所では、そういう発言になるんです。田んぼの中で見る時には、これだけ出来ていればいいじゃないかといっていってもです。

また、農協あたりでも、昔四、五十人の技術者が集まってうちの田んぼをぐるぐる回って見たことがありましたが、これだけ出来たのを見ると困ったなあ、というんです。何で困るんですかと聞いたら、無肥料、無農薬で機械を使わないでこれだけ出来ると困ったというんです。農協が売るものが無くなってしまう。農協がやっていけないから困ったなというんですね。

問題は、専門的に見たらいい技術であっても、三人の専門家が集まって協議した時には、自然農法は否定されるということです。彼等のいう総合的科学というものは、私のいう統括的な百姓の知恵とは正反対のものであるということがわかるんです。学者はいつも専門的にやっておって、広い視野から高所に立って見ているから正しい知恵だと確信を持っているわけですが、現実には井戸の中の蛙の知恵でしかないのですが……。

ですから、専門的に見てたまたま福岡さんの所では病虫害が無かったといっても、病虫害を研究する価値が無いとは全然おもわないんです。学問の信仰というものが根本にあるから、やっぱり病虫害の研究をする価値があるんじゃないか、農薬は価値があるんじゃないか、肥料をやらないよりやったほうが十粒二十粒多く付くからやっぱりやったほうがいいのではないかと堂々めぐりの結論が出てくる。

したがって、私がやるようにただ種を播いて、藁を振りかけるだけで米が出来るじゃないかといっても、それを信ずることができない。専門家のいう総合的知恵というのは、寄せ集めた混合の知恵なんです。しかし、自然というのは水にしろ空気にしろ土にしろ無限の要素から成り立っているものなんです。彼等のいう総合というのはほんの部分の混合に過ぎないんです。それから見ると穴だらけで、欠陥だらけだから、自分たち自身もたまたま福岡の所に行ってみようと来て、ここの米は出来ているから賛成せざるを得ない、というのが学者の立場なんです。しかし帰ってよく総合的に判断すれば、農学を否定するような福岡のやり方は間違いじゃないかということになるわけです。

先日もブラジルの緑のサミットの賢人会の議長のランフル卿を囲み、中央新聞社の論説委員の人たちとＮＨＫの衛星放送の番組で話をしたんですが、その場で最後にＮＨＫのディレクターが、「福岡さんは百パーセント科学を否定するのか」というから、「やっぱりそうだ」といったんですよ。そういわれると、立場がなくなるんですね、ラジオもテレビも全部いらないということになるでしょう。だから、何か微視的局時的には役に立つけれども、大きくいえば役に立たないというような言い方をすると、ちょっと不平そうな顔をしておりました。

私は科学もその根拠になる西洋哲学も百パーセント否定する。具体的にいうと、ソクラテスの哲学は否定するわけではないんですけれども、カントだのヘーゲルだのロックだの皆否定されてしまう。それからスタートした科学をみな否定せざるをえない。科学全体を否定する立場に立っているから自然農法は異端の農法になってしまう。学者がそういう目で見るから、学者の意見をいちばん信頼している政治家でも企業家でも取り上げない。特に企業家が取り上げないというのは、商売にならないからですよね。

（二）世界農民の衰亡

貿易自由化の名の経済戦争

この数年ガットのウルグアイラウンド、貿易自由化の問題が、近々決着しそうな情況が鮮明になるにつれ、各界の意見も、本音もみえだしました。日本では、貿易自由化で最大の難問は、農作物の自由化であり、すでに肉、果実の自由化がなされた今、農民の最後のトリデと考えられる米が自由化されると、日本の農業は崩壊するのではないかと考えられます。

だが、最近のニュース、新聞、政府、経済界の本音は、一致して自由化推進にあるのです。

これらの人たちの論旨をまとめてみると、

（1）日本は、戦前の農業立国ではない。貿易立国の国であり、工業製品などにより経済大国となった日本が、昔の農業国に帰ることは許されない。また貿易自由化の世界の大勢に逆行して反対することは、経済的自殺行為である。

（2）米英の多国籍企業と手を結び、貿易の自由化の恩恵を受け、経済の活性化が維持できるとともに、後進国の経済発展にも寄与することができる。

このような自由化に対して、根本的な点において、これを否定する私見を述べたいとおもいます。

（1）自由貿易の目的に対する疑問点

（イ）各国間の関税をはずし、物品の自由な輸出入を許せば、物資や食糧が不足し、高物価に悩む各国の民族は、物資が豊富に出まわるようになり、安い食物が自由に手に入りやすくなれば、貧しい消費者も助かるという。

（ロ）貿易が自由化され、農業保護を少くすれば、農民も独創性を発揮し、自由競争に耐えられるよう生産性の向上を目ざすから、むしろ農業は発展するという。

しかし、このような楽観論は、机上の空論です。日本の一農家の栽培面積平均一ヘクタールに対し、欧州は十倍の十ヘクタール、北米は百倍の二、三百ヘクタール、千ヘクタール以上でなければ一人前でない。この条件で、規模を拡大して生産性を向上しろというのはナンセンスでしかありません。

このような基本的問題を話す前に、私は一言いっておきたいことがあります。

食料品は、本来商品化を目的とする物品ではない、という点です。

真に役立つ食品は、本来自然の産物で、各国の自然風土が産み出したもので、その地に生れた人間とは、切っても切れない、即ち身土不二のものなんです。民族にとってその郷土《くに》の自然食品が、最善の健康食であることは、昔も今も、いつの時代においても、不変の真理です。

だから、各国が自給自足を目ざすことは、単に国の安全確保のためというより、民族の文化、生き方、働き、宗教に直結する命綱《いのちづな》なのです。老子のいう、小域寡《か》（下）民が、人間本来の生き方の大道で、広域高民というか、経済大国となり、広域に生活圏を広げ、富国強兵を誇るというようなことは、むしろ恥ずべき邪道です。近代化による富農を究極の目標とするのでなく、我が命《いのち》を維持するための、最小限度の食品生産に満足する小農も、無欲で自然という神の営みに参加する求道者の立場を貫くものとして尊いものなのです。大小、貧富は二の次です。

作られた農作物は、自然《カミ》の恵みとして、万人に分け与えられ、まず神に捧げるべきものであって、人間が独占すべきものではなかったのです。地上の物は、全生物の共有物であり、特に食物は、これを商品として金もうけの種とすることは本来許されないものです。

しかし、自然収奪の科学農法の勃興で、このような思想風土は、急速に地上から消え、大型の企業、農業のみが生産性が高く地上を豊かにする唯一の農法と、大方は錯覚しているのが現状です。

（2）農業の生産性は、工業製品とは根本的に異っている。

農学者は、科学の力で食糧の生産量は増加するものと思いこんでいるが、単位面積当りの収量には、一定の上限の極があって、工業製品のように、労力、資材、技術投入によって、無限に生産性が向上するものではないのです。

食物は、地上にふりそそぐ太陽エネルギーの産物で、植物の葉の葉緑素による炭素同化作用で造られた澱粉が食糧になるのです。したがって、作物の収穫量は、どこでも、何でも、太陽エネルギーが収量の制限因子になって、上限を超えることはできないとともに、単位面積当りの収量は同じです。

一定の限度以上は、「収益逓減の法則」により漸減して、生産性はむしろ低下します。

科学農法が、いくら増産を目ざして石油資材エネルギーを投入しても、収量が上らないのみか反対に低下し、危険性が増大する結果に終わるのはそのためです。

科学の力で、生産増強とか、効率が高められるように安易に思う人も多いのですが、巨視的にみれば、農業では増収策というのは本来なかったのみか、反対に自然破壊で、生産母体の自分の大地の首をしめていただけなのです。

というのは、科学の増収策というのはすべて、厳密にいえば、増収策でなく減損防止策でしかないからです。肥料で一俵、農薬で一俵増収できるといわれるが、実際総合してみると、わずか五パーセントにとどまるのが定説です。しかもこれら生産資材が役立つのは、物が役立つような条件が整った時のみです。具体的にいえば、自然が損われ、土が死に、栄養分が枯渇したり、粘土に吸着され、植物が吸収できなくなった時、肥料が役立つにすぎない。不自然で、不健全な作物を作れば病虫害が発生し、農薬が価値があるようにみえるが、もし土を復活させ、健全な作り方をすれば、肥料も農薬もいらず、耕す必要もなかったのです。

自然を生かした自然農法が、科学農法と同じ収量になるのは、理の当然なのです。

要は、人間は自然を破壊し、収量が低下する条件を整えておいて、その分を取り返すために、肥料や農薬を使っているだけなのです。科学者は、増収策を研究しているつもりで、実際は減損防止策を練っていただけなのです。その証拠は今も昔も米の収量は十俵どまり、という事実です。

この原理は、あらゆる科学物質や技術開発についてもいえることで、その物、技術を必要とする条件を人間が生ぜしめたとき、それに価値が生ずるだけです。

（3）科学の力で食糧が増産されるのではないと判ると、先進国と後進国、北と南の国で食糧の生産力に差がある、価格差があるというのが間違いであることが判ります。多くの場合、農民の技術が劣る、資金・資材が無いからでなく、その国の政治の混乱や経済事情で、田畑が荒廃し、生産が上らないだけです。

ですから自由貿易で、貧困の差を解消しようとするのは、本末を顚倒することになるわけです。どこの国でも、農民が自由に田畑を守《つく》れるようになれば、資材や補助金など一切なくても、自給自足に十分な食糧の生産は容易に果せるのです。未開の国には食糧援助より、自然回復が先決です。どこの国も、独立自給が原則になるのです。

各国間で食品の価格が異るというのは、本当はおかしなことです。本質的には、世界中どこの農民が作る食品も、基本価格は同一であるべきです。実際に、インド、中国、タイなどで、無肥料、無農薬、不耕起の自然農法で、米や麦作りをしてみると、収量は似たもので、作った米は、最も安く、世界中どこでも、同じ最低価格でよいことになります。

自然林の木材や果物は、価格がありません。ただ同然のこれらも、ひとたび、人間の手にかかると、時と場合で、様々な価格がつけられます。政治や経済の仕組の中で、流通機構にのせられ、貿易商品の名で、世界各国を同じ米がかけめぐるようになれば市場は混乱し、農民は困惑するだけです。なぜ同じ食品の価格に大差ができるのかが究明されねばなりません。

そもそも物の価値は、どうして生まれるのか。価格は、いつ、どこで、どのように設定されるのか、経済の根元が、洗い出されねばならない時が来ているのです。

私はかねがね、物に価値があるのでなく、価値が発生するのは、その物を必要とする条件が整ったとき、即ち人間の必要度《ニーズ》によって価格差が生ずるにすぎないと言ってきました。

現代社会では、物価は物の価値がそのまま評価されるのでも、需要、供給の関係で決まるのでもないのです。すべての物品は、貿易商品としての価格が価値となり、その価格は、一極集中、あらゆる情報を統括して差配できる権力者の手の中に握られてしまいます。

今や多国籍企業とか、巨大商社は、意のままに、豊富なものは安くたたいて買い、乏しい国の人に高く売りつけることができます。

物資の円満・均等な流通を目ざす者などいません。むしろ物の過不足があり、物価が乱高下する方が、儲け易くて好ましい情況なのです。

米が余る日本に米の輸入をせまる真の目的は何か、自由貿易が目的なら米国はタイの米を、タイはより安いインドの米を輸入せねばならなくなる道理です。

白い米の自由貿易は単に口実で、むしろ、種子戦争といわれる種子が目的ではないのか。口では民主主義・平等・自由をうたいながら、全世界の下層の農民の崩壊をまねくような、自由貿易は、農産物輸出大国の独占を助長するばかりと考えられます。

自由貿易といえば、普通貧しい国を助けるのに役立つように思えます。しかし実際の貿易の実態は、そんな甘いものではない。貿易の正体を、私はむしろ海外で知らされました。

貿易の実体は何か、歴史的にみると、それは地球規模の世界経済支配戦略の一環であったのではないか。今二十一世紀のリーダーを目ざす国、権力者が、一致して欲しがるものは何かといえば、(1)武力(その象徴が原爆)(2)資源(石油)(3)農産物の種子、といわれます。

ロシア解体は原爆競争と種子戦争に負けたためといわれます。イラク戦争は、石油権争奪戦であったとも聞きます。一口にいえば、表向き民主主義、国際主義、民族主義といっても、裏面では経済制覇の葛藤が続き、その有効な戦術の一断面が自由貿易の名の侵略であります。

私はなぜアフリカ全体が簡単に武力侵略に屈伏し、植民地になったのか不審でしたが、ソマリアなどを廻って、欧州人従属の重要要素になったのは、武力より、貿易立国の美名による植民地化政策による自然破壊、農業崩壊であったと考えるようになりました。

具体的にいえば、国を富ますためといって、外貨を獲得するために有効な作物が奨励された。その対象はコーヒー、紅茶、砂糖、コーン、ピーナツ、綿に限られ、他の自給用の穀物や野菜は栽培が禁止されたことに始まるのです。

自給用の作物の種がなくなれば、否応なく農民は支配者の命ずるままに有利な作物だけを作らざるをえなくなります。その時、貿易商品でもうけるのは、価格決定権や水利権をもつ、西欧人のみで、貿易商品のみ作らされる農民は、単一作物の連続で衰亡せざるを得ない大地相手だから、次第に生活も苦しくなるだけなのです。

私が今のアフリカには緊急用の食糧援助とともに、自立・自給作物用の種を贈りたいと思うのも、そのためです。種さえあれば、エチオピアやケニアも果樹、野菜、穀物の宝庫になります。

かつてフィリピンが、米国の植民地になったのも、米作を放棄して、貿易商の甘言にのり、砂糖やコーヒー、花造りに転換したのが、出発点だったと聞きます。

日本もまた同じ軌道にのせられているのでなければよいのですが……。

日本経済は崩壊するか

今回二度目の訪印の時、インド政府の首相や二閣僚の話を聞く機会を得ましたが、インドがなぜ中国以上に鎖国なのかについて、インドが永年にわたる外国支配の苦難の中で、何を学んだかを聞かされました。インドの人たちは、貿易自由化の名の下で行なわれる裏面の真相《おそろしさ》を見抜いているようにみえました。

その眼力は、インド古来の宗教、哲学が今も脈々と受けつがれ、生きているからで、真の平和とは何か、独立の道とは何かを確信している顔でありました。

タイ国民の自慢《ほこり》は、どの戦争にも巻きこまれず平和《タイ》を守り通したことであり、その自信は、もちろん仏教から出発しています。今日本には、宗教、哲学は、何にも無いのではないか。

（4）私は十数年前アメリカで、ユダヤ系の哲学者であり企業家でもある人から、日本経済を崩壊させるための戦略を聞かされました。もちろん話は私の思想に共鳴する友人としての善意からです。

戦略の第一歩は、国有鉄道の解体、通信機関の民営化で、これを民主主義の名ですすめる。第二歩は、情報網の掌握のためテレビ、新聞への接近介入、政治圧力で株式の公開ができたら布石は終わる。後は知的所有権の主張、株の暴落をまち株式会社の乗っ取りが始まるだけで、そのための弁護士が多数日本におしかけるようになれば、日本の経済も終わりと思えばよいと笑いました。

また、一つの産業を亡ぼす戦術の例として、日本の酒亡ぼしを話してくれました。その席で出されたコップには白い酒が入っていました。

「これは貴方が創った日本種《ハッピーヒル》の米から造った自然酒ですよ」。酒の飲めない私にも、それは明らかに日本のどぶろくで、コップを手にするとニチャニチャしていて、甘く口あたりのよい酒でした。

彼は、大物を助けて、小物をまず倒す戦術だという。すなわち日本の地酒を亡ぼすために、一、二の大酒造会社と手を結び、彼らに、アメリカのコーンからとった酒精《アルコール》を日本酒に混ぜることを教える。五〇パーセントくらいまぜるまで、日本人は味の低下に気づかないはずだ。その数年の間に多量生産の安い酒で、日本の酒造会社は大儲けする。その儲けた金を米国に持ち帰るようなことはしない、その金は全部テレビの宣伝費に使って、地酒亡ぼしに協力する。地酒が亡び、日本米の酒がアルコール酒に変わり、味が下れば、日本人の日本酒ばなれが始まるだろう。その時リキュール酒や洋酒を売りつける（確かに一時洋酒がはやり、日本酒より焼酎《しょうちゅう》がもてた時がありました）。しかし最後には、一番うまいのはやはり日本酒だと気づくだろう、その時のため、今この加州米での自然の日本酒を造っているのがこれだという。大柄で笑顔をたやさない彼の話の中で、アメリカ人の深謀遠慮としたたかさをみた思いがしました。

帰国後、一、二年した時、その時はまだ日本政府の酒税局の許可が出ないといっていた加州産の自然酒が日本に侵出し、銀座の高級料理店の自然酒はみな米国産だと聞かされました。

しかし実際は、日本の地酒もしたたかで、グルメブームにのり、なんとか危機を脱したようにみえます。だが問題は、彼等の最終目的である大酒造会社との合併、乗っ取りです。本当に大丈夫でしょうか。安心できないうわさもちらほら聞きます。

二度目の訪米の時、ニューヨーク市の出版社の屋上からみえるロックフェラーのシンボルタワーやいくつかのビルが日本人の手で買収された話を聞きました。その説明では、巨大財閥はそっくり、彼等には無用の長物《おにもつ》となったニューヨークから撤退している。古い空屋を日本人に高く売りつけただけだ。その代金は、いずれこのビルを買った日本の不動産屋の株を買い占めるため使われるだろうと笑っていました。

その後の経過をみると、すべては彼等の話通りに進んでいるようにみえます（映画会社の買収、ハワイのホテル、ゴルフ場、買占め、一連の動きはバブルとして消える運命なのか）。

日本の米自由化問題を、日本酒、地酒亡ぼしの戦術とダブらせてみると、その筋書きが読めてくる気がします。日本経済をたたくためには、足元の弱い所、農民亡ぼしを図ればよい、後は経済大国といっても根無し草、虚業ばかりの日本経済の頭をたたくのは容易になります。

日本のトップは、日本の工業製品輸出のためには、多少の犠牲は止むを得ないなどと楽観しているが、日本経済を支え、発展させてきた基盤は農村にあり、手足となってきたのは農民です。

山河亡びて民族は無い、基盤の農民が亡べば、頭だけでは生きられない。昔から世界の農民は、生かさず、殺さず、作る使命だけを与えられて働かされました。農民が自らの産物に価をつけることはなく、生産物を加工して儲ける権利は剝奪されたままで、ひとたび食糧が不足すれば、増産命令が下り、供出せねば警察に追われる。少し余りだすとやれ生産調整だ、減反だ、禁止だとさわがれる。わずかの涙金も過保護だ、甘やかすなと苦情がでます。

このような農民蔑視の中でも、百姓が不満を言わないで来られたのは、農民は形は下民でも、実質は自然という神の営みに奉仕する直参としてのプライドがあり、日々の仕事の中に喜びが見出せたからです。しかし、農民も人の子です。いつまで耐えられるか疑問です。

真実を見ないで、日本の米は高すぎる、創意工夫が無い、狭い土地で、生産性が劣っても生きられるのは、政府の保護政策のお陰である、世界の自由貿易の風に当って少しは苦労する方が、ためになる、低価格の米が作れないなら没落も止むを得ない等々、すべての責任は百姓にあるような言動が大勢ですが。

日本農民の科学技術は、世界最高であるといってよいし、科学の力を否定する自然農法の道でも日本が先行していることは、他国の人が認めています。したがって、日本に米を輸入せねばならぬ理由は、農民の側からみると何も無いのです。

単に米の問題というが、米一粒の輸入が、日本の経済の命取りになる危険は十分あるのです。日本の問題のみではありません。世界経済を自由にコントロールし、牛耳ろうとする多国籍企業や、それに便乗して無難に、混乱する現代が乗り切れると考えている一群の日本の政治家の言動に迷わされてはなりません。

私の言葉《ぐち》は、経済のことなど何も判らないミミズの戯言《ざれごと》として無視されることは覚悟の上です。しかし、米問題の決着如何《いかん》は、日本の浮沈に直結し、世紀末的悲劇のスタートになりかねないということを、私は確信をもって警告したいのです。

（三）地球の砂漠化と自然の復活

急速な砂漠化

さて、人智人為による文明、特に西洋哲学に出発して、急激に発達した近代科学の暴走で、地球環境が急変しています。

『自然に還る』に書いてから拙速だったと気づき、この四、五年の間休刊しても惜しくはなかったのですが、この頃私が慌て出したのは、アフリカやインドに行ってみて痛感したのですが、地球的な規模で自然が滅びる速度が驚くほど速い。これじゃ大変だと、アメリカにも二回行ったのですが、砂漠を緑化するのはこの自然農法しかないという確信を持って、アメリカのいろいろな人にそれを説きました。また、粘土団子にして種を飛行機からでも撒かないともう間に合わないとおもってアフリカにも行ったのです。ワシントン州、オレゴン州、カロライナ州と三州を回って、ある大学では、これからの農業はどうあるべきかというような一月連続のシンポジウムがあったんです。それをやりながら地球緑化のために自然農法をやっている連中なんかを集めていろいろ説いたのですが、これも本当に大きな実験をするところまではいかなかったですね。今度、インドへ行ったりタイへ行ったりしたのも、みな地球緑化が一つの目的でした。

ところが、砂漠緑化をするのが、自然農法じゃないが、いよいよやる段になってみて、その方法というのは、自然農法的なやり方なわけです。自然の中に飛び込んで自然を元の通り復活する。人間は何もしなくても、自然は復活するんだ、ほっといたら元のジャングルになるんだというやり方です。砂漠には何もないようになっているから、もちろん最初は種を撒いてやらなければなりません。その過程で、わら一本の革命を実行するためにはまず「自然に還る」必要が生まれてきた。

象の森を復活しよう

デリーの西、南方マッディアプラデーシュ州ゴアリア辺り、ここも砂漠地帯ですが、十年前は象がいたというのです。三年前はトラがいたというのです。今は何百万ヘクタールが砂漠になっているわけです。そこで、インド政府が飛行機で種を撒くこともやっているんですが、なかなかうまくいかないので技術援助をしようというので、五年前から行っているのですが、今年から象の森を復活しようという運動を始めているわけです。

千葉市の婦人久保公子さんがフラッと山小屋にやって来て、福岡さん、これでインドの人たちを助けてくれといって、終戦後インドのガンジーさんが象を贈ってくれたでしょう、それの恩返しをしたいというので、ポンと五百万くれたんです。夢みたいなお金ですよね。それがスタートになって去年はインドへ行ったりした。砂漠緑化は現在、象の森復活運動という形になって来ているんです。話が速いんです。「象の森を復活しましょう」というのがインドの人たちには、ピンとくるんですね。

三年前、十年前には、象がいた、それを復活するにはどうしたらいいのかというと、象の住んでいた森に生えていた木の種を全部撒けばいいんだということなんです。そういう説明をしますと、今の植林とか、十種類、二十種類の植物を植えてもとても間に合わないし、緑が復活しないということを体験して来ているから、あらゆる植物の種、少なくとも百種類、インドには五百種類の果物と五百種類の樹木がある。野菜から果物からと考えたら、二千種類のものを撒けばいいんだと。そうすれば、一年でもジャングルが復活する。三百種類なら三年かかる。百種類だったら五年、ジャングルにするのにかかる。

結局、いかにたくさんの種を撒くか、ということによっていかに速くジャングルが復活するかが決まるんだ。一本の木を育てるためには、下草がなければいかん、百メートルの木を育てるためには、百種類、二百種類の下草がなければいけないんだということを、インドに行って話してみると、昔を知っている人間はなるほどそうだというわけです。

学者に説いて、あれは有用な木だとかなんとかいうと説明は日本の学者でも理解するんですが、総合的な統括的な立場に立ったジャングル対策は理解できない。相変わらず地下ダムを作るとか、灌漑して水を撒いて作物を作るとかいうことになる。なかなか自分の考えには納得しないですね。

昨年もアフリカのニジェールに行く話があって、実際にやりかけてみると、土木の学者から反対されて、そんなことをするよりは、地下水を汲み出すほうがいいのではないかというわけです。そういう学者もいるが、イラン、イラクの調査に行った砂漠を研究している大学の先生が、地下水を汲み上げたらオアシスさえもなくなるから、砂漠は砂漠でほっておけといわれたのです。学者の中にも今二通りあるんです。何種かの有用な木を植えるという学者と、そんなことをしても無駄だといって、金儲けになるような砂漠対策だけが、日本の大企業なんかによって立案されている。何百億のお金を使って技術援助としてやるんだというわけです。

どちらも、私は反対なんです。科学的なやり方は全部、部分的には得になるように見えて、大きな目で見ると砂漠化を激化するだけなんです。しかし、手近に金儲けもできるし、ダムを作れば電気もできて文明も発達する。皆が喜んでくれるから、政府もそれをしたがるし、日本の援助も役立つように皆思うんです。大きな目で見るとそれはマイナスだと。自然農法で種を撒いて、草が生えれば自然に雨が降るようになって、サハラ砂漠だって復活するんだといっているわけです。

すべての点で学者と私は相容れないということが、いよいよはっきりしてきたということですね。根本的に相容れない原因は何かというと、学者というのは、分別知というか、分析知で物を判断する。そういう分析知ではなくて、達観的な知で判断する。実行手段が私は演繹的ですね。結論が先に出ている。自然農法が大体そうだったのですが、何もしなくていいという結論があって、ではどうしたら何もしなくても米ができるかということで私はやってきた。

砂漠緑化でも、多種多様の種を蒔けばよいという結論が先に出ているんですね。あとはいかに種を集めるかというのが問題なのであって、いかに山羊や鼠に食われないような格好にして撒くかというだけなんです。実際にやりかけてみると、障害がでてくる。撒いた種が蟻に引っ張られてみたり、鳥に拾われてしまうから、それを防ぐ方法として粘土の中に入れて撒くという方法をやった。しかし、粘土団子の作り方のうまい下手で結果はいろいろなんですが、この五年で大体大丈夫だというところまで来たが、こんなことで四苦八苦しているところです。

問題は、学者の方から異論が出たりいろいろな社会制度が障害になってきているんです。また、飛行機で種を撒くというのも、必要悪としてやろうということなんですが、近代文明に反対する福岡さんが何で飛行機で種を撒こうというのかといって、タゴール派の人たちから猛烈な反対を受けた。それも理解できるから、その点では負けたという格好になっているんです。

政府の人たちはそんなことを考えませんから、飛行機で撒きましょうということになっています。ですから、今年は二本立てでいっているわけです。

それよりも、もっと根本的な問題は、地球が砂漠化する速度です。日本の国の半分くらいの面積が毎年砂漠化している。完全な砂漠化ではなくて、ある程度砂漠化している面積といったら相当な面積なんです。十年前と、五年後に行ったインドを比べてみると、飛行機の上から見ると目に見える速度で砂漠化しているんです。ボンベイからバンコックまで緑が殆どない。この速度で砂漠化が進めば、この十年後でも緑の不足による酸素不足というような事態が起こるようにおもうのです。

だから、一刻の猶予もなく、砂漠を緑化したいとおもうのですが、最大の障害は時間だということを考えだしたのです。私は自分個人のことでのんびりと自然農法は普及しなくていいわいというように考えて、諦めのような状態でおったのですが、どうも時間的に地球の滅亡、自然破壊の速度が、考えている以上の速度だということを痛感して、この頃慌てているわけです。

(四) 人間の復活

「時間」の本体と立体時計

時間ということを考えはじめますと、時間というのは何であったかということですね。カントにしても自分たちにしても時間とか空間というのは、概念だとおもってきたわけですが、つくづく考えてみますと、時間を具体化したものがこういう時計というようなものになっています。ダーウィンの進化論でも、歴史的な時間、過去・現在・未来というような歴史的な経過を時間とおもってきた。機械的な動きを時間だとおもってきた。

しかし、結論的に今どのような考えを私がもっているかといいますと、物質の極微の世界である素粒子が物理的運動体の量子とされるように、時の本体は気状の精神的運動体、一種の量子と定義されてもいい、物ではないかというところまで考えられてきたんです。

時というのは、具体化すれば一定の方向に流れていくものだというのですけれども、この時というのは同時に多方面に膨張もすれば収縮もする、湾曲もする、循環もする、すなわち自由自在に動き回っている。素粒子的な立体的な運動が時間だと。簡単に過去・現在・未来というように一直線的になったものではないんだということです。過去が現在に循環してみたり、未来とおもっていたのが未来でなくて過去になっていたりするのが時間の本体なんではないかとおもうんです。時間という生物的量子の運動が、架空ではなくて現実にあって、その投影が時間の概念になったのではないかとおもうんです。時間という観念は、ひとつの実在するものの影ではないかとおもうようになってきたんです。

それを証明するのには、簡単にいえば、それを具体化した新しい時計を作ってみたら面白いと。それで、立体時計というものを考えたのです。過去・現在・未来、ものごとが瞬時に立体的に映像化され同時に数字化され言語化され表示される時計ですね。

立体時計の真ん中には、あらゆる人工頭脳がインプットされておって、この人工頭脳の判断のもとに、映像・数字が同時に映し出されるという時計なんです。この時計をもっていると、過去も現在も未来もボタンひとつ押してみたら、パッと出てくる、場所も出てくる。たとえば、サハラ砂漠の一千万年前がどうであったかというような映像もでてくる。しかも、次々と緑豊かな自然が映ってくる。それが、百年ごとにずっと変わってくる情景が映しだされる。そうすると、それを見ている間に、砂漠緑化の方法も見つかってくる。

過去がインプットされているだけではなくて、これから一千万年後にはどうなっているかということも映し出される。そのように過去・現在・未来が同時に映し出されるようなものが出来ないかというわけです。時間をとにかく平面的や直線的な時間から、立体的な三次元時空を超えた四次元の時計、羅針盤が出来たらどうなるかと。

逆に、時間をそのように考えてみると、立体時計というものが仮りに出来たとして、そういう時計で見たらどうなるかというと、使用目的というか、こういうことを考えたのです。過去・現在・

未来を通じた歴史的事実のみでなくて、多方面の学問や社会の情報をすべて映像によって知ることができる。すなわち生きた図書館になる。このひとつの時計の中に、世界の科学博物館やら図書館が全部入ってしまう。刻々と変動する地球環境や人間社会の変動に対応するための資料が、瞬時にキャッチできる。

個人所有のものは小型化して個人の経歴や性格までもインプットされていて、個人の能力を超えた判断能力による指針がこの時計を見ればわかる。人間はものを考えなくてもいい。勉強しなくても、とにかく案内板になる。今日は何をしたらいいのかな、明日は何をするかということもね。性格まで入れておけば、自分のいちばん相応しい人はどこそこに住んでおって誰だというような恋人探しまでできるようになってくる。

人類が発生してからの一千万年の時間が、瞬時に映像化して映し出される。こういう時計が出来たとしたら、小さな人間の知恵、科学的な専門の知恵みたいなものは、無駄だということが逆に分かって、専門馬鹿を脱却できるんではないか。

科学的な知識などというものは、ミクロ的で小さな視野だから誤りだということが分からないのだから、大きなマクロ的に立体時計で映し出して見ると、否定される。科学的な知恵が否定されるというのが、第一。次に虚構の産業、ギャンブルなどというのも結果が分かってしまうから、手が出なくなってしまう。いい加減なものは、みな滅びてしまう。コンピューターで結果が分かってしまえば、誰も競馬なんかはやりませんよね。そして、科学の実体を暴露する時計になるのではないかとおもうんです。株もできなくなる、必要もない。人をだますことができないから、商売ができなくなる。

時空を超える

しかし、悪魔が利用したらどうなるかとも考えると、これはまた別の問題になってくるね。とにかく、人間の時間や空間に対する遅いとか速いとか広いとか狭いということにすべて人間は翻弄されてきているわけです。これが悪魔の時間空間で、専門の学者の知恵は、この時空を利用して咲いたあだ花《ばな》にすぎない。悪魔が利用しているのは専門馬鹿の知恵《あだばな》です。光を統合した明々白々の白色光線の下では、悪魔は活躍できない。悪魔は立体時計で照射すれば退散して消える。

この世は全部時間と空間の問題だということです。それが立体時計によって解決して、さっき私がいった、山の中のきこりの生活で結局よかったんだということが分かるんです。時間空間を超えてみたら、真・善・美の本物があって、しかも自然に還った本当の生活ができる。自然に還った生活は時間と空間を超えるということなんですね、自然に還るという運動は。立体時計が出来たらそれに従っておればいいということになる。無心になるということを、科学的《メガネ》に代用してくれるのが立体時計ということになるとおもいますね。立体時計は、いわば悟りの時計です。

神の脳の働きを人間の脳の働きと置き換えるものが立体時計といってもいいかもしれません。この立体時計を単なるシンボル、象徴として皆さんがとらえられるかどうかは、皆さんの判断にまかせますが、この立体時計を考える前に、ニューヨークに行った時に、アインシュタインの姪御さんに十日程世話になったことがあるのです。アインシュタインが生きている時に彼女はいろいろ議論をしているでしょう。彼女は私の『わら一本の革命』を読んで私の思想の方にむしろ共鳴している。彼女に、アインシュタインが生きていたら、時間と空間をどういうふうに考えておるか聞きたかったなあといったんです。彼は時間と空間というのはひとつのものの表裏だというようなことをいっていたような気がするというのです。絶対的な時間や空間があるかについては、答えられないんじゃないかというんですね。

その頃から私の中で、カントがいうように時間空間というようなものが単なる概念に過ぎないのかという疑念が出て来たようにおもいます。時間や空間を超えるものの実在を実証する手段があるのではないかということですね。

立体時計によって、四次元の空間がどのようなものであるかが明らかになれば、従来の低次元の時空観に基づく、より速くより遠くより高くという人間の欲望の虚しさが暴露されて自ずから思想が変革されるだろう。

第二に人間の小知小才が否定される。人間の幸福に直結しない観念の遊戯や無価値な物質の生産活動に歯止めがかかることが期待される。人間の知的判断を超える精巧なコンピューターの完成によって、虚偽の科学的真理が否定される。この立体時計の構想によって人間本来の生活が見直され、一般的時空概念を超えた四次元の空間に生き、無知にして無為の生活が人間本来の生活であることが、立証されるとおもうのです。

アインシュタインにもし私が立体時計を作って送ったら、準光速度の宇宙船の羅針盤を作ってさっそく宇宙への一人旅に彼は出るでしょう。彼だったら時の流れを意のままに制御し不老不死になって若返ってニヤニヤ笑っているか、タイムスリップして浦島老人になってこの世に舞い戻るか、彼に会えたら私はこういってみたいとおもっています。「時間と空間を本来同一物と見て接合してみたら、融合して時間と空間は消滅してしまう。時空間の無い場が神の絶対空間の場である。その場では、時間も空間も無用の長物になる。もちろんあなたの相対性原理も宙に浮いてしまうが、どうする。」

もちろん私の一喝ぐらいで成仏するようなアインシュタインではないが、真理は真理として彼も認めてくれるのではないでしょうか。彼は物質の質量はエネルギーであるといって、物質を分裂させることによって巨大なエネルギーの原爆を作った。彼の後輩たちは、アインシュタインの嘆きをよそに、原子の分裂の反対に融合もあると気付き核融合による水素爆弾を作りはじめた。アインシュタインは成仏するどころか彼の悲劇の後始末をせねばなりません。

彼の代理はできないが、私はこういいたいのです。彼の「物はエネルギーである」という言葉に対して、「空間はもちろん物でありエネルギーである、光以上の高速度それが時である。この世の人々が認めている物（色）と心（空）は一切空と仏陀はいわれたが、この色と空が超時空の物であり私は空子、時子と命名した。この時空が全知全能のエネルギーである。」

ここまでいってみたいんですよ。

永遠の今に生きる

『タオ自然学』のカプラー氏がここの山小屋へ来た時に、素粒子の踊りが目茶苦茶な踊りに見えて訳が分からないから、何かヒントを与えてくれというんです。

そんなヒントはありはしない、無心な鳥の鳴き声や風の音、自然の音に対して、作曲したり音符にしたり、まして方程式にしたりする必要は何もない。シバ神の踊りは無心の踊りだと。素粒子を突き詰めていけば神が見えてくるとおもっているかもしれないが、とんでもない間違いだと彼にいったことがあります。

アインシュタインも素粒子や量子の世界を覗いていけば、神が見えると考えたかもしれないが、月があるのか無いのかというような問題を議論するよりも、月を黙って見ていればいいんだというのが、私の結論なんです。人間が考えて月の本体が分かるとおもうのが間違いなんです。月があるかないかというような哲学的問題が重要なのではないんです。月を見て何を感ずるかが、重要なんです。

「名月や池をめぐりて夜もすがら」という芭蕉の句があります。私はそれに対して「名月やただ口をあけて見るばかり」と書いたんです。私は詩人でもなんでもないから、月を見て綺麗だなとおもったらそれだけのことなんです。しかし、それでいいとおもうんですよね。月で名句を作るよりも、誰でも月は綺麗だなと思うことはできるんです。それが無心の世界なんです。

立体時計の目的は、現在が永遠の時間であるし、過去がすべて凝縮したこの一瞬がまた四十六億年の歴史である。この一瞬に生きるということが、過去・現在・未来の永遠の時に生きるということになってくる。現在の中にすべてがあるというのが、私のこの立体時計の意図するところです。

この時間とは何かということが分かってくると、ダーウィンの進化論は間違いであったということとになるわけですね。ひとつのアミーバーのような下等生物から、今のような生物が発生発達したのだというのが、根本的にミステイクだったわけです。自然淘汰によって、自然に順応したものが生き残っているのだと、弱者は滅びるとか、優れたものが生き残るとか、自然というものが淘汰したんだというわけです。

そういう考え方が出てきたというのは、時間空間の考え方が間違っているためなのです。それで、古いものは下等だとか、新しいものは進んだものだとか、単細胞から複雑なものが生まれて来たというような観念が生まれて来たんです。ダーウィンがいっていることそのものよりも、ダーウィンの進化論の根底にある思想が誤りだということなのです。

一瞬の光芒の中に地球が生まれ、大宇宙が爆発した時に、地球という星も生まれた。地球が生まれた時にあらゆる生物も無生物も同時に生まれた。素粒子の中にインプットされている。地球が生まれた時に、何十億年後にこういう生物が発生する、こういう動物が発生する、こういう鉱物が生ずるということも、素粒子の立場になれば生物も無生物もない。素粒子の中を覗いていくと、その時にすでに生物になる因子というようなものがすでに生まれている。時間に後先が無い。

あらゆる植物と動物とは区別されているけれども、近視眼的に見たから分類学が発達して、これとこれとは違うということになる。この五本の指でも、遠くから見たら五本の指が一つにしか見えない。近づいて見ればこれは人指し指だ、親指だということになる。そのように分別して、これが動物になったり植物になったりする。分類学的にいえば、猿と人間は違うというけれども、中に飛び込んでしまったら何も区別はつかない。自然の中に飛び込んで中から見るか、あるいはマクロの目で見れば区別はつけられないのです。同じになってしまう。

三十五億年前の化石が語る

こういう生物と無生物が同時発生だなどという結論がでても、私自身も初めは仮説だとおもったのですが、この前東京の博物館に行って三十五億年前の化石などを見てはっきりしたわけです。生物や無生物ばかりか森羅万象の根元は、同体だったとはっきりおもったのです。あらゆる生物の遺伝子は、動物の遺伝子も植物の遺伝子も微生物も皆いっしょであって、四つの塩基の組み合わせ次第で動物になったり植物になったりするだけだと。

もう一ついうと、遺伝子をつくるもの、素粒子の世界まで遡ってみると生物と無生物の区別もつかない。素粒子の中の電子などの組み合わせ次第で鉱物になったり生物になったりするだけだ、と。私が紀伊國屋書店の化石部でゆずりうけた化石等を見て、これで立証できるのではないかと、単なる仮説ではなく、時間と空間の概念を変えたらダーウィンの進化論は否定されるとはおもっていたけれども、机の上で否定されるだけではなくて、科学的に立証されるのではないかと直感したわけです。

三十五億年前の化石の中に、微生物もあれば動物になる鉄バクテリアなんかも入っている。鉱物が先やら生物が先やら、分からないような化石になってしまっている。ある意味でいえば、生物無生物の区別がつかないようなもの（元子）が、いわゆる宇宙創造の時がすでにそこにある。

ダーウィンの進化論では、創世期、無生物から、下等生物が生まれ、その遺伝因子が進化し、時代とともに高等生物に発達したとみるのだが。創世期に自然《カミ》が播いた種は一つで、その遺伝因子の組み合わせ次第でどんな生物にも変身できるが、その大多数は地上に発生せず死滅する（遺伝子浮沈論）。残ったわずかの種が不連続の姿で地上に現れる。そのため、これらは別々の異った種とみられたにすぎない。

もう一ついうと、一番想像されるのは、天地創造のとき素粒子とか電子とかいうものが飛び交っている雲海が火の玉のように集合して回っている、プラス、マイナスの電子がくっついた時に火花が出る。その火の玉の塊がいわゆる核融合で、太陽のようなものが出来るし、それが凝結して地球のようなものも出来る。

結局その一番元は何かというと、極微の世界は素粒子も一つの結論に過ぎない。私は素粒子が極微の世界とはおもえない。その世界に行ってみると、またマクロの世界になってしまう。

すべての根元は「無」、それが形になったものが「元子」、その元子から誕生したものが時間と空間になる。この時空に名をつけ、時子《じし》と空子《くうし》という言葉を造ってみたのですが、時間と空間という因子があった。もう一度いうと「名無きもの」、神ですね。「無始」というか、これにしいて名を付ければ「元子」「無」というものが、分裂して時子と空子二つの因子が出来た。時間と空間という因子が結合したものが素粒子になる。それはまた分裂して電子になったり宇宙線になったりするというのが、いわゆる始まりも終りもない宇宙創造の歴史になっているのだとおもいます。時子は極微の線で空子は点の形をとり、時子が最初の生物ラン藻となり、空子が鉄バクテリアになったと考えられます。宇宙に現れた無生物の粘土も、時子、空子が産みの親といえます。時子、空子は生きている命をもった生命の根源体ということです。

これが、私が手にした世界最古の化石から得た結論です。

時子、空子は命の根源であるからキリスト教でいえばアダムとイヴに当るでしょう。ここの生命体が実は神の子である。無という大きな神から時間と空間、アダムとイヴという素粒子《もの》が出て、それが巨大なエネルギーをもち、結合すれば核融合、分裂すれば核分裂になる。そういうことが交錯して宇宙が構成されている。大もとは、時子と空子、アダムとイヴだということであって、それがもとに帰ろうとするのが接合・愛ということなのです。大愛がすべての産みの親ということも当っています。だから大愛が神といってもよい……。ここまで来ると宗教と哲学と科学がはじめて合体できたという感じがしました。宗教と哲学と科学が合体した所から出発すれば、この世の一切が氷解する。

人類の未来

こういう考え方が、少しおこがましいようですけれども、受け入れられるかどうかということで、これからの人類の運命が決まってくるような気がしているんです。自然が神であるということはずっと前からいってきたのですけれども、具体的に突き付けられなかったとおもうのです。自然は神である、大根は神であるといっても誰もピンとこなかったとおもうのです。

とにかく、自然農法が伸びるかどうかというのが、自然に人間が還れるか還れないかの試金石だ、とおもうのです。大海に放り込んだ一石にすぎないけれども、その波紋によって人間の未来が占えるような気がしますね。

人類は果たして地球を滅ぼすために生まれて来た動物なのかどうか。せめて幕を引くなら、立つ鳥跡を濁さずというけれども、どういう幕が引けるか。神に笑われるような幕引きをやるのか。悪魔のような知恵を使って幕を引くか、神の智慧に還って美しく消え去るかと、いうことだとおもいます。

(五) 人が今為さねばならぬことは

種を撒く人になってください

残念ながら、大人の知恵というか、歴史を作って来た男の知恵というものが加速度的に地球を滅ぼすことに役だって来たということですね。それを少し変えるためには子供の智慧というか無心の智慧ですね、自然の母の心というか、それが人間復活の唯一の道ではないかとおもいます。

都会の人たちも自然から離れれば離れるほど家庭菜園を作ってみたり自然にかえりたいという気持ちが強くなってくるというのは、その中に本当の智慧とか喜びとか真・善・美というようなものがあるということを女の方が感性的に知っている。男は頭で、人間の幸せとか真・善・美を作らなければいけない、人間の知恵でかえって壊しているということに気がつかなかった。

子供が集めた種を、ソマリアに送ってくれ、インドへ送ってくれという運動を始めてみると、アメリカやフランスあたりからも子供が種を送ってくるんです。自分の食べたものの一つの種がアフリカに送られると、アフリカの子供はそれを撒いて、それが山羊に食われないように二日でも三日でも寝ずの番をしています。ひとつのカボチャの種でもそれだけ守られたら、翌年は種は一万倍ということですよ。面積でいうと百倍ずつ広がっていくんだということです。はやと瓜を植えてみると、初めは一株に二、三百しか成らなかったんですよ。この頃は五千個です。稲でも一粒の種が五十本の茎になって、二百粒なると今度は、それが一万粒になるんです。もしも、あなたがうちの山にあるはやと瓜の一万個の種をソマリアに持っていって撒いたら、来年は一億個のはやと瓜が人々の手に渡ることになるのです。そういう場所では、一握りの種を持っていって撒いてやることが、一番永続的に生きることになるのです。

東京の人がメロンを一つ食べると、一握りの種が出るのですよ。千円、二千円で食べたメロンやスイカが、種にすると一万円ほどの価格になっているのです。物を買って食べた人が、種として十倍にして送ることもできるのですが、生ごみにして出したら邪魔になるだけです。

日本の野菜の種は二回捨てる時期があるのですが、春撒きの種は六月、秋撒きの種は十二月に燃やして処分してしまう。それに気がつきまして、それをアフリカに送るんだというとくれるんです。松山の村田種苗屋さんや横浜の坂田商会さん等です。私の所にくるアジアの人たちは、その種を一袋担いでいくんです。

何億円のものを送るより、私は種を送れというんです。黒柳徹子さんなんかも苗木を植える運動をしていますけれども、種を送る運動に切り替えてもらいたいとおもっているんです。種を撒いて、まず地面が緑になった所には、アカシアの木でも生えるんだというんです。数種の木を植林しただけでは緑化はできません。

ただ、現在の検疫制度のために、かならずしもすべての種を世界の各地へ送ることができないという問題があります。害虫にはかならず天敵がいます。害虫をおそれ人間の知恵でその種を入れないということを考えるよりも、あらゆるものを自由に撒けるようにしないと、砂漠の緑化のようなことはできないとおもいます。検疫制度というのも、基本的に考えなおさなければいけないのではないかとおもいます。

ともかく、一人一人が種を撒きましょうということです。

種を撒く人になってくださいということです。

前に環境庁長官の大石さんにこの話をしたら、それは福岡さん、小学校の校長先生に朝礼で話してもらいなさいといわれました。

ソマリアに行った時も、子供が一番最初に撒いてくれました。大人たちが、近代農法じゃなきゃ駄目だという時に、私が持っていった種を子供たちに見せて、これは種だから食べちゃいけないといって説明したら、その子供たちは「ワンガラナイ」というのです。お前のイングリッシュは「ワンガラナイ《わからない》」というんです。ともかく、三日間水をやってもらえば芽が出るといったら、一週間ほどしたら皆が「カイ、カイ」（来い、来い）という。行って見ると一人が畳一枚くらいの畑を作っているんです。そこに、カボチャからキュウリからぐちゃぐちゃ生えているんです。

これがもとで、皆が撒き出したんです。砂漠の中でこんなに訳なく野菜が生えるということが分かった。家庭菜園を、政府自ら奨励するようになったんです。

都会の人が一夏食べたスイカの種をソマリアに送ったら、ソマリアのみならずアフリカ中の人々を助けることになるのです。

ソマリア賛歌

福岡正信

砂漠でじいさん
　じいさん種まいた
大きな大きな
　大根できました
ソマリアすずめがおどろいた！
なんで？　なんで？　大根白いのか？
ワンガラナイ　ワンガラナイ　ワンガラナイ

砂漠でじいさん
　じいさん種まいた
トマトの
トマトの実がなった
真っ赤な夕陽がおどろいた！
なんで？　なんで？　トマトは赤いのか？
ワンガラナイ　ワンガラナイ　ワンガラナイ

砂漠でじいさん
　じいさん種まいた
ゴンボの
ゴンボの花も咲きました
ヤギもラクダも喜んで
いっしょに　いっしょに種をまきました
ワンガラナイ　ワンガラナイ　ワンガラナイ

砂漠のロバさん
　ロバさん泣きました
イヤーン　イヤーンと
　ロバさん　なぜ泣くの？
じいさん　いっしょに泣きました
なんで？　なんで？　泣くのか？
　なんで泣けるのか？
ワンガラナイ　ワンガラナイ　ワンガラナイ
ワンガラナイ　ワンガラナイ　ワンガラナイ

＊本書は、『自然に還る〈新版〉』（春秋社、二〇〇四年）を改題したものである。

〈著者紹介〉
福岡正信（ふくおか　まさのぶ）
1913年、愛媛県伊予市大平生まれ。1933年、岐阜高農農学部卒。1934年、横浜税関植物検査課勤務。1937年、一時帰農。1939年、高知県農業試験場勤務を経て、1947年、帰農。以来、自然農法一筋に生きる。1988年インドのタゴール国際大学学長のラジブ・ガンジー元首相から最高名誉学位を授与。同年アジアのノーベル賞と称されるフィリピンのマグサイサイ賞「市民による公共奉仕」部門賞受賞。主著に『自然農法　わら一本の革命』『無Ⅰ　神の革命』『無Ⅱ　無の哲学』『無Ⅲ　自然農法』『福岡正信の〈自然〉を生きる』（いずれも春秋社）。2008年逝去。

福岡正信の自然に還る

2024年12月20日　第1刷発行

著　　者	福岡正信
発 行 者	小林公二
発 行 所	株式会社 春秋社
	〒101-0021　東京都千代田区外神田2-18-6
	電話　03-3255-9611（営業）
	03-3255-9614（編集）
	振替　00180-6-24861
	https://www.shunjusha.co.jp/
装 幀 者	鎌内　文
印刷・製本	萩原印刷株式会社

ISBN978-4-393-74161-0　　定価はカバー等に表示してあります

福岡正信　著作

自然農法
わら一本の革命
不耕地・無肥料・無農薬・無除草にして多収穫。驚異の自然農法、その思想と実践。　1320円

緑の哲学　農業革命論
自然農法　一反百姓のすすめ
自然農法を創始した著者が後年展開したその農法を裏打ちする思想と実践の方法。　1870円

無Ｉ　神の革命
何もしないところから豊かな実りが得られる――人為・文明への警告と回復への道。　3080円

無Ⅱ　無の哲学
人は何を為すべきか。古今の哲人の思想を批判しつつ、無為自然への回帰を説く。　3080円

無Ⅲ　自然農法
米麦・野菜・果樹、あらゆる農の実践を縦横無尽に語る。福岡自然農法の真骨頂。　2750円

福岡正信の百姓夜話
自然農法の道
人智を捨て、無為自然への回帰を標榜する福岡哲学の出発点となった名著の復刊。　2970円

福岡正信の自然に還る
自然に仕え、自然と共生する農を考える。深刻化する地球的規模の砂漠化を救う道。　3960円

福岡正信の〈自然〉を生きる
「生きることだけに専念したらいい」人智を超えた自然の偉大さを語る、福岡哲学入門。　1650円

※価格は税込（10％）。